当代建筑师系列

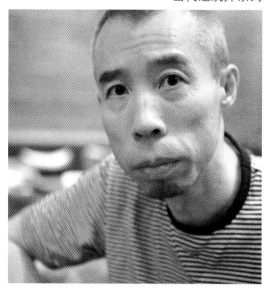

梁井宇
LIANG JINGYU

场域建筑工作室　编著

中国建筑工业出版社

图书在版编目(CIP)数据

梁井宇/场域建筑工作室编著.—北京：中国建筑工业出版社，2012.5
（当代建筑师系列）
ISBN 978−7−112−14218−7

Ⅰ.①梁…　Ⅱ.①场…　Ⅲ.①建筑设计−作品集−中国−现代②建筑
艺术−作品−评论−中国−现代　Ⅳ.①TU206②TU−862

中国版本图书馆CIP数据核字（2012）第062412号

整体策划：陆新之
责任编辑：刘　丹　徐　冉
责任设计：董建平
责任校对：王誉欣　陈晶晶

感谢山东金晶科技股份有限公司大力支持

当代建筑师系列
梁井宇
场域建筑工作室　编著
*
中国建筑工业出版社出版、发行（北京西郊百万庄）
各地新华书店、建筑书店经销
北京嘉泰利德公司制版
北京顺诚彩色印刷有限公司印刷
*
开本：965×1270毫米　1/16　印张：$11\frac{1}{2}$　字数：320千字
2012年8月第一版　2012年8月第一次印刷
定价：98.00元
ISBN 978−7−112−14218−7
　　　　　（22274）

目　录　　Contents

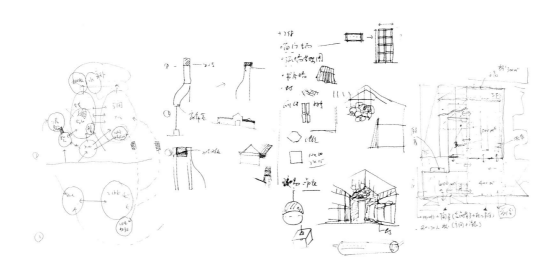

梁井宇印象

文／黄元炤

梁井宇，1969 年出生，1991 年毕业于天津大学建筑系，曾工作于国营设计单位，及与人合伙创办设计工作室。1996 年到加拿大留学与工作，学习了电脑图形学与电脑动画，并对游戏设计产生兴趣，还曾工作于游戏公司电子艺界，是一名电子游戏场景设计师。2003 年回国，先后中联环建文建筑设计有限公司任首席设计师，2006 年，与九源三星事务所组建场域建筑事务所，任主持建筑师。梁井宇，是个追求原创性的建筑师，他既不重复自己的过去，也不重复别人，总是想做新东西。创新性的事务所，始终是他的追求。

在加拿大时，梁井宇曾沉浸在电脑的虚拟世界里，虚拟世界中的完全自由化与不拘无束的想象，让当时的他找到了新的依靠与追求。而在电子游戏的设计里，梁井宇体会到游戏空间中的幻觉与美好，而游戏中对于空间无设限的形体扭曲与创造及无局限的变化法则，是现实中受局限的真实空间所无法表达的，这也勾起他从虚拟到真实之间的转换与尝试。可是，梁井宇后来似乎也厌倦了这样的追求，因为毕竟在虚拟世界中很难像实际建筑一样，可以表达出一种真实的力量。所以，之后他又回到了真实的世界中，去追求真实的、可以实现的建筑。

真实到虚拟，是梁井宇从国内到国外的设计转换；而虚拟到真实，又是他从国外到国内的设计转换。当梁井宇回到建筑领域后，他是从一个对软件虚拟与精神化的游戏场景操作，转向一个对硬件现实与物质化的建筑操作，所以，他对于曲面形体的兴趣，似乎将想将虚拟世界中的 3D 曲面转化到现实世界中来实现，这展现在中联环建文建筑设计有限公司办公空间中的一道曲面墙体设计中。他将一道墙面处理成柔性物体，这似乎嗅出他思考着将虚拟世界中的软化与柔化运用在墙面上。因为在设计操作过程中，这是必须经过电脑运算而得出的曲面比例与组织构成，这样对空间的图像表达更直观，也能探索新形态空间的各种可能性。另外，他也关注到材料的细部与构成，比如在办公空间中有不加修饰的混凝土墙、局部氧化的钢材、管线的裸露、墙上细部收边处理等，从曲面形体与材料构成，到建筑中的小物件与小细部，这是他受到艺术家的启发，与对真实世界、真实材料再现的一种渴求、一种补偿，他希望作品中能暴露材料的真实质感，合理运用及贴切表达材料的物理属性，对抗重力并反映材料与自然之间的关系。曲面墙体，既可以观赏，又可以是功能性的考量。座椅，似乎也带有点表皮造型的设计倾向，它就是在既有墙面上生成的新形态，而这样的办公空间设计，有整体也有局部，除了室内设计以外，也偏向于家具设计与工业设计，横跨的方式似乎暗示着梁井宇日后朝向多面向发展的设计趋势，尝试一种跨界的模式。

在伊比利亚当代艺术中心项目中，梁井宇把虚拟世界中的曲面想象转化成更实际的建筑外墙，他用红砖来形塑出一个新形态的弧形墙，在保留原有墙面上增加一道新的皮层，犹如在旧系统上，以不破坏、不瓦解的方式植入与附加上新的物体，并同时串连与组织，而新皮层与旧墙面之间就成为建筑与环境之间的新界面，它同时有了深度与容积，创造出新的形态空间。所以，这个项目强调一种新皮与旧皮之间的扣合关系、新旧之间的差异性所衍生出的冲突感及材料与构造之间的对话。红砖的运用，是个偶

然，并不会让人感觉到有地域性的存在，反而带有一种工业性与艺术性，正因为是作品所身处的环境——北京 798 艺术区的原因。在这个项目中，梁井宇一方面专注于尝试砖运用的可能性，一方面试图摆脱与改变以前对于奉行至高无上的现代主义建筑信条的信守，将数个分散的个体，用一道连续的墙整成一组完整的建筑。

皮层的运用，在梁井宇的作品中依稀可见，但是材料各异。如中联环建文建筑的欧松板的变形，伊比利亚当代艺术中心的砖运用的可能性，而上海民生现代美术馆运用灰色金属网，也成为一道新的皮层。上海民生现代美术馆的设计意图类似于伊比利亚当代艺术中心，同样是反映出新旧之间的衔接与统一。梁井宇使用灰色金属网，完全是他对于上海的一种感觉。一个是工业时代颓废面貌的上海，一个是时尚且光鲜透明的上海，灰色金属网便是这两种感觉并存的材料运用。而这样对于上海的思考，其实是偏向于一种地域性的思考，思考当地的历史与文化。梁井宇并不认同他的建筑只有表皮，他觉得应该要冲破现代主义建筑理论形成的思考框架，去理解艺术特别是当代艺术对于建筑的影响，就如同赫尔佐格和德梅隆，他们对于当代建筑的贡献就是重新把建筑纳入到当代艺术体系，当很多东西被建筑师认为是不屑一顾的，或者说对建筑而言是无意义的东西，在当代艺术领域却可以找到它的位置，且有不可替代性。

原创，是梁井宇始终追求的境界，他既不重复自己的过去，也不重复别人，总是想做新东西。所以，坚持原创，而且可能他会从一种独特的出发点切入设计，带有一种颠覆性，颠覆建筑学所约定成俗的事件，颠覆原先的设计规律、原先的任务书，颠覆原先的设计概念，甚至也把人们对于城市、建筑、社会、生活的概念给颠覆了，而在经过这样的颠覆以后，期望就变成是一种创新，而这种创新是不设限的，无边界，思维不被固化，去思考更多的可能性，就如同他不拘泥于某一特定的工作一样。所以，梁井宇时而觉得自己有些进步，时而又觉得在否定自己的过去，就如同他的作品，当一件作品诞生以后就代表这件作品的死去，他给了每一件作品原创性与独一性，也让他的作品起源于过去、停留在现在。每一次他都在追求新的东西，追求建筑设计的原创性，但他还关注到不断在变化的建筑的社会属性。

从伊比利亚当代艺术中心到上海民生现代美术馆、到近期的上海金融学院图书馆，若从比较严格的建筑学视点来看，都不算是梁井宇真正的建筑作品，都是改造项目。比如加一层外皮，或者将室内空间重新做装修，或者将原来的窗子放大以增加采光。这些设计操作都还处于一种实验与整理当中，也都是在既有的建筑体上去重新改造，可以说是梁井宇与原有厂房建筑师的一种跨越时空的"合作"，他俩在不同时空中企图产生一种心灵上的设计交流。然而不管是改造或是新建的项目，梁井宇都希望他的建筑，能够优雅地出现，然后优雅地老去，在建筑的完整生命周期里，与人、与周围环境相处从容，最后衰老与死去，就像一个自然而然的过程，他的建筑就如同一个有生命的东西，这是他对建筑最本质的关注，也是他最基本、最简单与最低调的设计追求。

Portrait

By Huang Yuanzhao

Liang Jingyu was born in 1969 and attended Tianjin University studying architecture where he graduated in 1991. He started working at a state-owned architecture design institute and later co-founded his own design studio. He went to Canada in 1996 for study and work, where he studied computer graphics and animation. This sparked his interest in video-game design and eventually worked at Electronic Arts as a video-game scene designer. He return to China in 2003 and became the chief designer at United Architects & Engineers Co. Ltd. Later in 2006, Approach Architecture was established in partnership with Jiuyuan International Architects Ltd. Co. As the lead architect, he tried not to follow current design trends but chase after new and innovative design methodologies.

During his time at Electronic Arts in Canada, Liang was immersed in the virtual world of unrestrained freedom. He worked within a space of illusions and beauty where the laws of physics do not apply and he was able to bend the rules and created buildings that could not be otherwise realized in the real world. His imagination was his only limit. However, Liang soon grew weary of building in a fictional universe and eventually concluded that his true passion lies in building in the real world where true beauty can be achieved.

Liang's return to China also marked his return to the field of architecture. His interest in the virtual environment allowed him to experiment via three-dimensional modeling to create and express different spaces and also explore other potential possibilities. His concern for small details and the composition of materials is of no less importance than his passion for design. He also had a habit of considering the use of any pre-existing parts of a building that could potentially serve as a feature for the new renovations. For example, he may leave an aged concrete wall untouched or leave partially rusted steel pipelines to be exposed. These traits resemble the artist, where he or she explores and manipulates different mediums and materials to express certain feelings and mood. Liang's ultimate intent is to convey and contrast the relationship between the old and new, the built environment and nature through careful consideration and balanced use of materials.

Liang also believes that he must break through the conventional frameworks for architectural design and theory. He must also attempt to fully comprehend art and the influence art has on architecture and strive to reintegrate art and architecture. When architects dismiss certain things or consider them meaningless, these things can find themselves irreplaceable in the world of contemporary art.

The use of red brick and curved form, of the extension of the Iberia Centre for Contemporary Art, seems appropriate as it seamlessly connects with the old facade while indicating the building's primary function possibly being related to art. The aim of this project was not only to emphasize the dialogue between the old and new facade through its materials and construction but also to convey their sense of conflict. The considered use of the red brick was not to convey a sense of regionalism but instead a more industrialist and artistic quality while at the same time trying to abandon the supreme modernism. The curved wall may just be more aesthetically pleasing to the common eyes, but more importantly, it demonstrates Liang's inclination to break free from conventional modern design forms. He is trying to steer common design processes towards a more development-orientated strategy.

Achieving originality in architecture has always been Liang's ambition. He would not repeat his own nor other people's designs and strives to create something new at all times. Though, striving for originality has led him approach design in a distinctive manner. He would subvert and challenge existing design rules and requirements. To question his original concept and people's vision of the city, architecture, society and life. His approach represents his quest for hope, and this hope will transform into creativity and innovation where the possibilities are endless and have no boundaries, allowing him to push his design to the limits. Despite this, Liang still hopes his architecture will last through the ages and will remain harmonious with its environment throughout its life cycle. He believes that buildings are just as alive as the nature and people surrounding it and achieves this through the most basic, simple and low profile design.

伊比利亚当代艺术中心 北京

Iberia Centre for Contemporary Art, Beijing

2007 ~ 2008

　　伊比利亚当代艺术中心位于北京 798 艺术区内，是一个厂房改造项目。初始基地由一组工业建筑组成，总建筑面积为 3000 平方米。其中最大的厂房建筑面积约为 1000 平方米，净空高达 8 ~ 11 米。

　　改造设计的理念是在最大限度保持工业建筑外观的基础上，将现状零散的建筑转变为一个综合的艺术展示空间。沿街立面上引入了一道 50 米长的砖墙，使得原本分散的三座旧厂房产生了一道完整连续的立面。然而，新的建筑立面并不是简单地替代了旧的立面，而是通过建筑形式和构造等语言与旧建筑进行对话。

　　建筑室内在保留原有墙体的基础上，在高大空间内加入了几个新的功能体块。除了展示空间外，还设有办公空间、书屋、报告厅、咖啡厅以及艺术书店等功能。

Iberia Center for Contemporary Art is a re-development project located in the 798 art district, Beijing. The original site was composed by a group of industrial buildings, The biggest one is around 1000 square meters area with 8 to 11 meters ceiling height.

The concept of this re-development is to convert these separated buildings into an integrated art exhibition space while keeping the industrial appearance as much as possible. A 50-meter-long brick wall was introduced to the street interface in order to join the three old individual buildings into one single continuing facade. The new facade, however, is not completely replacing the old facades, but interacting with the old one by its shape and tectonic concept.

The interior wall was preserved while a few new function boxes were inserted into the lofty space. Besides the exhibition space, it includes several offices, a library, an auditorium, a cafe and an art shop.

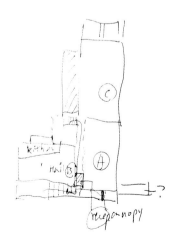

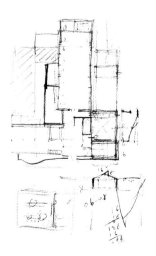

区域位置图 / Location map

分析草图 / Sketch

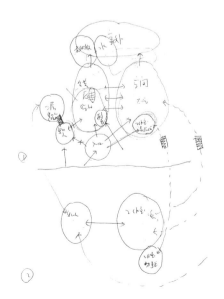

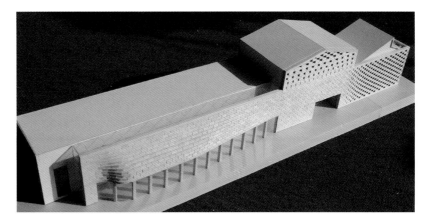

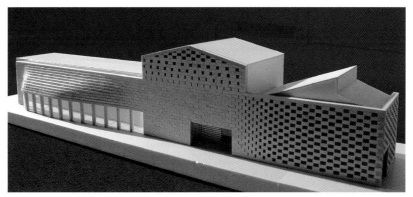

模型研究 / Model study

立面图 / Elevation
平面图 / Plan

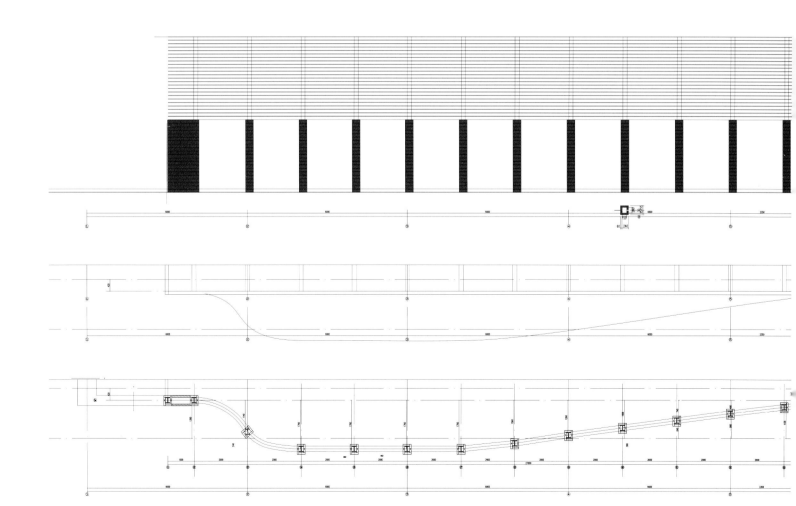

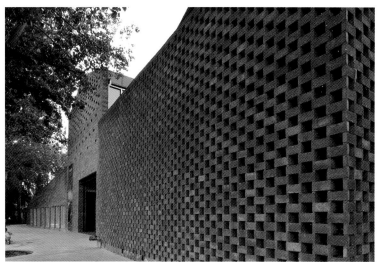

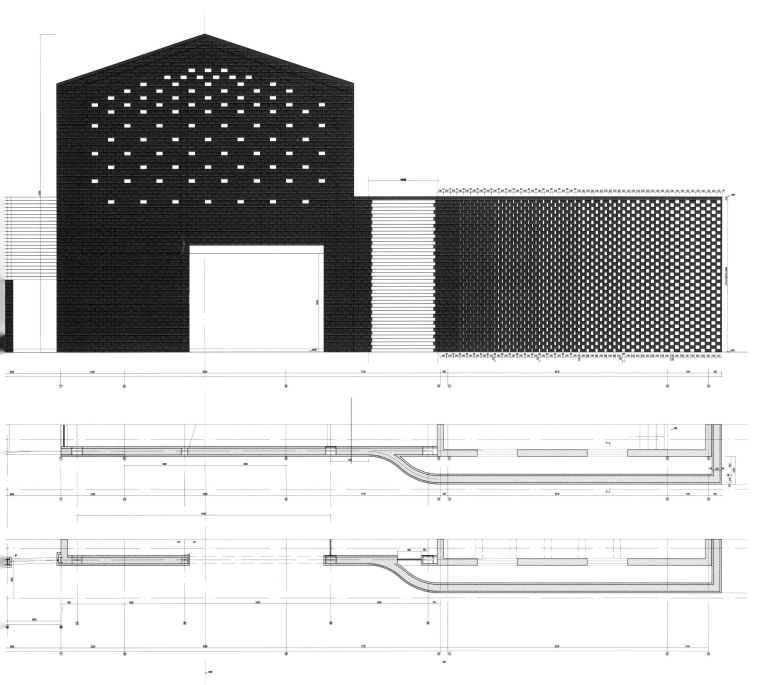

伊比利亚当代艺术中心设计笔记

文／梁井宇

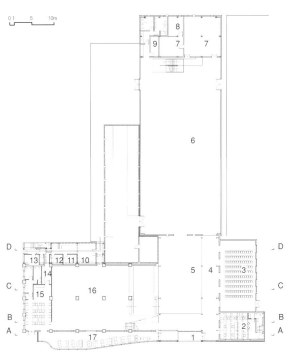

首层平面 / The 1st floor plan

1 入口	1 Entrance
2 礼品店	2 Gift shop
3 报告厅	3 Auditorium
4 书店	4 Bookstore
5 门厅	5 Entrance hall
6 展厅	6 Exhibition hall
7 录像室	7 Video room
8 影像资料室	8 Image library
9 资料室	9 Archive
10 厨房	10 Kitchen
11 库房	11 Storage
12 报警阀间	12 Alarm
13 消防值班室	13 Fire control
14 准备间	14 Preparation
15 吧台	15 Bar
16 画廊	16 Art gallery
17 咖啡厅	17 Cafe

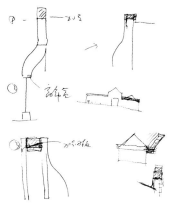

细部研究 / Details

一、异位与移位（Heterotopias and Reposition）

船是个漂浮空间，一个没有位置的位置，它接近于它自己，同时又将自己完全放弃给无穷的海洋，从港口到港口，找寻深藏在遥远殖民地花园里的珍贵宝石……你会明白船不仅是 16 世纪以来文明的表述，经济发展的工具，还同时是伟大想象力的来源。船是最完美的异类空间，如果文明没有了船，梦会干枯，间谍取代了冒险家，警察则取代了海盗。

——福柯[1]

德勒兹认为思想是一场开天辟地的创造性暴力，它起源于与某物的被迫相遇[2]。它帮助我们脱离陈词滥调，产生创造性的思想。位于北京 798 艺术区内的伊比利亚当代艺术中心厂房改造项目的设计与建造过程则是与多重事件被迫相遇的结果。

首先在设计中碰到的是整个 798 区域内弥漫的"仓库美学"怀旧气氛。这是一个需要谨慎处理的"相遇"。一个可能的设计陷阱是坠入符号化的对旧工业建筑及其元素的铺陈，直接迎合大众对已远逝的工业化时代的怀旧消费需求。还只是几年前，这种旧工业建筑的改造还充满了陌生化[3]的美学价值，但是由于缺乏创新，如今只停留在重复和不断地拷贝的层次。另一个与此相反的陷阱则是对博物馆"白盒子"空间、照明设计的过度信任。不断增加的租金和艺术投资热潮将 798 厂区内各种画廊和艺术家工作室的"升级换代"推向一个争造"美术馆"的冲动中。历史遗迹不再被强调，"草根"画廊纷纷挣脱地理文脉特征，寻求千篇一律的博物馆"白盒子"室内空间效果。因此，要避免踏入这两个陷阱就意味着设计既不能停留在怀旧中，也不该重复可能发生在任意地点的某种空间经验的简单再现。

在前卫运动的艺术实践还没有开始之前，博物馆是作为展示、记录和保存传统艺术品——如绘画和雕塑等而存在的，博物馆的功能和使用方式是可以确定、或至少可以预计到的。博物馆空间的特殊性被福柯归为异位空间的一种，相对于现实生活空间的时间连续性，博物馆和图书馆是一种不确定的时间的累积，连同其他如殖民地、轮船、妓院等异位空间一道被称为是乌托邦的现实镜像，而区别于现实生活里的普通空间[4]。而由于当今的"前卫观念创作的作品是如此鲜明地置于博物馆的高墙之外，以致令人怀疑：博物馆能成为把前卫作品作为历史记录的一部分而予以保留的机构吗？"——长谷川祐子[5]把这种面对当今前卫艺术不断作出调整的异位博物馆解读为暴露日常生活冲突的空间，"它有使那些进入其间的人与他们的日常意识分离的功能，……作为一种催化剂，对那些在日常环境中没有反应的东西发生作用；它拉动、扩张日常的意识"[6]她想象这种空间也许是悬挂在月球的一个白色立方体。但是作为建筑师，我不认为这个白色立方体是可以持续创造"新事物"的空间[7]，至少不全是。

正如长谷川祐子所阐述的，加快走向娱乐和大众传媒等通俗文化平台的艺术导致博物馆经历了从展示客体的"展览空间"到展示行为和装置的"环境空间"，再到非物质的"关系展示"空间的转变。把长谷川祐子的问题"在博物馆里展览这种作品（展示关系）是否必要？"移位到博物馆的建筑设计上，问题就变成如何处理和维护创作者、作品、参观者和场所四个要素之间随时可替换的、同时又是瞬间可再次形成的某种关系。因此，"白盒子"空间其实只是通过将自身的存在降低到最不易察觉的形态，突出的依然是将作品奉为他者的教育型、信息单向传递的传统博物馆功能。而一种持续性的，参

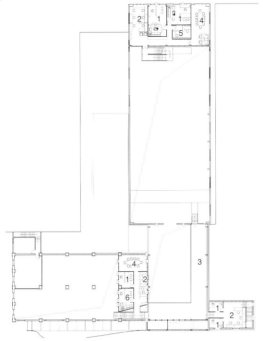

二层、三层平面图 / The 2nd and 3rd floor plan

1	办公室	1	Office
2	开敞办公	2	Open plan office
3	二层展厅	3	2nd floor exhibition hall
4	会议室	4	Meeting room
5	财务室	5	Accounting office
6	画廊办公室	6	Gallery office

与到创作中的场所与作品关系，要求场所本身应该是多变的，可以最大程度地改变自身，保持和作品的异位关系。这在设计中可以解释为相对作品本身而作的空间"移位"互动。即一个博物馆空间本身应该是一个混杂物，它可以是橱窗、电影院或购物中心，但是它又必须摆脱日常性，具备批评性。貌似日常性的空间里，如同现成品（工业元素）使用、约翰·凯奇的偶发艺术等也应是博物馆空间的建构策略。

二、建构与移位（Tectonics and Reposition）

在我们这个拟像的时代中，一切古典的再现体制都摧枯拉朽地倾颓于流变的力量之下……然而，我们已不满足于一再简单地重述与歌颂再现体制的覆灭与终结……每个哲学家，都必须答复什么是只属于他本身的当代性。

——译序《德勒滋论福柯》

建筑的传统建构价值被当今媒体图像化、网络化所消解。表面上，这是晚期的资本主义消费文化对传统建筑实践活动中被视为价值实现的建构文化的敌视，它始于雨果针对印刷术的出现而最终将导致建筑消亡的断言，直至今天肯尼斯·弗兰姆普敦对建构文化不免沦为建筑师的"精神支柱"的惋惜[8]。原本"诗意的建造"期待的是对空间的亲身体验，却变成无关乎建造过程（如何建造、特别是如何真实的建造无人关心），只消费平面化的图像结果。这给我们一个启示，是否可以通过图像传递建构意图？遵循建构规则和无视这种规则是否都有可能构成"诗意"？——建造中，一部分被放大成平面媒体出版用的图像可以表达清楚的尺寸，以体现其逻辑关系；而另一部分则被图像显示为不能直接解读的构造逻辑，原本传统意义上的建构，需要现场感知的过程被延长移位到平面媒体的末端图像上。

当然传统的建构已经不复存在了，但隐藏在悲观情绪背后还有另外一个收获，它逼迫建筑师在兼顾建筑的专业性的同时，再次肯定建筑与社会的关系[9]。这种"双重诠释"的策略也并不容易，它要求我们"首先将建筑实践建立在自身建构规则的基础上，同时还要关注建筑实践的社会意义"[10]。同样没有随传统而去的还有对技术[11]和材料的选择[12]问题。场所的公共性、标志性、纪念性移位到对单一性空间的否定，对多种空间、特别是新旧结构一视同仁、互相不可替代的包容。这种"移位"像宏观的构造节点设计，各种因素在节点处又体现为某物与"某物的被迫相遇"，变成设计生成的新动因。

萨特曾说，催眠的恒常元素与清醒的共同世界的差异在于每个梦境影像都自有一个与众不同的世界[13]。而这里不同的宏观节点所构成的梦境也许

是最接近乌托邦异类空间的现实连接点——在其中，离奇的冲突可以被包容。制造这种梦境般的幻象的场所依然是博物馆获得与艺术作品发生关联的合法理由。

注释：

[1] 原文：Brothels and colonies are two extreme types of heterotopia, and if we think, after all, that the boat is a floating piece of space, a place without a place, that exists by itself, that is closed in on itself and at the same time is given over to the infinity of the sea and that, from port to port, from tack to tack, from brothel to brothel, it goes as far as the colonies in search of the most precious treasures they conceal in their gardens, you will understand why the boat has not only been for our civilization, from the sixteenth century until the present, the great instrument of economic development (I have not been speaking of that today), but has been simultaneously the greatest reserve of the imagination. The ship is the heterotopia par excellence. In civilizations without boats, dreams dry up, espionage takes the place of adventure, and the police take the place of pirates. Michel Foucault, Of Other Spaces (1967), Heterotopias.

[2] 思考如果不是一切知性能力的运作，那么它将是什么？……思考并不启动于追求真理的"良善意志"，也不凭借导向必然的既存逻辑，相反，思考源于一场充满偶然与几近暴力的相遇……一种始于感官，直接且猝不及防的"震惊"……因此，比思考更重要的，是迫使思考之物……它是从域外伸来，撕巾裂帛的一只爪子，抓碎了一切既有的思想命题、原则与结构……思考只能是一场起天辟地的创造性暴力……思考不是起因于意志……而是起因于与某物的相遇，在当下且非预期地被迫发生……相遇充满偶然性……在相遇之前的偶然性与之后的必然性间，思考涌现其中……思考因而意味断裂……与域外的相遇标志了思考最重要的特征：来自域外之力迫使思考产生，也迫使思考

从既存想法（常识、情理、陈词滥调之意见……）中走出，创造出全新的思想。

——译序《德勒兹论福柯》P9～10．

[3] 陌生化效果，也称间离效果——布莱希特（Bertolt Brecht）．

[4] Michel Foucault, Of Other Spaces (1967), Heterotopias, Translated from the French by Jay Miskowiec.

[5] 长谷川祐子，日本金泽21世纪美术馆总策展人．

[6] 前卫与博物馆：混杂的异位，长谷川祐子，王维华译．蒋原伦、史建，溢出的城市广西师范大学出版社，2004年．

[7] 鲍里斯·格罗伊斯（Boris Groys）．

[8] 建筑设计专业正在面临的生死抉择……建筑师要么无论项目大小都能从建筑设计的角度保持对建造工艺的掌控，要么眼睁睁看着整个专业一步步走向灭亡……但是种种迹象表明，从公共形式的物质延续性和历史延续性的沦丧，到整个人类环境状况的持续恶化，晚期资本主义对建构文化的敌视可以说是全方位的……除了那些相对较小或者特殊的项目之外，建筑师已经不再可能对建造过程进行全面掌控……建构文化仍然可以作为我们的精神支柱。见《建构文化研究》中文版P396．

[9] 在（过去的）30年中，历史主义甚嚣尘上，它危言耸听地断言建筑已经无法成为改造社会的手段；但是我认为，建筑需要社会关系作为自我更新的素材。诚然，建筑的专业性只有在它的传统中才能找到，但是，建筑不能仅仅为简单反映自身问题和挖掘自身传统而存在。——Vittorio Gregotti, "The Obsession with History"，1982，转引自《建构文化研究》中文版P26．

[10] 见《建构文化研究》中文版P26．

[11] Peter Rice：技术乃是一种文化选择，而不是简单的逻辑推论《建构文化研究》中文版P396．

[12] 我们在选择材料的时候不应该仅仅考虑造价和纯粹技术的因素，而应该包括情感和艺术想象的精神。这样，建筑才能超越纯粹的功利，超越逻辑思维和冷冰冰的计算，取得更加伟大的成就。——Aris Konstantinidis 康斯坦丁尼蒂斯 《建筑学》，转引自《建构文化研究》中文版P345

[13]《德勒兹论福柯》P10．

Brick Ship By Alex Pasternack

Iberia Centre for Contemporary Art, Approach Architecture Studio

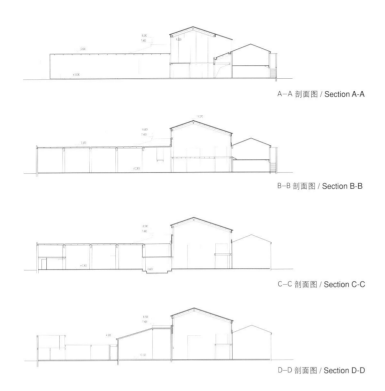

A–A 剖面图 / Section A-A

B–B 剖面图 / Section B-B

C–C 剖面图 / Section C-C

D–D 剖面图 / Section D-D

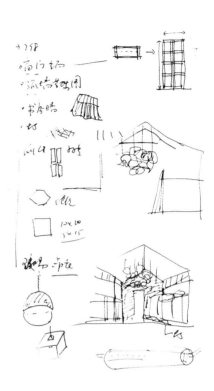

Once, the art museum was something like a temple, an archive of the sublime, a refuge for contemplation in a world of icons. After Bilbao, however, it can be hard to find a new museum that is not mostly an icon itself, threatening to upstage its own artworks.

The premise of Beijing's 798 art district has been quite different. Since art students began using them as studios in the mid-'90s, old factory spaces and warehouses have been re-purposed as galleries, shops and cafes in a way that manages to forgo the icon altogether. It was as if the search for a public space for art and art making had been so labored and marginalized that little cost or effort could be afforded to design galleries. Art itself was the rising star of 798.

But as 798's popularity grew (with real estate prices close behind), the improvised and vaguely subversive use of these spaces gave way to a predictable design formula. The attempt to create more "realistic" galleries, tested from Berlin to SoHo, easily becomes something akin to a cheap marketing gimmick, an appeal to false, borrowed nostalgias and an unsustainable approach to developing a potentially vibrant and historic urban space. Just as problematic is the relationship of these spaces to the aesthetic and temporal experience they supposedly intend to serve.

It may be easy to see the Iberia Center for Contemporary Art by Approach Architecture as the simple product of these tensions – between the iconic landmark and the non-space, between industrial nostalgia and accident, between the expectations and necessities of West and East. Its white spaces replicate those we see in nearly every contemporary art museum; its marginal fixtures and facade indicate the lived-in-ness of the building it has co-opted. But even as the museum – an elegant white box every-gallery planted inside a now ubiquitous post-industrial space – almost fades into its predictable background, it also acts as a sophisticated document of that milieu, exposing its artifice while reveling in its possibilities.

Underlying the building's capacity for self-evidence is the unexpectedly tortured path it took to go from three separate factory spaces to a single museum. Unexpected because principal architect Liang Jingyu began his design process for the museum – which features a central space of 1000 square meters area with a ceiling 8 to 11 meters high – by specifically not designing anything at all. By keeping as much of the old building as possible, Liang could foster a space that was distinct to 798 but also flexible enough to cope with the unpredictable demands of contemporary art pieces. "I wanted an ever-changing environment, something that could interact with the artists' work," he said. "My first proposal was simply to improve the lighting, try to cool down the climate inside, and add pipes for water."

While leaving the buildings' main structures and interiors largely unchanged, Liang proposed interior reconfigurations that would change depending on the art being exhibited. The Tate Modern was his example. "Sometimes a huge space can swallow a smaller painting," he said. "But this could give such a unique place for the artist to do something they could never do in other museums." With "more and more experiments happening in art," the museum is obligated to "give artists more chances." Gao Ping, the Spanish-Chinese art impresario behind the project, welcomed the idea.

For years, adapting 798's buildings into gallery spaces meant only the most basic renovations that would allow for maximum flexibility. Improvisation was the key. When he first visited 798 in the late 1990s, Liang was inspired by an informal design sense that freely used available spaces and materials. "They would play with the old materials on the facades," he said,and "try to use pieces of the walls as decoration, as pieces of public art."

What began as stable and predictable spaces devoted to the stable and predictable work of machine labor (factories) was transformed into instable and unpredictable spaces directed toward consumption (galleries). (The often haphazard conversion of these spaces might be read, rather simply, as a metaphor of China's ongoing, turbulent socio-economic transformation.) Their impromptu, readymade design and construction represented their existence on the margins of the urban space, but it also symbolized the fragility and risk of their existence, largely out of the view of authorities or developers.

For Foucault, such elusive spaces might constitute prototypes for his heterotopia, and spaces that by virtue of their design, their site and their contents, are capable of offering up the paradoxical vision, however fleeting and impossible, of utopia on Earth. Not unlike Walter Benjamin's "dialectical image," the museum can act like a mirror that both reflects reality and inverts it, forcing the viewer to cope with his vertiginous [confusing] relationship with both. By "juxtaposing in a single real place several spaces, several sites that are themselves incompatible," Foucault writes, these heterotopias become "something like counter-sites, a kind of effectively enacted utopia in which the real sites, all the other real sites that can be found within the culture, are simultaneously represented, contested, and inverted."

Heterotopias play with temporal frameworks too. It was the incessant "modern" collecting of museum curators, not the temporary commodities of gallery owners, that proposed an "indefinitely accumulating time," Foucault wrote. And yet in this liberating uncertain time lies the instructions for its own demise: the gathering of disjointed works of art, and the specificity of the museum building itself, reminds the viewer of the reality of time, while helping to illustrate the human impulse to tame it. The promise of a museum that remained flexible, like the inspiring spaces of 798 in its early days, was the promise of Foucault's heterotopia par excellence: the boat. It "is a floating piece of space, a place without a place, that exists by itself, that is closed in on itself and at the same time is given over to the infinity of the sea..."

But the sense of remove afforded by 798's proto-heterotopia rested on an apparently contradictory condition: an impending threat to its survival. If once it was endangered by real estate developers and government rules, by 2006, 798 would have to adjust to two different curses of success: the business imperatives of the art market and the protection of the government. While landmark designations may be intended for preservation, the Beijing government's decision to label 798 a key cultural area has curiously had the opposite effect. By "protecting" 798 but not preserving its architecture, the authorities essentially gave 798's tenants the green light to develop the area into an art amusement park.

Demolitions and renovations accelerated, bringing spaces that were as predictable as they were ignorant of the area's history. The addition of transparent walls, clean, white decoration and new floors became common. As the Olympic Games approached, renovations became more architectural. In the most prominent example, the Ullens Center, designed by Jean-Michel Wilmotte with Ma Qingyun, the exterior of the factory husk remains largely untouched. Inside, the interiors have been transformed into modern black-and-white spaces that embrace the spaciousness and high ceilings of the original factory rooms. But as with many other galleries in the area, local personality is lacking. "By the time I did the Iberia, [architects were] repeating all the industrial elements without any individualism," said Liang of 798's "warehouse aesthetics". "It's like being a resident next to the Great Wall, selling souvenirs, t-shirts, and not thinking about the real context. There should be a deeper way of thinking about that."

But the market pressures and the tastes they proscribe [create], lurking everywhere in 798, would prove too much for Liang's idea. For cost reasons, and because he was opposed to the rough quality of the original architecture, the client decided that the interior should be a "conventional white space." Liang attempted a last-minute compromise, proposing that one of two smaller side galleries be kept in a more original, flexible state. But the client insisted on uniformity. "If I knew he wanted a white box at the beginning," said Liang, "that would have been easy."

But it is a testament to the difficulties of design and construction, and Liang's incessant attention to the buildings' pre-existing condition, that the museum refuses to be "easy". The walls, ceilings and floors of the interior – composed of a central Gagosian-size exhibition space with offices rising along a far metal-frame stairway, two adjacent gallery spaces, a shop and a cafe – are cast in a mostly blank white. Even if it lacks the authenticity of the original structure, the space is flexible and versatile enough to be used for a variety of exhibitions.

But as it mimics the logic of the galleries in 798, the space's stark departure from its rough industrial setting is hard to ignore. The museum underscores this at its edges. To join the three original buildings together under one continuous facade, Liang has introduced a 50-meter-long red brick wall. At the outset it seems like a straightforward solution, made with materials in keeping with the original facade's industrial appearance. It might also be seen as an elegant symbol of the functions and responsibilities of modern museum design: to unify, purify and combine.

And yet, as it attempts to bring the buildings into a single piece, the new facade is also, on closer inspection, itself not whole. The brick pattern on one half of the building's facade leaves spaces between bricks, creating holes that almost boast of precision and encourage a peek in at the original factory red brick facade beneath. On the gable above the museum's front glass doors, the openings in the brick are arranged in a calmer, symmetrical pattern that lets light pour into the central lobby; below, the bricks congeal into a conventional wall. This unusual application of brick, evident too in Zhang Lei's Brick House in Nanjing, draws attention to the often overlooked material details of the building's design, in spite of an apparently conventional process (bricklaying) and program (the museum).

The new, perforated wall also becomes a fitting symbol not just for the challenge and aspirations of a museum, but perhaps of an architect too. The pixelation of the wall suggests not only the impulse toward the new, but also the computer aided design, architectural renderings and stream of images that are often an essential if problematic aspect of the architect's work.

But then the facade does something even more surprising: the wall smoothly snakes into a bulbous shape suggestive of a submarine or a ship's hull, a tectonic effect unusual for brick. The long hall-like space the facade and its large windows create with the old wall forms a cozy cafe, with brick on one side and smooth white plaster on the other. If covering the original wall with a broken facade on one side of the museum indicates the space's difficult, uncertain location between the industrial and the bourgeois, between the old and new, cloaking the old wall behind this facade hints at something out of time altogether.

With its additions inside and outside of an otherwise frayed husk of a building – and its deliberations between the old, the new, and the impossible – Iberia exposes provocative tensions between Western perceptions and Chinese realities, between industrial production and middle class consumption, between realistic-ness and authenticity, between the proscribed rituals of the modern museum and the instable experience of contemporary art. Even as it abides by modern convention, the white space within the industrial space becomes more complex than it might first appears. It asks that the viewer looks closer not just at the art, in a unilateral relationship, but rather at the shifting possibilities within the relationship between art, viewer and space. By preserving the old while concealing it, the museum acknowledges the difficult circumstances that both restrict and empower the contemporary art museum in Beijing and elsewhere. The acknowledgement might keep the experience of viewing art from slipping into mere image chasing, or boring convention. It might keep the experience un-moored, turbulent, uneasy and exploratory, like a boat ride on the high seas.

西．北立面图 / West, north elevations

内景草图 / Interior sketch
内景 / Interior view

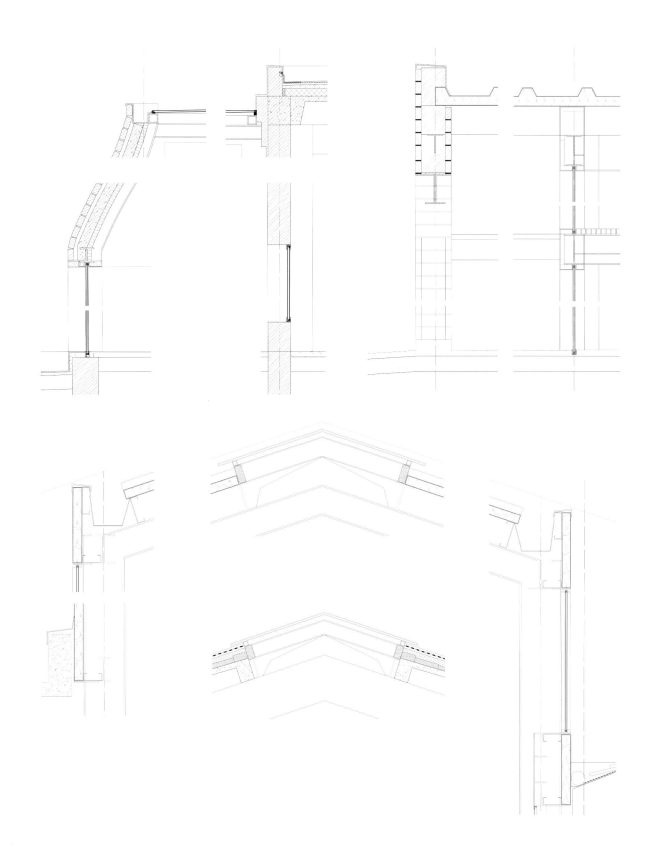

砖墙及屋顶细部详图 / Details of wall and roof

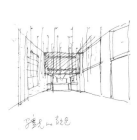

民生现代美术馆　上海

Minsheng Art Museum, Shanghai
2008

上海民生美术馆位于上海市淮海西路 570 号上海城市雕塑艺术中心 F 座其中两跨厂房空间。该艺术中心是由五十年前的老钢铁工业厂区改造而成，中心内有大型展示厅、画廊、美术馆、手工作坊等艺术空间。

整个美术馆改造项目总建筑面积约为 3000 平方米，展厅面积约为 2500 平方米，其中主展厅 1000 平方米，其余小展厅共四个，总面积约 1500 平方米。其他空间包括艺术品仓库、接待区、衣帽储存、咖啡厅、办公空间、VIP 展厅和庭院等。

设计的重点在于如何在保持老建筑的形态、材质的基础上，满足一个现代化美术馆所需要的新功能。改造后的美术馆，将两个厂房，楼上楼下的各个功能区域重新组织在了一个连续的展线上，通过重新改造的楼梯、中庭，参观流线上尽量多地保留了原有旧建筑的墙面和屋顶。为了保证展览空间的完整和纯粹，整个空间像是在一个旧的厂房空间内又内嵌了一个新的白盒子空间。

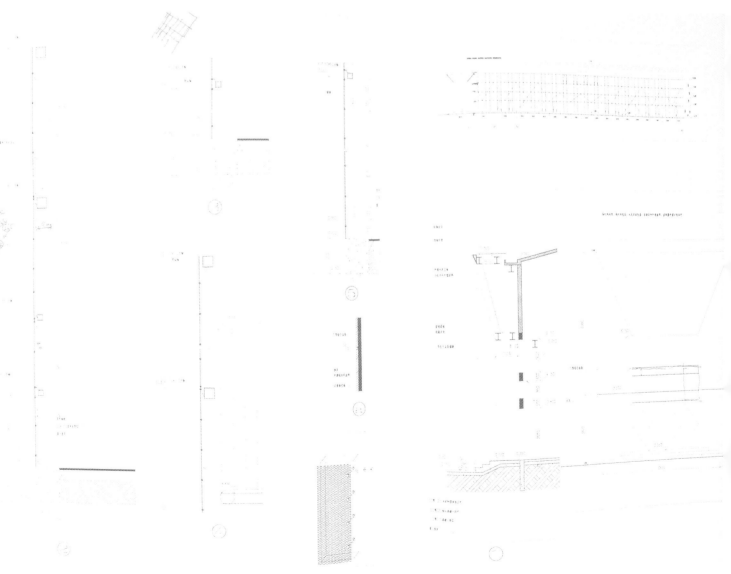

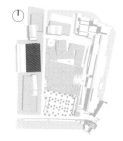

区域位置图 / Location map

Minsheng Art Museum is a re-development project located in the No. 570 Huaihai West Road, Shanghai, China. It is one of the biggest art communities in Shanghai. There are an exhibition space, gallery, art museums, handcraft workshop, cafe in this area.

The total construction area of the art museum is around 3000 square meters, while the exhibition space is around 2500 square meters, including a 1000 square-meter exhibition hall and four small exhibition halls with the total area 1500 square meters. Other new functions including storage, reception, cafe, bookstore, offices, VIP room, and courtyard.

The concept of the re-development is to form a contemporary art exhibition space while keeping the industrial appearance as much as possible. The visiting route has been carefully designed to pass through different spaces and programs smoothly by newly added staircases, courtyard and corridors between the old and new walls.

细部研究 / Details study

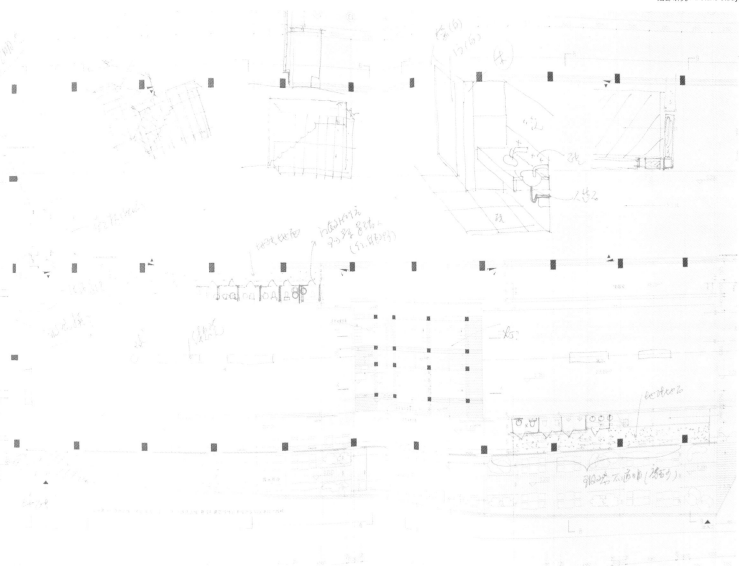

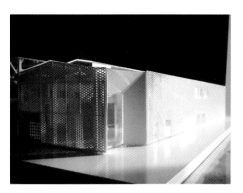

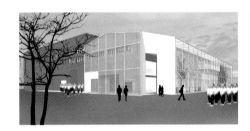

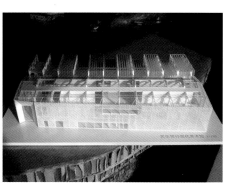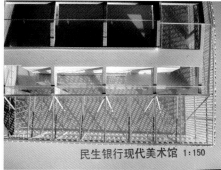

民生银行现代美术馆 1:150

草图及模型研究 / Sketch & model study

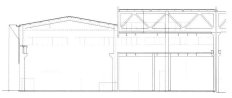

1-1 剖面图 / Section 1-1

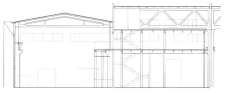

2-2 剖面图 / Section 2-2

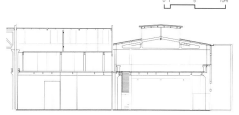

0 1　　5　　10m

3-3 剖面图 / Section 3-3

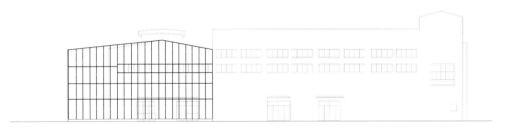

东立面图 / East elevation

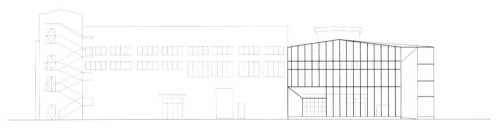

西立面图 / West elevation

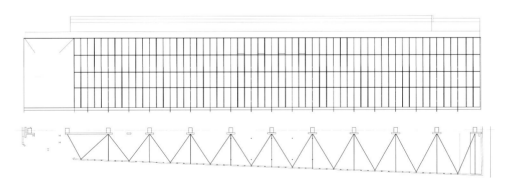

南立面图 / South elevation

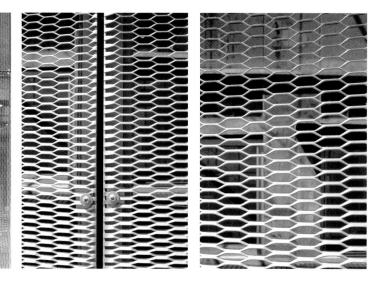

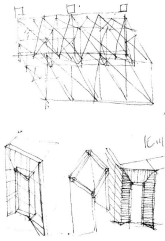

细部 / Details

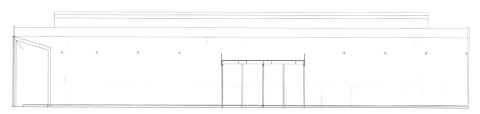

A-A 剖面图 / Section A-A

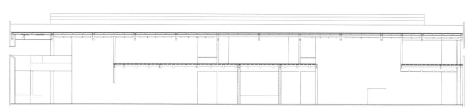

B-B 剖面图 / Section B-B

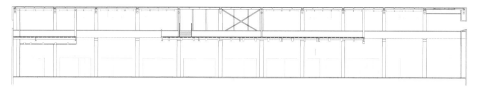

C-C 剖面图 / Section C-C

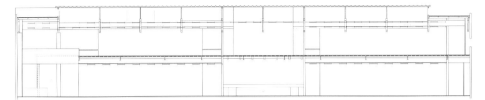

D-D 剖面图 / Section D-D

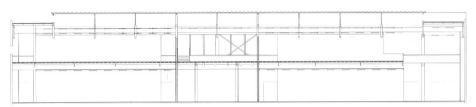

E-E 剖面图 / Section E-E

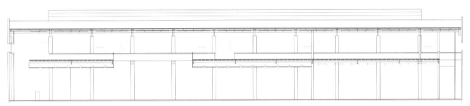

F-F 剖面图 / Section F-F

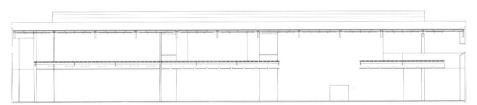

G-G 剖面图 / Section G-G

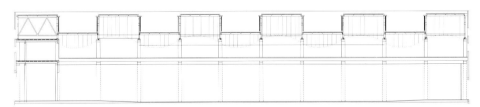

H-H 剖面图 / Section H-H

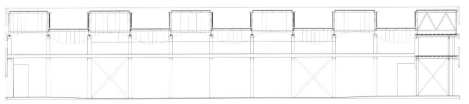

J-J 剖面图 / Section J-J

4-4 剖面图 / Section 4-4

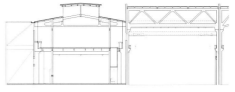

5-5 剖面图 / Section 5-5

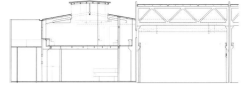

6-6 剖面图 / Section 6-6

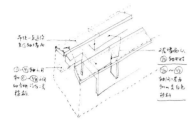

内部空间研究 / Interior space sketches

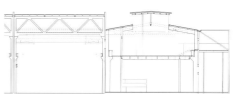

7-7 剖面图 / Section 7-7

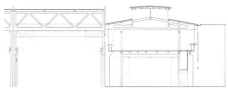

8-8 剖面图 / Section 8-8

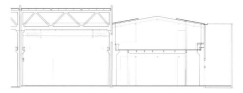

9-9 剖面图 / Section 9-9

民生现代美术馆设计梦谈

文／梁井宇

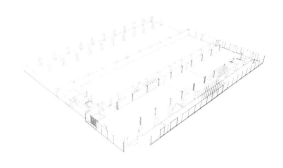

像博尔赫斯一样，我梦见与20年前的我在作品前相遇。

在梦里，我遇到的人和我同名，也叫梁井宇。他生活在1988年，是位建筑系二年级学生，正在参观民生当代美术馆的工程。我对他如何看待我新完成作品的感觉充满好奇。

依稀记得他心高气傲，不大愿意按老师要求做一个有大屋檐的小住宅方案，而是迷恋"纽约五"（the New York Five），特别是Richard Meier的作品，喜欢那些白色的架子，平面上流动性感的曲线阳台。在他眼里，那种方案特别"现代"，我非常了解，他骨子里还只是个空洞的形式主义的现代派——"你很喜欢白派，是吧？"我问。

他望着外墙成片的灰色金属网墙面，有些迷茫地回答："是的，整个外形我很喜欢，但是这层网我从未在书本上见过，细看有立体而空的纹理，远看又是一个整体的效果，它挺好看，但有什么用呢？"

对于他没有见过铝网我完全理解，他不可能知道19年后在纽约落成的妹岛和世与西泽立卫做的新美术馆也用的是类似外墙材料，所以我也不急于解释，世界上早就有许多类似的建筑和类似的做法，采用同一种材料还算不算是抄袭。我关注的是他问的"用"字，我知道他问的不是用途，我也不想用给媒体准备的为了遮阳什么的理由去敷衍。我们都暗自陷入思考，作为一个彻头彻尾的现代主义的追随者，他会怎么看待模糊的、直觉的设计决策，没有理性主义、功能主义的支撑，这样一个设计产生依据是什么？刹那间我觉得这二十年的经历已经把他彻底改变成我，而在他和我之间几乎没有留下什么共同点。

仿佛是猜测到我在想什么，他开口："你是不是以为我不懂，还在追随现代主义？我看的更多的是后现代（主义）的东西，我只是奇怪，怎么20年后好像后现代都不见了，你做的东西似乎更接近于现代主义的形式，没有进步呢？"

是啊，虽然柯布西耶的《走向新建筑》是当年必读的经典，但同时他应该正在看文丘里（Robert Venturi）的《建筑的复杂性与矛盾性》，《向拉斯维加斯学习》，还有当年红极一时的查尔斯·詹克斯（Charles Jencks）的《后现代建筑语言》，也许还有意大利人阿尔道·罗西（Aldo Rossi）的书。现在想想除了查尔斯·詹克斯，其他人的东西我还时时会记起一些，唯独丢下再没读起的那本《后现代建筑语言》，当年看得最明白，也最有误导性。仿佛一夜之间建筑系的学生都会把失去尺度的斗栱、大屋檐和西洋建筑夸张的山花、柱式简化后搬到了图板上，一时间教室里有不少疑似格雷夫斯（Michael Graves）的东西，他的拱形山花窗至今随处可见。

我想起了建筑系馆前巨大的一左一右的假石雕斗栱和爱奥尼柱头来："你别着急，你说的进步等到明年你搬到新的系馆后就会看到的。"我指的就是所谓后现代建筑的某种形式在中国的全面开花。"但是那其实还是一种做作的装饰而已，我现在做的更像是在避免一种明显的装饰动机和效果，架设这层网的真实意图之一，是确定一种我和业主都能接受的中间状态，比如说，这层旧建筑的外墙原本是水刷石，在常年酸洗车间的生产过程中被腐蚀了，表面色泽和质感斑驳丰富，我非常喜欢，希望可以保留不动。但是业主在将这个厂房改造成美术馆的意图中，首要的就是形式的改变，对于原本的外墙虽然也十分喜欢，但是不愿意保留。这层网是一种相互妥协的产物，既保留了老墙，又有了一层新的外墙。"

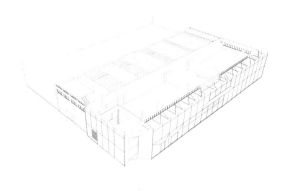

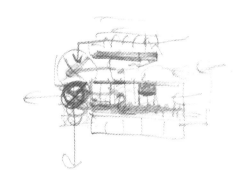

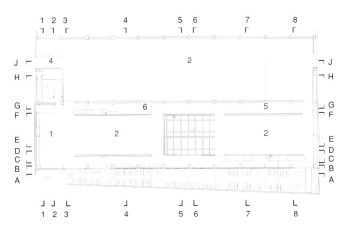

首层平面图 / The 1st floor plan

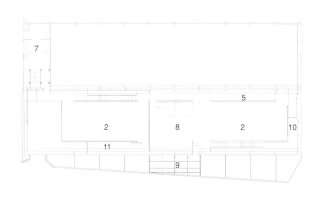

二层平面图 / The 2nd floor plan

"但是我不理解，这和我现在学的现代主义也好，后现代（主义）也好，有什么关系？"

"在建筑教育的体系里，现代主义建筑和广泛意义上谈的现代主义是一致的，都是发自启蒙运动，而现代主义建筑是这种理性思想的具体体现，然而，查尔斯·詹克斯的《后现代建筑语言》是建筑师们理解的后现代（主义）建筑，这和与理性主义针锋相对的后现代主义只有微弱的联系，是完全不同的两个概念。它们仅有的共同点就是对现代主义建筑的抨击，并由后现代（主义）建筑的这种典型式样，摧垮了现代主义建筑的典型式样——国际式（International Style）。这不过是一种流行风格对另一种过时的风格的替代。而现代主义和后现代主义的思维方式却不像已经死亡的国际式或后现代建筑式样，它们依然存在，甚至还有人用辩证的概念来看待现代和后现代主义。认真思考这两个概念有助于我逃离在建筑形式选择上的碍手碍脚的形式价值观，比如材料的真实性、功能与形式的合理性、建构的逻辑性等。"我边想边说。

"但是从你做的室内空间改动看，你还是很重视功能和形式的啊！？"他说着和我一起走进室内。原本被上一次改建增加了一层的楼板在入口处被我重新切去了一跨半，约有 9 米 ×15 米大小的空间，可以直接看到原来厂房高阔的屋架天花。剩余的 10 跨空间则保留两层空间，但是却像是在原有的厂房，一个现成的老盒子里又套了一个新做的盒子。

"其实和外立面一样，室内的改造也是围绕如何保留老建筑的墙面而又能满足新功能需要众多白色展墙而展开的，形式是老的，功能却是新的。"随后，我把话题转到我对这个建筑功能应该有怎样的形式的看法上，"其实这个建筑在形式上是不应有突出特点的，甚至应该是平庸的，只有这样，才能适合它作为一个传统型的美术馆的功能，把展品突出到第一位。这和我们不久前做的另一个艺术空间的设计不同，在那里，需要的是更前卫、更极端

的建筑空间，它和艺术品之间的关系是互动，因而空间是不稳定的。"看到他露出不解的表情，我接着说："回到刚才你认为很现代的形式，其实只是一种近似现代主义建筑初期的形式语言，针对空间、建造技术、材料真实性等等事实上是违背现代主义精神的，反而可能更接近你所了解到的后现代建筑。比如 'the New York Five' 其实就是后现代建筑语言的一种。"

"我真没有想到你竟然会背叛我，不记得我是多么的追求'现代'吗？——绝对的'现代'——即使我们说的是你定义的现代主义思维，你也不够坚决啊！"

他看出了我在设计上的含糊和犹豫，他的激烈反应也突然让我回忆起坚定面向未来，不愿意回到传统、渴望毫无人性和地方性的超级"现代"的那个旧日的我来。"你之所以如此坚定是因为你的未来是如此不确定而显得诱人，而过去和传统对你当然毫无意义；而你所处的空间也没有全球化威胁，对周围的环境你也就漠不关心了。可我不同，我不相信未来比过去一定会更好，也不相信别处的东西一定比本地的好。我患上了'Nostalgia'，——英语的这个词既是怀乡也是怀旧，你可能还不解，怀乡和怀旧本质上是同一种情绪。不过，你提醒了我，也许是我走的太极端了，已经没有什么革命冲动。"我望着建筑物室内外到处刻意留下的原有建筑物的片段，在新的墙面的衬托中几乎就像是一幅幅优雅的画面，不禁有点既洋洋自得而又内疚。

……

梦已经过去几日，可我还是想把这一段梦中的对话记录下来：相比一个大二的建筑系学生，我确实知道一些怎么盖房子的知识和技巧，但做的却是用建筑去消灭建筑的事，甚至于我还受别人启发，动手起草过一个切实可行的消灭建筑的计划。那个 20 年前建筑还没入门的学生狂妄自大、但却因勇气和充满想象力而让我惭愧。

看来，想象力对我而言是个信心问题。

场域建筑三间房工作室   北京

Approach Architecture Studio Office at Sanjianfang, Beijing
2010

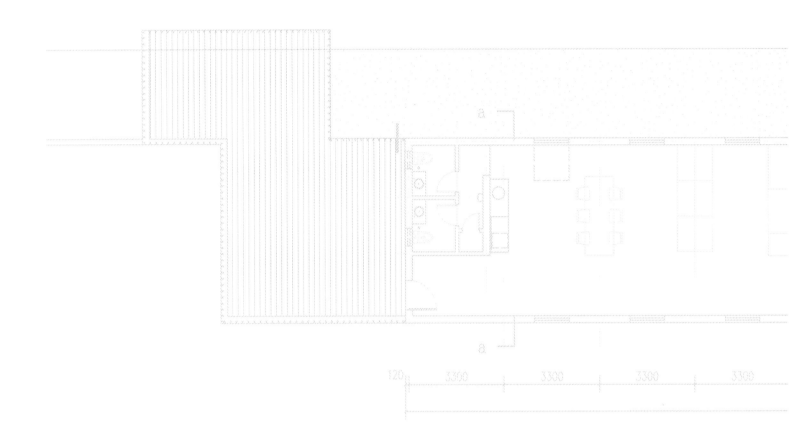

该项目为改造工程。原建筑为钢屋架、砖围护结构一层仓库。位于北京一处建成于 20 世纪 50 年代的单位大院内。环境绿化好，建筑密度低。建筑平面为一简单东西走向的长方形，共 11 跨，每跨固定开有南北向高窗，单层压型钢板屋面。

为了能将原有建筑改造成适合办公使用，自然通风、采光及建筑保温都需要进行调整。新建筑也仅仅在这三个方面对建筑进行了最小限度的改造：将开窗加大、为原有建筑增加一层外保温。

室内除了地面之外没有进行改动，仅增加了卫生间，重新设计了灯光。空间保持了最大限度的灵活性，方便工作室格局变化和人员调整。避免任何固定家具，并采用可拼装的小尺度活动家具替代，这样可以在使用中发现可改进的布置方式时方便改变，克服一次性设计所带来的僵硬格局。

本项目在设计师眼中虽然低造价，但不是极简，亦非功能主义。针对环境，新加的外立面虽然将现有的树木更加清晰地展现，但这也不是有意的设计。因此更合适的说法是：最少的、仅限于必要的一次。

The original building was a one-story warehouse. It has steel trusses roof structure with single layer of metal roof decking. There were only limited small windows on the brick wall.

The concept is to keep the conversion of the building in a minimum way. Several works include the followings:

- Adding a new layer of insulation on the existing wall and roof with protection of corrugated galvanized metal panels.
- Opening more large windows on the south facade and medium sized window on the north facade.
- Removing a small attached building and replacing it with the entry yard.
- Keeping all 54 trees around the building.
- After studying the location of the tree, a new skylight is opened right underneath the shadow of the tree.

The floor plan has remained open in order to give maximum freedom of the office size and work groups ever-changing situation.All of the furniture is configured in smaller pieces for easy moving.

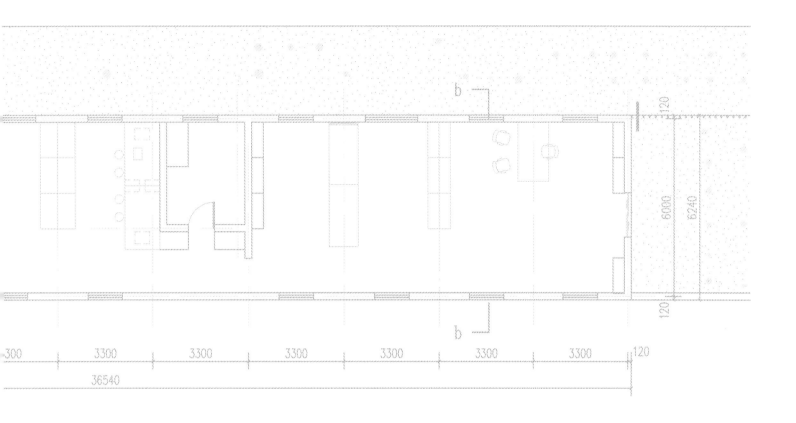

300 3300 3300 3300 3300 3300 3300 120

36540

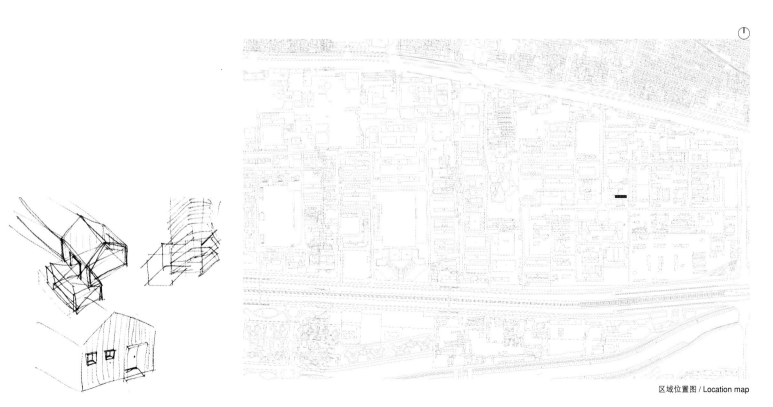

区域位置图 / Location map

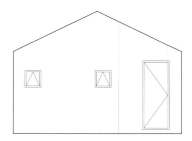

西立面图 / West elevation

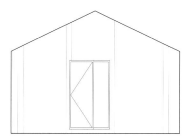

东立面图 / East elevation

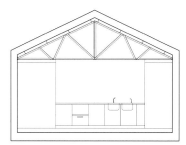

剖面图 / Section

南立面图 / South elevation

北立面图 / North elevation

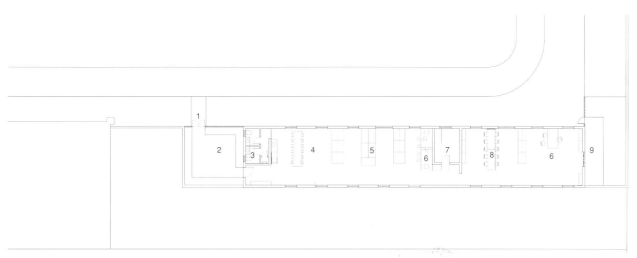

平面图 / Floor plan

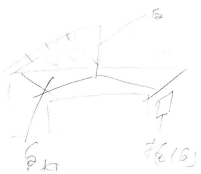

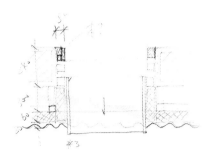

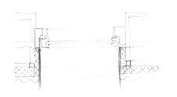

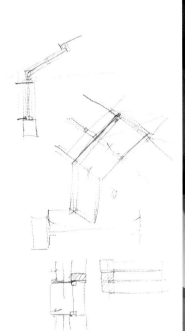

场域建筑阜外大街 8 号工作室　　北京

Approach Architecture Studio Office at No.8 Fuwai Street, Beijing

2006

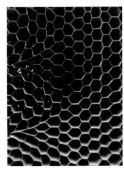

场域建筑的工作室位于普通高层写字楼的某一层，层高很低。设计目的是希望通过研究材料和建造方法，表达我们对现今流行的装饰"风格"的厌倦。厌倦"风格"的设计也可认为是不追求所谓"潮流"、"美"的设计。作为设计师，其作品总以某种形式存在。有形式，则有对形式的审美趣味。当我们面对业主，总会有个问题：即形式应该追随设计师本人的趣味，还是他（她）服务的客户的审美趣味？如果不是必须，我们一般会回避回答，因为设计作品的形式审美不是我们设计的主旨，试图回答这个问题会危害对设计作品的正确理解——尽管普遍认为形式审美即设计。给自己办公室做设计的时候，我们也希望可以不被单纯趣味所困，做出一种没有风格的设计。也许这样可以更加干净地表现我们关注的具体设计意图：

意图之一：寻找实现方案的途径

荷兰有家设计公司 Droog，荷兰语"干"的意思。设计产品如同名字一样，很"干"。用他们的话说就是用干净的方法把一个干净的概念表达出来。作品从概念创意到实现产品整个过程的可行性和偏差被充分研究和预计，从完成的产品中看不到多余的花哨成分、或与设计创意不相干的"美"。

与此相对的设计，我们称为"湿"的设计，也许概念创意颇有吸引力（俗语"眼前一亮"），然而实施的过程和可能出现的错误未被充分考虑，因而结果和最初的概念有差距，甚至无法实施。

小时候学水彩画，看水彩没干的画面很有感觉，湿亮而透明，可是等干了以后，画面就变得发灰发暗而不好看。那时候最向往的就是用传说中的英国水彩颜料来画，因为听说用它画完的画面永远跟没干一样。以后用上了才发现它是比中国的颜料好一点，但也好不到"保湿"的程度，倒是在画时早

已习惯和预估了干后的效果，于是可以不被未干的效果欺骗，反而可以在湿画时就对干后的效果进行预先的矫正。

建筑效果图有时候就像是给了蹩脚的建筑方案照上了一层"保湿"的水彩画，湿湿的效果有时候不仅迷惑了业主，有时候连建筑师自己也会陶醉沉迷其中，然而如果是个要建造的方案，往往建造出来的效果没有效果图上的"好看"，也像发灰的干后的水彩画。建筑师面临的一个共同挑战就是如何实现"保湿"的建造。这首先是要有能力对结果进行预估，对于无法通过经验预估的方案，则必须要进一步研究，通过材料和构造实验或 1：1 的 Mockup 模型来检验方案，以免走偏。要创新就不可避免地要尝试许多无人尝试的东西。也就意味着风险。

在场域建筑办公室设计中，我们设计所关心的问题也是如何用非常规的材料进行一种不同方式的建造。试验的结果也有好有坏。蜂窝纸板的使用便是一个例子。这种主要用做叉车托盘的替代木头的材料，有很多可以运用到建材和家具上的优点，质轻、抗压结构合理、易切割、及环保。然而也有先天的不足，比如防水、防潮及阻燃等难题要克服。我们尝试用 3mm 的聚碳酸酯板（Polycarbonate）代替蜂窝封面的牛皮纸，用它来代替普通的木质隔板和办公台面。同时聚碳酸酯板透明性可以将蜂窝纸芯的结构暴露出来，产生新颖的视觉感受。试验中首先碰到的问题是聚碳酸酯板生产和销售少，无奈选择了亚克力和有机玻璃板替代，而有机玻璃的耐划性要比聚碳酸酯板差很多。其次是用来和纸蜂窝粘结的胶也无法使用与纸与纸蜂窝的相同的胶。经过反复试验，我们成功完成了几个 1.2m×1.2m×0.05m 的样块。然而在正式生产足尺寸的 1.2m×2.4m×0.05m 的板时，由于尺寸太大，无法用机器设备上胶，结果手工上胶时的均匀度和时间的把握误差，再加上工人赶工期，最后胶没有上匀，许多地方没有粘牢。最后板的强度大打折扣，使用不

The office is converted from a typical high-rise office tower unit. The limited space challenges lofty spatial concepts. In order to create simple but unique workshop environment, the architect experimented different material selections and surface finishing of this interior design project.

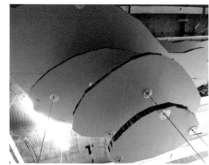

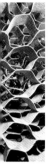

到一个月，已经有两块桌面需要重新修理了。一个"湿"例子，但是蕴含了将来再做成功的宝贵经验。

另一个试验是做在地上的。在地上实现无所不能的图案是建筑师、室内设计师长久的挑战。同样的图案在墙上和顶棚上实现起来比在地上容易，也有许多的技术选择。然而由于地面的特殊性（耐滑、坚固度、防烫、防水、易清洁、抗腐蚀等）使得许多的可能受到制约。大约成熟的技术无非是几种：一是四色高清晰图案地毯（可以媲美高精度的电脑喷绘效果），比如库哈斯在西雅图图书馆地面采用的方法，然而价格极为昂贵；二是电脑喷绘的图案作为地面的夹层，基层和面层需要用树脂涂料来做，成功地配套解决方案德国公司有提供，价格和交货时间均不允许。我们自己的试验均不是特别理想，主要是树脂、胶、打印材料和打印颜料四者之间容易存在化学反应的问题；第三种是土办法，北京舞厅常有的办法，即将室外喷绘的塑料广告膜直接粘在地面，然而膜面刺激性的气味和质感又不适合办公。最后我们还是在第二种思路下将问题简化，找到了接近我们要求的方法。即没有使用电脑喷绘，而是直接找到我们想要花纹的织布来代替，减少了胶和颜料对树脂漆的化学反应。最终效果在反复试验和与厂家一道研究工艺后基本实现。一个接近成功变"干"的设计。

意图之二：表达对"装饰"的厌倦

"干"的设计在我们看来是没有纯"装饰"的设计，相对于此的"湿"则正好相反，体现为仅仅是装饰，以营造"气氛"为目的。"风格"和"美"是设计的全部含义。

一个有意思的现象是看过我们办公室后不同的人有不同的反应。不喜欢的常有"简陋"、"粗糙"等评价。在他们被符号化的审美经验里，纸板的断面、镀锌板、石膏板都代表着建筑的基础材料，只在未完成的工地才会看到。于是

暴露这些材料的室内就等于审美经验里的"工地"了。这种审美经验的形成便是我们所厌倦的"装饰"的"罪过"之一，它简单化的、程序化的使用材料和习惯性的建造方法导致的是单一的"装饰"潮流"风格"。如果这对于市场来说，还只不过是在培养着一批只能读懂符合这种"装饰"潮流"风格"的客户的话，对设计行业的从业者来说，这种危害便是对创新的各种可能性的抑制。

面对一个这样市场培养起来的客户，便有文章开头不能回避的问题，也许最好的建筑师在此时此地也不可能完全忽略客户的审美要求，有时整个设计的过程会变成一场形式的争夺。设计师和客户不存在，有的只是不同的审美趣味。我们并不排斥和客户就审美趣味的探讨和实现其合理的"风格"要求。然而我们更需要的是鼓励创新的客户，不被当下流行的"风格"所困的人群。当然，这样去要求客户则首先我们自己不能被"风格"所困。这样来看办公室的设计，材料不代表"风格"，而是表达它被运用的逻辑。纸蜂窝板的断面堆砌是塑形的结果；墙面贴满的镀锌板则是为了贴图和兼作白板用，而未刷白的纸面石膏板则是为了质疑刷白的必要性。纸蜂窝板的悬挂用的是普通吊顶采用的带螺纹的钢筋吊杆，它是异型分层隔板最直接的结构搭接方式。

当然，我们不可能，也不回避形式的选择。比如我们为什么选择现在这样的灯具、家具而不是其他，这里面含有个人的"趣味"。我们的"趣味"会依项目和客户而变化，而这个办公室的"风格"就是厌倦各种流行"风格"的"风格"。所以当我们挑选灯具，面对无数的选择时，我们知道我们要的也是一个最不"流行"的无风格的灯具。而挑选家具，也不介意宜家的产品。因此这样产生的形式也可以称为没有风格的设计。如果说这样没有风格的设计可以引发人们对流行风格的反思或质疑，可以提醒我们在为客户工作中时时保持创新的活力，那就是达到设计的目的了。

内景 / Interior view

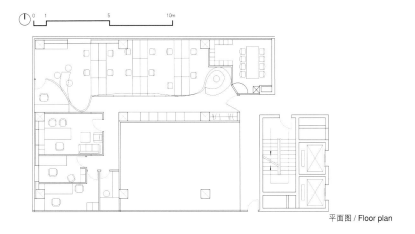

平面图 / Floor plan

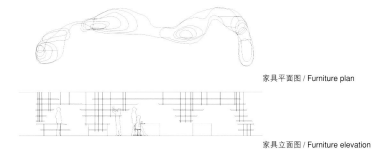

家具平面图 / Furniture plan

家具立面图 / Furniture elevation

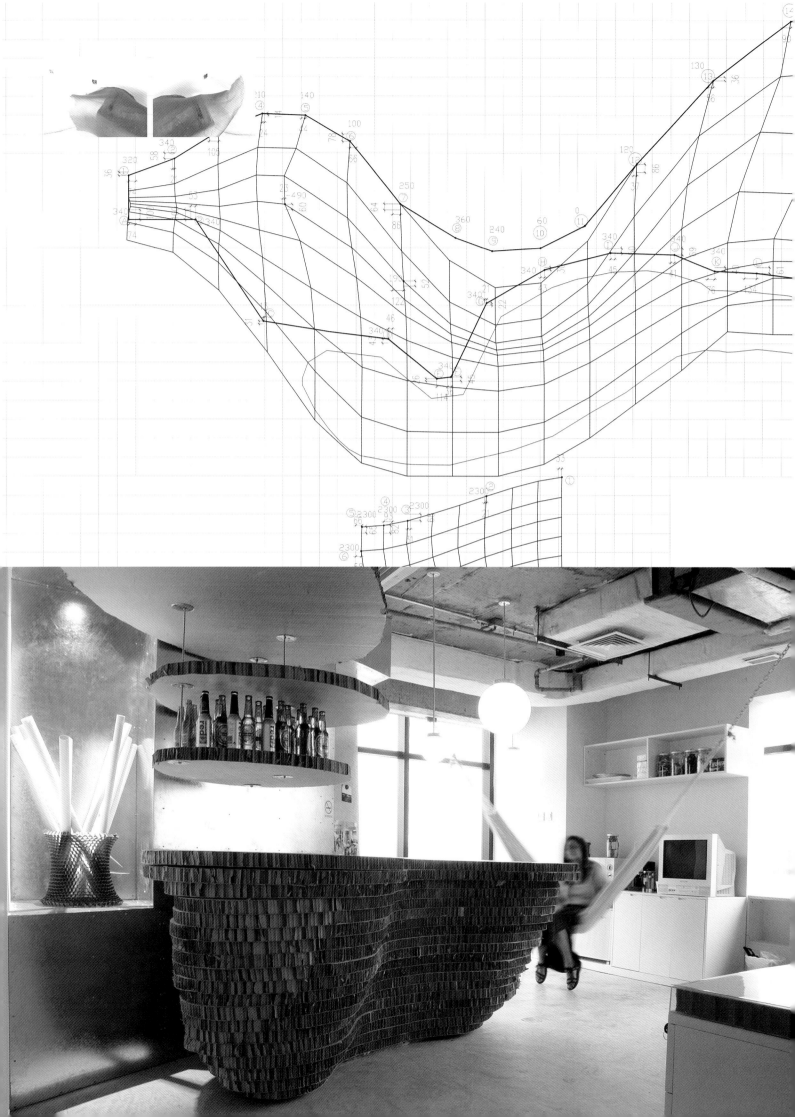

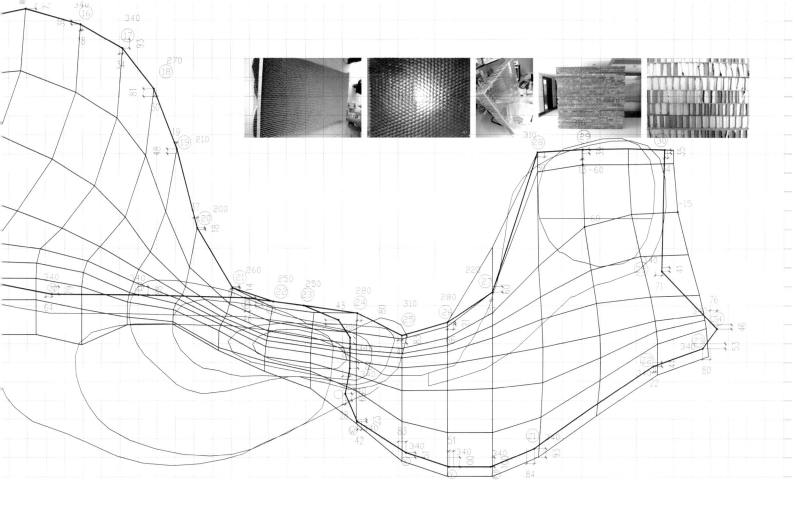

4.2
2.2
4
1
> 19.0m

4.2
2.2
3
2
> 17.0m

1
2
> 8.6m

1
0
> 4.2m

1
0
> 4.2m

1
1
> 6.4m

0
2
> 4.4m

 × 3

4.2
2.2
0
8
> 25.8m

4.2
2.2
0
14
> 30.8m

郊区小教堂　北京

Suburb Chapel, Beijing

2007

区域位置图 / Location map

这是一个位于北京房山区的大型住宅开发项目里的社区小型基督教堂的设计。项目位于新规划的社区丁字路口把角处，周围为高层塔式住宅、公交站场及大型购物中心。

现状是空地，未来四周则是全新的高密度高层居住建筑人工环境（也可以理解为与我们的项目差异性极大，以至于可以不将它们考虑为同类对待的环境）。没有现状的环境作为设计起点，也没有未来建成的都市环境可以互相呼应，整个项目提供的是一次没有遇到过的纯粹的没有外部环境的单栋建筑。它的孤立很容易让人想到赫尔佐格和德梅隆在法国 Leymen 做的一栋小住宅，发生在纯粹自然的空旷的坡地上。虽然考虑了景观，但建筑本身的质量和内部显然是建筑师工作的重点所在。这个项目也因此引发了我们对建筑自身的一次百分之百的集中注意力。这和在这些年我们所参与到的和城市紧密结合的城市性工程是完全不同的经历。

关注问题

什么是教堂？现代的西方依然是宗教气氛浓郁的社会，只是教堂的形式和功能有所演变，但它还是人们寻找心灵慰藉的庇护所，也是与神沟通的地方。根据它所处位置不同，又是城市中供市民休息的场所或社区居民的聚会地。中国传统的寺庙和祠堂于此功能上并没有太大的差别，反而是形式和空间上的差异显著。那么是宗教的不同，还是东西方人对形式和空间的理解不同导致了这种差别呢？关注这个问题也就是关注一种有趣的假设：是中国的基督徒在西式的教堂空间里更能获得心灵的慰藉呢，还是中国式的寺庙建筑更适合他们？或者还有两者之间的可能性建筑存在？

观察中我们可以发现，中国许多没有登记备案的教徒聚会场所往往是在平房民宅中，对空间和形式的要求似乎在现实的压迫下变为了一种功能的极简，另一方面也折射出西方的教堂形式和空间在这些教徒的心灵追求中不具备不可替代的依赖性。当尖顶、钟塔甚至十字架等象征性的符号都不存在的时候，教堂似乎因为教徒的祈祷而依然存在。更进一步观察我们还发现，西方许多城市的唐人街都有中国人去的佛堂，这些佛堂的式样五花八门，既不像寺庙，又不像教堂。但是大多没有中国寺庙的气势，往往等同地混杂于周围市井建筑中，好像是放下架子的佛祖在向世俗世界作亲切的召唤。

实际上西方城市里的教堂往往向街道行人敞开大门，曼哈顿第五大道繁华区的 St. Patricks Cathedral 平日里容纳最多的是暂时休息的行人和游客，它的功能似乎更多的是可以遮风避雨的城市中的休闲广场。而教会似乎也有意显示与世俗亲近的形象，甚至是运用现代的营销手段来扩大其在未来年轻人中的影响力。由此我们可以得出，无论在东西方，传统宗教建筑的形式已经不再是其明显标志。脱离了这种形式上的教堂设计使得我们可以更专注以上的问题的研究。

研究

彼得·卒姆托设计的位于瑞士的 Saint Benedict Chapel 小教堂在材料和空间上也脱离了传统的教堂建筑形式，但是屋檐下的一圈高窗却依然是典型

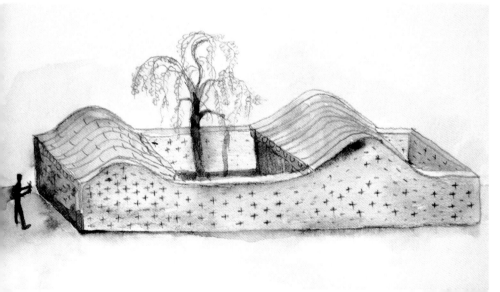

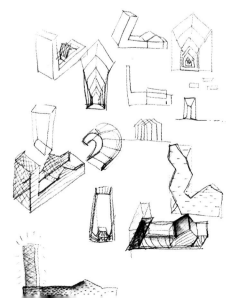

This project is located in the Fangshan District of Beijing. The chapel sits on a corner of a large residential community's intersection. Both high-rise towers and low-rise retail border the site.

Since the chapel is built for Chinese Christians, architects are given the opportunity to question the tradition of western church design (especially the Gothic style). To emphasize the spirit of Nature, inspiration is drawn from Chinese temples in terms of space, form and light. Materials are chosen carefully to fade or age in time. Consideration for aging and fading are important elements in the courtyard and landscape design. Defoliation, rain drip, snow print and ice in the pool are treated as design objects. Drawing from the philosophy of the classic Chinese garden, the building itself is just a frame for Nature.

的西方教堂的用光方法，室内的光线从上洒向地面。光在教堂中一直是象征意义多过使用价值，而被赋予了神性。然而在东方的寺庙建筑中，光被当作是自然的一部分，并没有和信仰联系在一起，也很少被建筑师或工匠组织成能营造气氛的工具。在这方面过去的朗香教堂和20世纪90年代斯蒂文·霍尔在西雅图大学做的小教堂就是典型的例子。建筑被当成了光的容器，光代表着神，堂而皇之地占据着空间的主导地位；人，作为祈祷者在空间里的位置是次要的。

在这个项目中，我们质疑这种西方式的光线运用，试图摆脱光的这种主导性，重新回归它的自然属性。因为原本在东方人的心目中，光就不带有这种特殊地位的神性。看看中国的寺庙，庙宇低矮的檐口瓦片的滴水撞击地面声，和人同高度的大门和窗外渗进来的自然光，随四季阴晴变化而忽明忽暗的空间似乎都是有神性的，屋外的蝉声、变旧的木屋架、庭院里的落叶、只要是自然的东西，随时间而变化的东西，在东方人的眼里就都可以是神性的。

尝试

尝试有两个方向，一是如何选择有意义的材料进行建造，二是建造的空间如何能进一步引发前文的思考和质疑。针对性的尝试有两个极端化手段：一是选择一个北京城内正在拆迁的民居，在新址翻建。实现材料功能转化，同时过去的使用痕迹被新的使用传承，城市的碎片被拾起并重新摆放，这些材料所特有的时间痕迹就是它的意义所在。我们也希望这处处体现时光流逝

的环境可以传递出东方的自然主义的神性；二是它本身就是一个东方的庙宇建筑，模糊不同宗教种类的空间或形式界限。引发疑问，并重新思考宗教与环境的关系可能性。

方案

针对以上从极端到折中的不同尝试，产生的概念方案大多将空间分成三部分：构筑物、庭院和祈祷室。构筑物是视觉的焦点，有建筑的形式和结构，但不围合、不封闭、不能遮风挡雨。象征世俗的人生没有神庇护的状态。进入庭院，四周与外界隔开，是个只见天地的地方，也是人介于有无信仰之间的状态——即人心和自然的相通。最后进入的是建筑中唯一有真正意义的房顶和四壁的空间室内——祈祷室，这里提供的是最基本、却也可以说是完整的祈祷空间。

光，依然作为设计的元素被组织在这些不同的方案里，但却是与其他自然环境因素一道，用来区分室内与室外、表现时间和气候变化。而这些在我们看来是最可能让东方教徒所感悟到的神性所在。既然是概念方案阶段，就不可避免地会有多种方案出现，以便比较和刺激新的可能性出现。在这个阶段，我们也不回避可能有的、自相矛盾甚至是思维的暂时倒退。

材料

旧的和会变旧的材料是我们寻找的。硬的和软的质地应该会交替出现。砖石砌筑、木屋架、氧化的金属、回收的砖瓦、经过处理的稻草都是可能的。

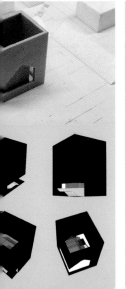
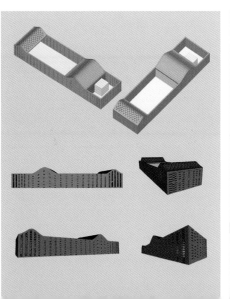
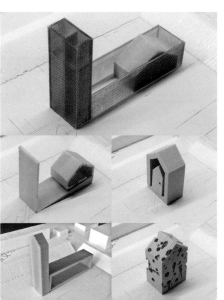
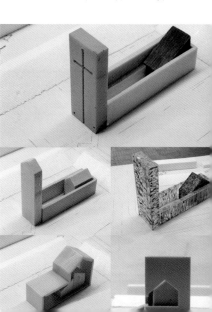

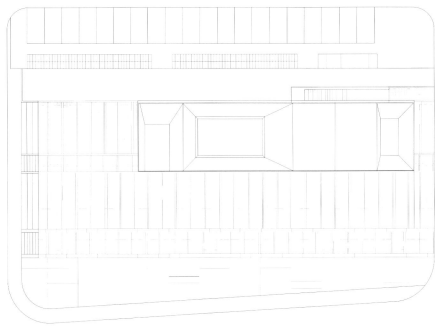

总平面图 / Site plan

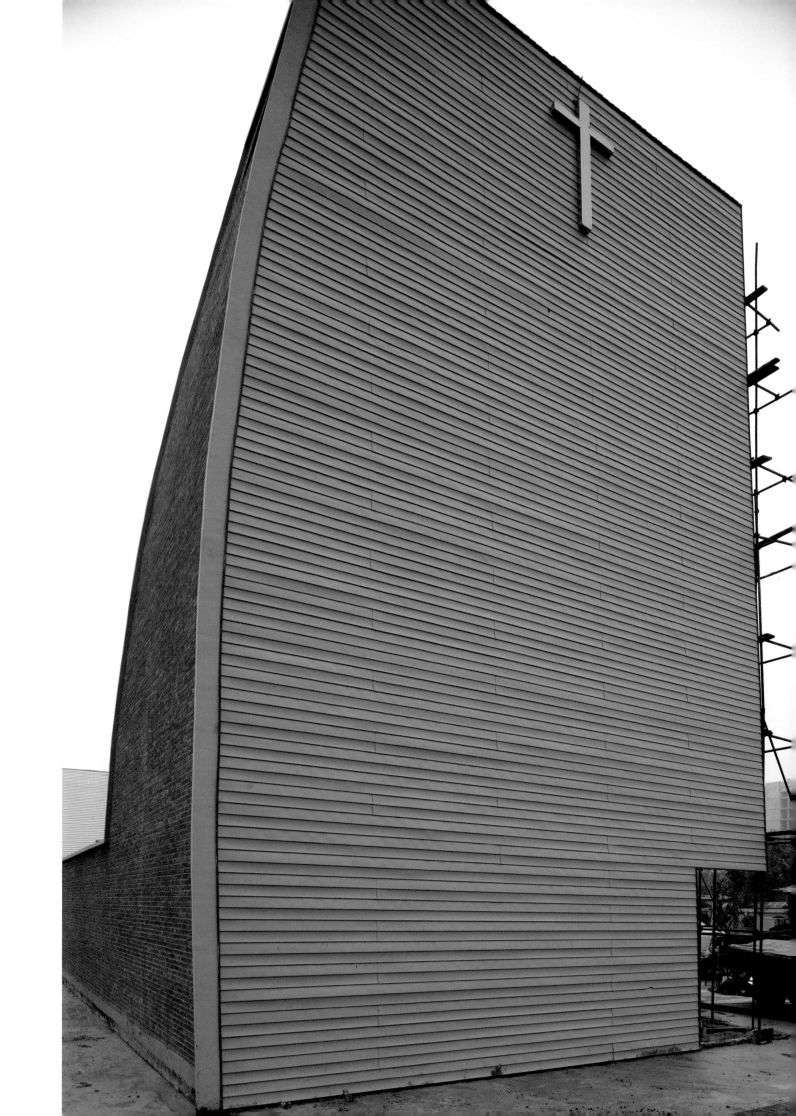

1-1 剖面图 / Section 1-1

北立面图 / North elevation

南立面图 / South elevation

2-2 剖面图 / Section 2-2

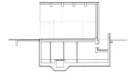

3-3 剖面图 / Section 3-3

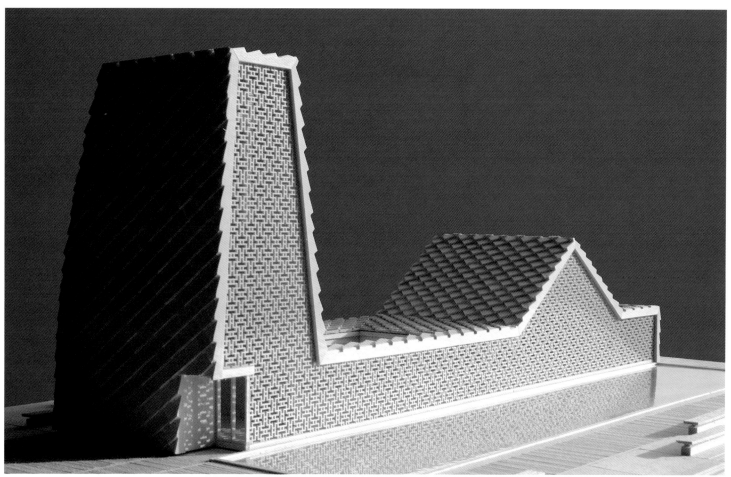

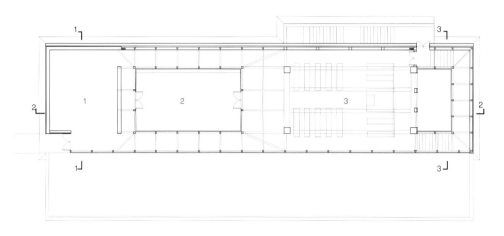

一层平面图 / The 1st floor plan

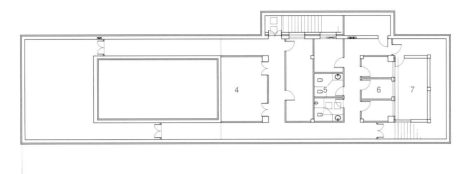

地下室平面 / Basement plan

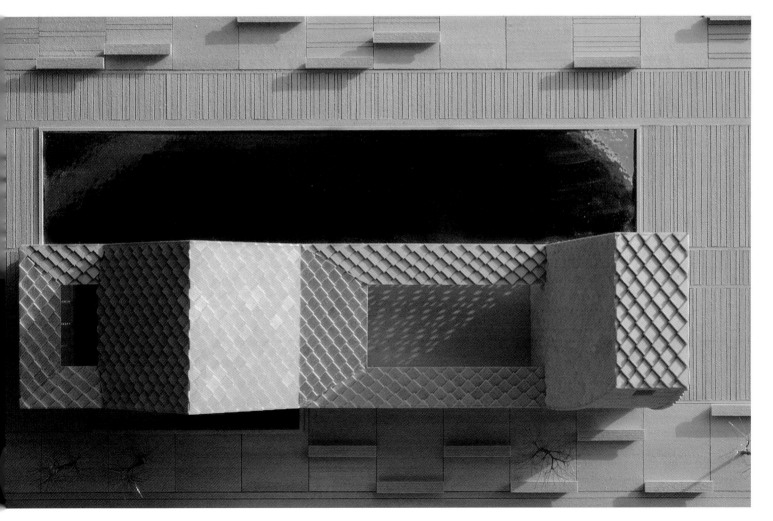

Arrtco Collection 旗舰店　　北京

Arrtco Collection Fashion Flagship Shop, Beijing
2010

　　Arrtco Collection 位于北京国贸三期地下一层的概念店设计，不同于一般时装品牌的旗舰店，它是一个在品牌、空间、货品、售卖、展示等各方面都追求创新的"实验室"。在此，视觉、嗅觉、听觉、触觉混合，汇于空间中，产生出 Arrtco Collection 独特的气质。按照设计要求，需要在店面内设置大约20个来自不同国家的子品牌服装、饰品的售卖空间，生活体验空间，艺术画廊，咖啡与阅读等功能。

　　Arrtco Collection 旗下的多个子品牌服装虽然经过筛选，具备近似的品格，但是依然有各自的风格，如何将不同子品牌在同一个空间里并置？　在空间设计上，这像是服务于有着共同主题的不同艺术家参与的"艺术群展"展览空间。空间本身需要有充足的"弹性"，适应不同主题的"展览"和"布展"方式；材料选用应该尽量减少特征，保持无"表情"状态。与此矛盾的是，空间也是 Arrtco Collection 的一部分，需要传达品牌的当代设计及艺术内涵，而毫无特征的空间无法传递任何信息。因此空间设计的首要工作是如何平衡作为货品"容器"的无特征空间和作为品牌视觉一部分，强调特征的空间。

　　为了达到这个设计目的，首先是空间布局上的革新：传统的售卖空间被分散化解在开敞自由的"生活馆"内，衣服、首饰和书籍、CD、阅读桌、咖啡座混合在一起，分不出明显的区域。强烈的刺激购买欲望的"商店"的感觉被放松的音乐和气味环绕的 Lounge 空间取代。空间传递的信息是：在这里，购买不是必须的，但邂逅、停留、发现、惊喜却是可以保证的。

　　因为鼓励相遇，仅有货品不够，还要鼓励停留的措施，比如较长时间观看的视频、可以试听的音乐、随便取阅的书籍、和陌生人同坐而不感到尴尬的沙发，观看人来人往的一个角度……为此，空间里出现了"舞台"、"看台"、神秘但又若隐若现，可被"窥视"到局部的 VIP 房间，没有镜子的试衣间（强迫试衣者走出到"舞台"上的镜前"试镜"）等就是有意而为的"设计"。

　　空间里不同元素的并置、不同材料的混合使用，视觉上的丰富性会削弱形式上的统一感，缓解不同品牌服装之间可能的视觉冲突。空间不通过强烈的形式来体现品牌信息，而是通过与货品、道具搭配出一种"混乱"却有品质的氛围。这样空间既体现出品牌所需要的识别性，又不会成为强势的视觉语言，干扰服装的展示。

　　材料的选择，空间里现存的混凝土柱被保留了下来，新加的混凝土砌块与混凝土柱将店铺与公共区域之间的细长空间分隔开，由此得到一处独立于商店之外的橱窗。与普通橱窗不同的是，这还是一个艺术空间，背景是混凝土墙，空间恰如一个临街的画廊，甚至可以允许人进入其间，方便不同形式的布展要求和变化。由于超高层地下商业的防火要求，许多材料不能使用。除了混凝土、不锈钢、洞石之外，局部固定家具选择了多层板，和混凝土钢材等材料一起传递出"制造"基本含义，并通过木材柔和的表面和色泽改善其他材料的生硬质感。

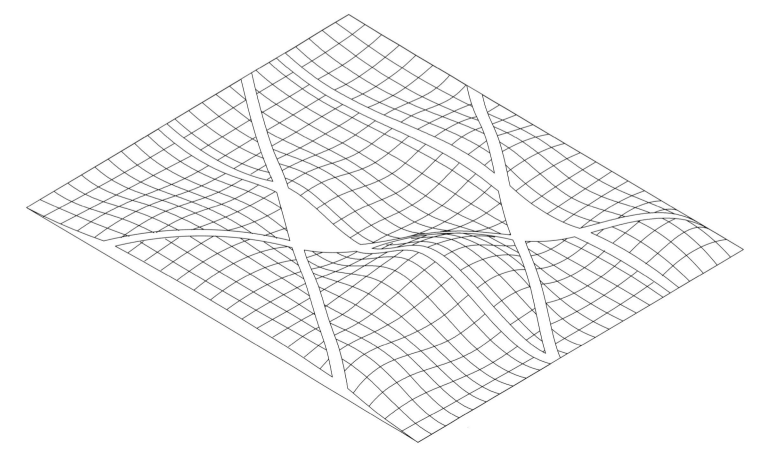

The fashion flagship shop contains 20 selected brands / designers' products from fashion, music, books, food to other lifestyle items.

A large piece of curved wall-furniture is introduced as the key element to the store; this interior background acts as a mediator by balancing the diverse styles of products on display. The large plywood structure is also designed to include sufficient storage space for the products.

The curved ceiling reflects the store in a distorted way; it adds the visual complexity to the environment. The richness of visual reflection pushes the diversity into a "messy but with quality" feeling.

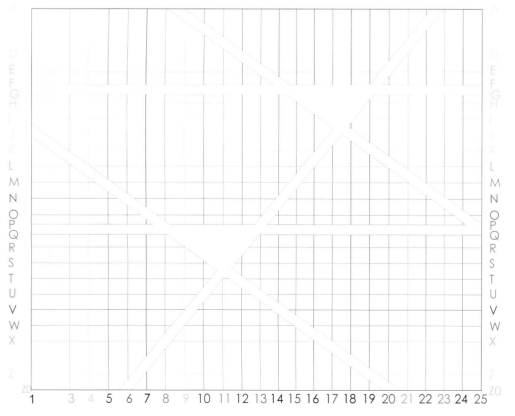

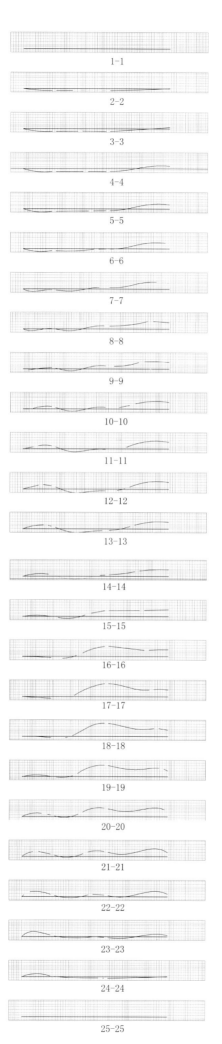

1-1

2-2

3-3

4-4

5-5

6-6

7-7

8-8

9-9

10-10

11-11

12-12

13-13

14-14

15-15

16-16

17-17

18-18

19-19

20-20

21-21

22-22

23-23

24-24

25-25

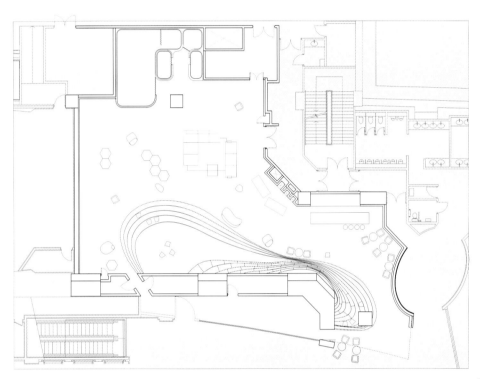

平面图 / Floor plan

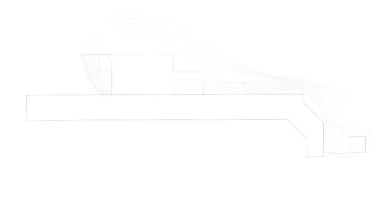

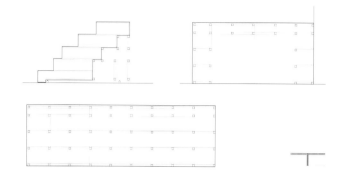

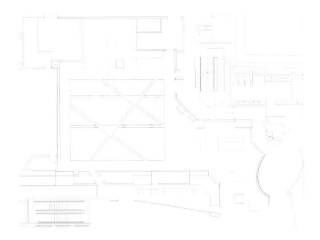

顶棚平面图 / Ceiling plan

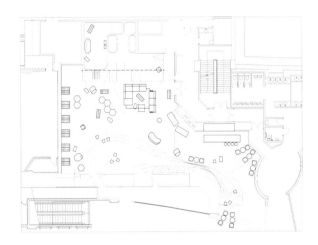

售卖布置平面图一 / Furniture layout option 1

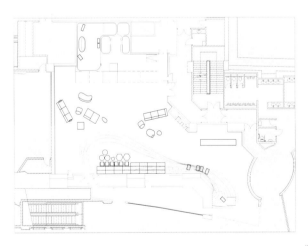

售卖布置平面图二 / Furniture layout option 2

上海金融学院厂区改造 上海

Shanghai Finance University Redevelopment, Shanghai

2010

该组建筑物原为生产地毯的厂房，毗邻上海金融学院校区，但被纵横两条水道隔开。学校因为发展需要，将厂房用地扩展为校园的一部分，并意图将其主要建筑物保留，改造为图书馆、教室和教师办公空间。原建筑物体量相比普通教学楼都要大许多，其中3号楼的平面尺寸达50米×100米之巨。建筑面积总共4万平方米的建筑群占地面积仅有3万平方米，导致室外公共空间、交通、景观空间都非常局促。

在总平面的改造中，方案增加了与主校园连接的桥梁，并将此交通动线贯穿厂区，以45°斜角穿过3号楼的底层平面，抵达该区域与城市干道的出入口。由此创造出一条从主校园穿过厂区校园再到学校宿舍区的最短步行线路。这条增加的交通通道宽度远大于实际交通需求，这样，通过式的交通空间又有了交汇、停留、聚集等户外公共空间的功能。3号楼按照要求将被改成图书馆，而平面的巨大进深使自然采光和通风都有困难。为此，新改造的平面在远离外墙的中间部分，从屋面开设了若干个天井，解决通风采光需求。

在解决建筑物适应新的使用功能的同时，本项目试图探讨一种适度的设计。它并不完全让步于片面节省造价而牺牲设计可以带来的良好使用感受——比如对外墙开窗比例的推敲既考虑功能性的面积比例，也考虑视觉上的舒适性；另一方面，设计本身又是克制的，并不追求设计的最大化或设计实现程度的最大化——在4号楼的雨水管没有在改造中改为内排水，而是直接裸露在立面外墙上，保留原有的排水方式。外墙上的雨水管确实让墙面显得不够完美，隐藏起来固然好，但是在有限的预算下，这么做所带来的一系列连锁的构造改动让这种"隐藏"代价不菲。把设计通过这种高价推向完美并非是设计师所应追求的乐事。事实上，享受业主无造价限制的建筑师所完成的作品也一定还存在着不完美，无限度的物质消费本身也很快就会走到尽头。

也许学会了接受不完美、表达不完美的设计才能真正接近完美。

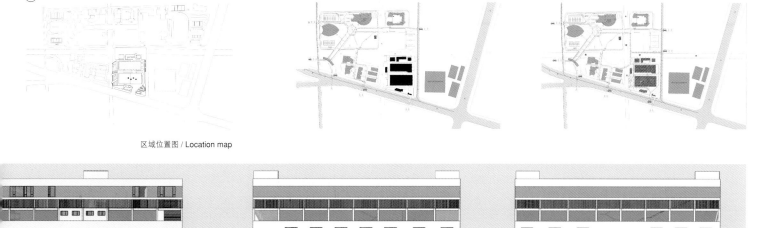

区域位置图 / Location map

立面图 / Elevation

The compound was an industrial site with several large-scale concrete buildings. Most of them have standard grids and high ceilings. Since the site is adjacent to Shanghai Finance University campus, and has be left empty, the University decided to convert them to a school library, classrooms and staff offices.

A new diagonal pedestrian circulation has been introduced to the largest building No. 3's ground floor. Not only does it create a shortcut between the campus and the student's dormitories crossing the street, but also forms a much-needed public space within the high-density site.

In order to bring natural light and ventilation into the No. 3 building, which is converted to a library, a few inner courtyards have opened in the central of the building.

With the modest construction budget constraint, a sophisticated design or achievement is not the purpose. It argues that an appropriate design should not pursue to the extreme aesthetics with the utilitarianism. Rather, the designer should consider functions, aesthetics and budget in balance. The aesthetics imperfection is not mediocrity. It might be the only hope to extricate us from the cycle of providing and consuming endless desire for visual contents.

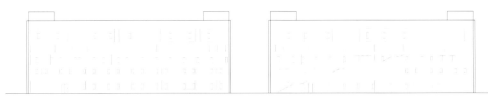

三号楼南立面图 / Building No.3 south elevation

三号楼北立面图 / Building No.3 north elevation

三号楼东、西立面图 / Building No.3 east, west elevation

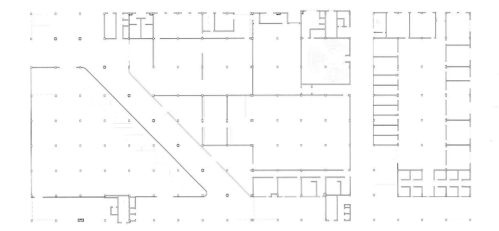

3 号楼一层平面图 / Building No.3 1st floor plan

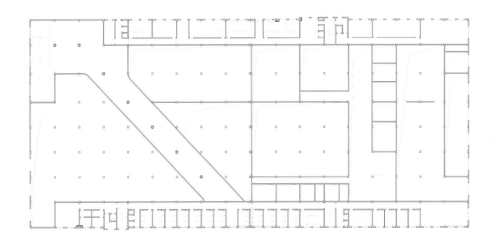

3 号楼夹层面图 / Building No.3 mezzanine floor plan

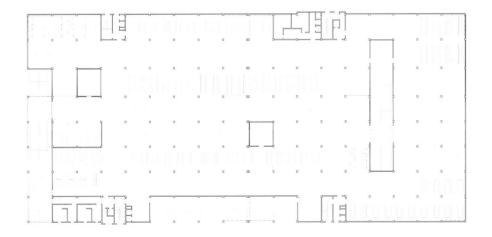

3 号楼二层平面图 / Building No.3 second floor plan

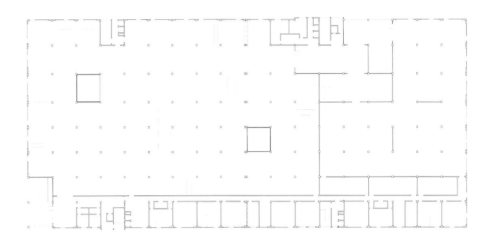

3 号楼三层平面图 / Building No.3 3rd floor plan

3 号楼屋顶平面 / Building No.3 roof plan

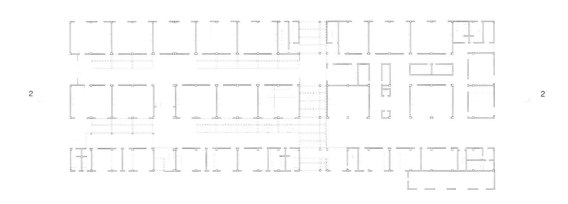

1

2 2

1

4号楼一层平面图 / Building No.4 1st floor plan

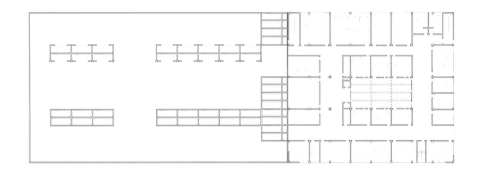

4 号楼标准层平面图 / Building No.4 typical floor plan

4 号楼南立面图 / Building No.4 south elevation

4 号楼西立面图 / Building No.4 west elevation

4 号楼北立面图 / Building No.4 north elevation

4 号楼东立面图 / Building No.4 east elevation

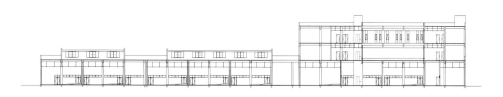

4 号楼 2-2 剖面图 / Building No.4 section 2-2

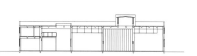

4 号楼 1-1 剖面图 / Building No.4 section 1-1

2009 年深圳香港城市与建筑双城双年展　深圳展区空间设计

深圳

2009 Shenzhen and Hong Kong Bi-City Biennale of Urbanism \ Architecture Shenzhen Exhibition Space Design, Shenzhen

2009

　　本次双年展的展场位于深圳市中心区的市民广场（户外展场）及其地下空间（室内展场）这是深圳市的行政、金融和文化中心所在地。市民广场的北侧为市民中心，是深圳市政府办公所在地，建筑物取名为"市民中心"。

　　整个中心区由一条非常强烈的对称布局式南北轴线串联而成。这条南北轴线的北端起点是莲花山公园，它是深受深圳市民喜爱的公园，游人众多。山顶轴线处有一观景平台可以向南眺望整个中心区乃至深圳市的大部分地区。在观景平台的中心立有邓小平的全身塑像，他阔步向南，凝神远望中心区，顺着他的目光向南是位于轴线上的 360 米长的书城的屋顶长廊。长廊两侧分别是北广场隔开的重要文化建筑。其中西侧是深圳市图书馆和音乐厅，东侧为深圳市少年宫和正在设计中的深圳当代艺术馆与城市规划展览馆。轴线穿过市民中心巨大的蓝色"大鹏展翅"屋顶下的通透空间及南侧的大台阶之后就到达市民广场。市民广场的南侧为深圳市的主要东西方向城市干道——深南大道。位于深南大道和南北轴线交点中心位置是被称为"水晶岛"的橄榄形状的绿地公园，这里是深圳市的地理中心，深圳市的零公里地标位置。

　　双年展的展览空间分成户外和室内部分。户外展览空间用来安放艺术家和建筑师委托的大型装置作品。其摆放位置可以根据作品要求，放置在市民广场、广场东西侧绿地公园、北广场、南广场公园等地方。但主要集中区域为市民广场及书城屋顶长廊，室内展览空间位于市民广场地下室。

　　室内展场位于市民中心地下一层。可用空间为"F"形平面。其余空间为地下停车场。出入口位于南北两侧。展览区域为狭长的线性空间，分成 A、B、C、D 四个展厅，亦有楼梯可以通往广场地面。南入口为开敞式下沉庭院。

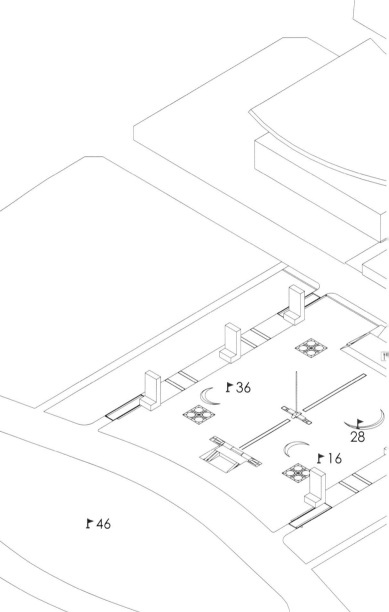

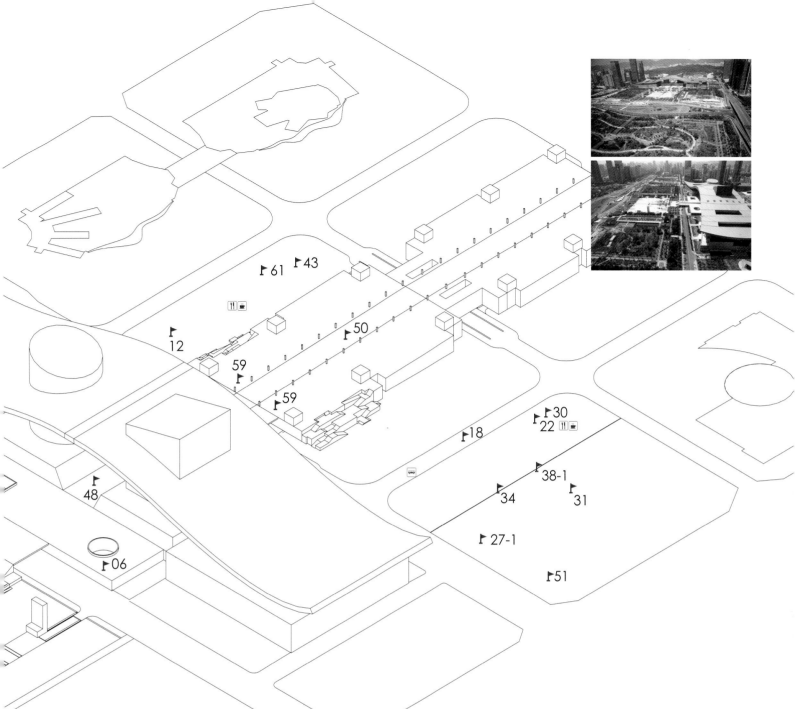

It has been decided by the Biennale Committee and endorsed by Shenzhen government that the Civic Square (outdoor exhibition space) and its underground space (indoor exhibition space) will be the main venue for this year's Biennale. This area is the political, financial, cultural and business centre of Shenzhen. Situated to the north is the municipal governmental offices (the Civic Centre is essentially a city hall). The so-called 'Civic Centre' reflects the government's orientation of serving the general public.

The entire central district of Shenzhen is defined by a strong north-south axis. It begins at Lotus Mountain Park to the north, a popular tourist attraction. At the top of the mountain, there is an observation platform orientated directly along this axis, providing views of the entire central area and most other parts of the city. There is a statue of Deng Xiaoping at the centre of the platform facing South. Following Deng's gaze, the 360m-long roof corridor of the Book Mart store in the North Square is prominently visible. To its west is the Shenzhen Library and Concert Hall designed by Arata Isozaki, and to the east is the Children's Palace and the ongoing MOCAPESZ project by Coop Himmelb(l)au.

The North-South axis runs through the huge void in the middle of the Civic Centre under the 'blue wave' roof, across the monumental stairs and

through the Civic Square. Further south of the Civic Square is Shennan Street, the most important east-west artery of the city. The crossing point of the street and the axis is an olive-shaped green area called 'Crystal Island', which is the 'zero kilometer' location of Shenzhen.

The exhibition venue is divided into two parts: outdoor and indoor. The outdoor space will accommodate large commissioned installations and comprises of the Civic Square, the roof corridor of the Book Mart on the North Square, the South Square and the two parks to the East and West of the Civic Square. It is intended that the Civic Square and the roof corridor of the Book Mart will be the main exhibition spaces. The indoor space is located at the underground level of the Civic Square.

The interior exhibition space located underneath the Civic Square is the shape of an inverted 'F', with the spaces between occupied by parking. The four exhibition halls (A, B, C, D) are axial and rectilinear. Each is divided by glass doors. Halls A and C run along the North-South axis respectively and each has a skylight running along the centre of the ceiling. Hall B, orientated towards the East, leads to the entrance to the car park and WCs. To access Halls C and D, visitors must pass through an outdoor recessed space.

SZB

Shenzhen

Context

People

Architecture

Shenzhen stretches along the entire boundary between China and Hong Kong, with six land crossing points connecting the two cities. Deng had hoped to attract industrial investments from the then-affluent British Colony, as well as exploit the region's immense capacity for seaborne and airborne exports. Today, Shenzhen behaves as a supremely efficient interface between the socialist market economy of the mainland, and the capitalist economy of Hong Kong and the wider world – it is the grey zone between two distinct ideologies.

Shenzhen has a population of 8.6 million [at the end of 2007], yet only 2.1 million have legal residence. Its inhabitants are polarised between two very different demographics: highly educated intellectuals and poorly educated migrant workers. Incredibly, the average age in Shenzhen is less than 30.

Grand Manner

Exquisite corpse

Social condenser

Biennale

Data Cloud

The Street as Platform

Platform

What if these three typologies; Organic, Grid and Grand Manner, were overlaid to form the 'masterplan' of the Shenzhen Biennale! It would be akin to an architectural game of exquisite corpse, a surrealist invention involving three players, where the first player would privately draw the top third of a figure, conceal it, and allow the next player to draw the middle third and so on. The result of this exercise is what Andre Breton considers "an infallible way of holding the critical intellect in abeyance, and of fully liberating the mind's metaphorical activity."

By playing along, the architect abdicates his traditional role of 'sole agent', holding full authority over all aspects of a design and its users, and instead acts as 'nurturer'. Instead of a narrow, singular vision that can only result in the unintended simplification of a complex programme, what is produced is a framework that can accommodate complexity, contradiction, unpredictability, overlap, collision, and ultimately, provides a richness [over clarity] of meaning – an analogy to the city, where the mundane and the extraordinary, the random and the staged can co-exist.

FID

Biometric

Booth

Data Cloud

What is envisioned is a collage of video screens, projectors, computers, security cameras, headphones, speakers, and other digital equipment, suspended from an almost banally constructed 'fluffy' ceiling – a literal interpretation of the term 'data cloud'. The Data Cloud would broadcast content collected both from its website [media uploaded by unrecognised or emerging talent] and the Biennale itself [Web 2.0, CCTV, mobile phone, RFID, biometric, booth] continuously and randomly. The result would be an open source, user-generated exhibition, approaching the effects of collage, evoking what Max Ernst describes as:

The marvellous faculty of reaching two distant realities without leaving the field of our experience and their coming together, of drawing out a spark, of putting within each of our senses figures carrying the same intensity, the same relief as the other figures, and in depriving ourselves of a system of reference, of displacing ourselves in our own memory - that is what provisionally holds us.

Anti-Monument

Sink

Ring

Scholar's Garden

Sink Crystal Island into the ground to create an absence in Shenzhen's saturated skyline. This is a monument perceived not from below, but above. Create a Scholar's Garden, acting as an enclave of serenity, a tear in Shenzhen's frenzied city fabric, sheltered from the noise and pollution above.

Enclose the Scholar's Garden with a ring; providing protection and mystery, like an ancient Egyptian temple. The ring would be a continuous light/video installation without climax, abstract, and subtly changing when walked through, like a Richard Serra sculpture. Its real content lying in contemplation and the experience of walking.

The Shenzhen Civic Square is vast, empty, open, homogenous, isolated – truly a tabula rasa, yet it is situated at the heart of the city's CBD. Surrounded by greenery on all sides with a view of Lotus Mountain in the distance, the Civic Square is remarkably

Due to the sheer scale of the space, a proposal that demands density will be impossible to achieve. Instead, the exhibition design should exploit the square's openness, as a place for repose – an antidote to the underground space. Where *The Street* is crowded, active, urban, the square should be spacious, tranquil, rural.

city

Division

Theme park

Boom town

a linear city. While spanning the 'Hong Kong border, it is only 3 wide. It has 3 east to west high-ree paths', bisected by 12 run-rth to south. These highways can ed as far more than mere infra-they are major production, trans-d communication corridors. These consist of the complex transpor-rks and their associated produc-an networks."

City

Shenzhen is divided by functionally special-ised parallel districts. Luohu is the city's finan-cial and trading centre. Futian contains the Municipal Government, and Nanshan is the centre for high-tech industries. Within districts, further division takes place, in the form of the city block.

Organic

Grid

Masterplan

source

Web 2.0

Mobile phone

CCTV 9

CCTV 9

INTERNATIONAL

cracy

Tag cloud

Transience

ar's Rocks

Monument

CITY
MOBILISATION
EXHIBITION
DESIGN
PROPOSALS

The
Border

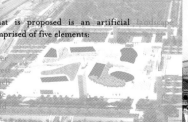

Their *organic* form and arrangement is generated by the spaces between installations and is intended to evoke the paddy fields strewn along the Shenzhen/Hong Kong border.

Another possibility is to link each area with a necklace of grass that expands and contracts according to contextual influences.

Manmade equivalents of natural materials could used, such as astroturf instead of grass, resulti in a dialectic between natural and artificial.

Arrange the installations on the Civic Square into Rooms. Works can be grouped in terms of typology, place of origin, theme, size...

What results is a highly flexible system that is able to accommodate a multitude of installation types, creates unexpected juxtapositions, and provides curatorial freedom.

The Civic Square as Diagram — a scale organisational system of efficiency and clarity that simultaneously brands the Biennale with a powerful, instantly recognisable identity.

0. Network
Nodes are linked by categories, leading from the north and south entrances of the Civic Square, resulting in a different network plan — a spectacularly dense spiderweb of journeys and activities.

The Street

1.

Dilemma:
How to reconcile the clean uniformity of a contemporary gallery space with the messy vitality of the street?

1.

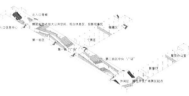

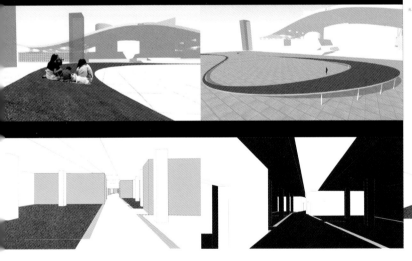

3.

The Square

1.

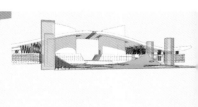

her elements could be made with scaffolding d other materials found on construction sites, lecting the frenetic construction pace of enzhen. As well as cutting costs, these materials ld then be reused after the Biennale.

The use of bamboo as scaffolding is almost unique to the Shenzhen/Hong Kong area. There is potential to explore this material. The Civic Square could be a hybrid landscape of natural/ artificial, countryside/construction site.

BIG HOUSE

NODES

There are several possibilities for materials and their application:

Lay (red carpet, astroturf)
Stick (tape)
Paint (CAD colours, luminous, reflective)
Arrange (traffic cones, plant pots)

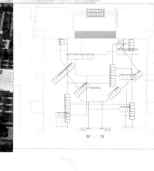

Parking Lot
The parking space is used as a basic module that allows for the accommodation of a multitude of activities and exhibitions, while adhering clearly to a system.

Shop:
By distilling the notion of Shop into Sign, Frontage and Walls, basic rules can be set to unify/individualise these elements.

Sign:
Neutral, unified typeface

Frontage:
Neutral, unified material; but individualised voids

Walls:
Individualised paint/wallpaper

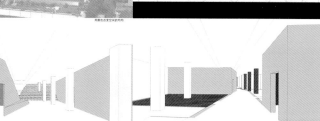

2.

2.

3.

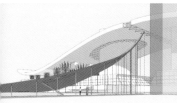

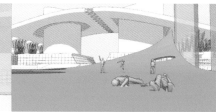

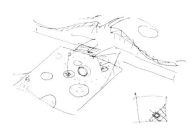

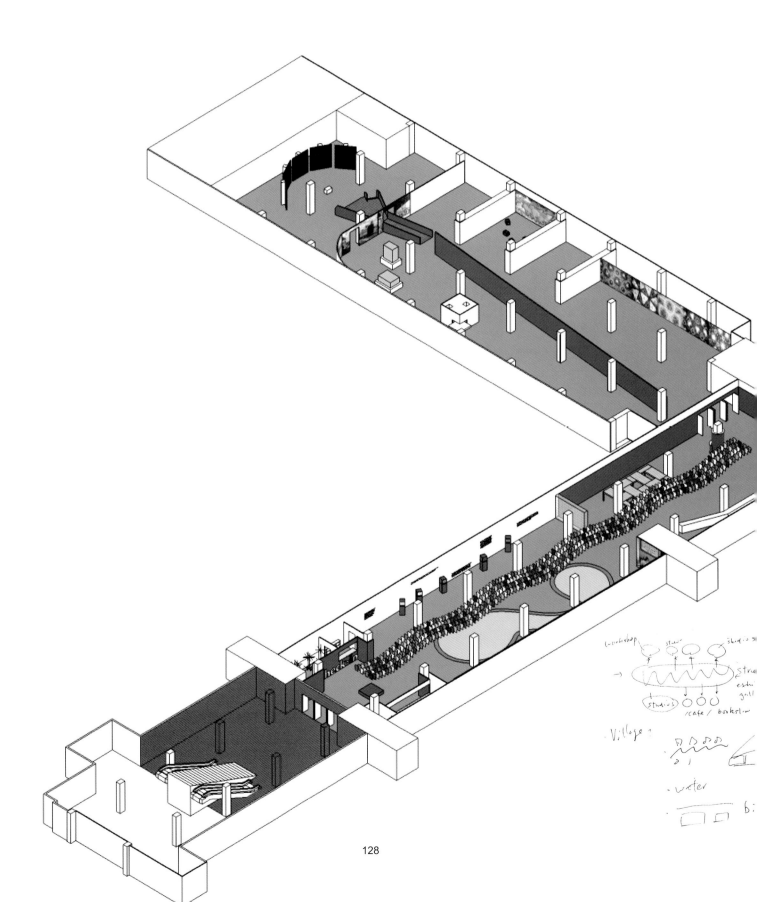

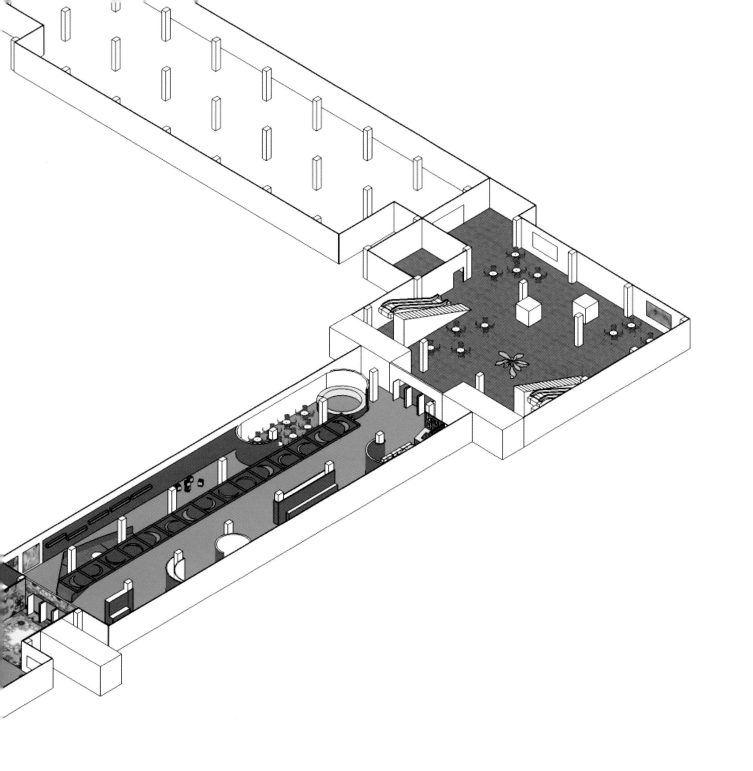

　　照片上部为美国建筑师 Ball-Nogues 的参展作品〝可以穿的建筑（Built to Wear〞。照片前方为斯洛文尼亚艺术家 Marjetica Potrc 的参展作品壁画 Mural。下部水面为日本建筑师中山秀征 Hideyuki Nakayama 的作品〝水中漫步〞（Walking on Water）。三个独立的作品被安排在特定的空间中发生交流，产生了原本作品被孤立展示所没有的新的属性。

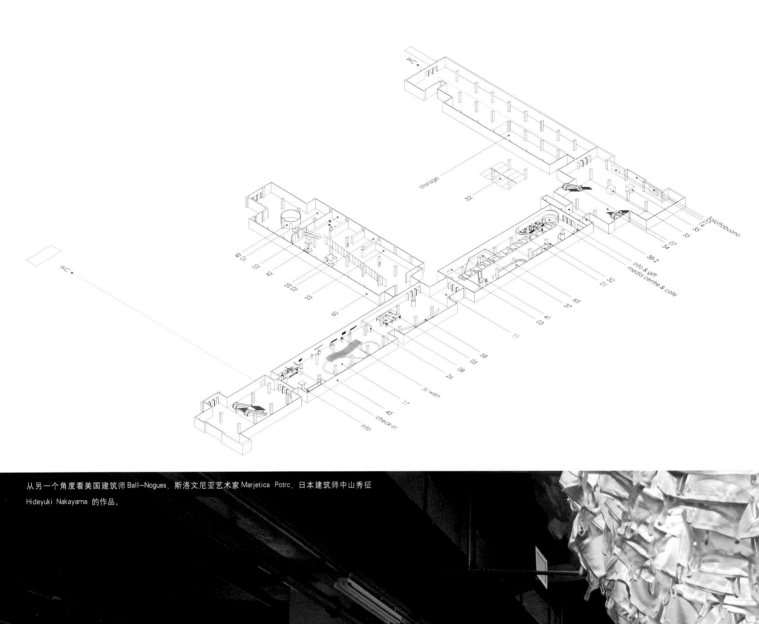

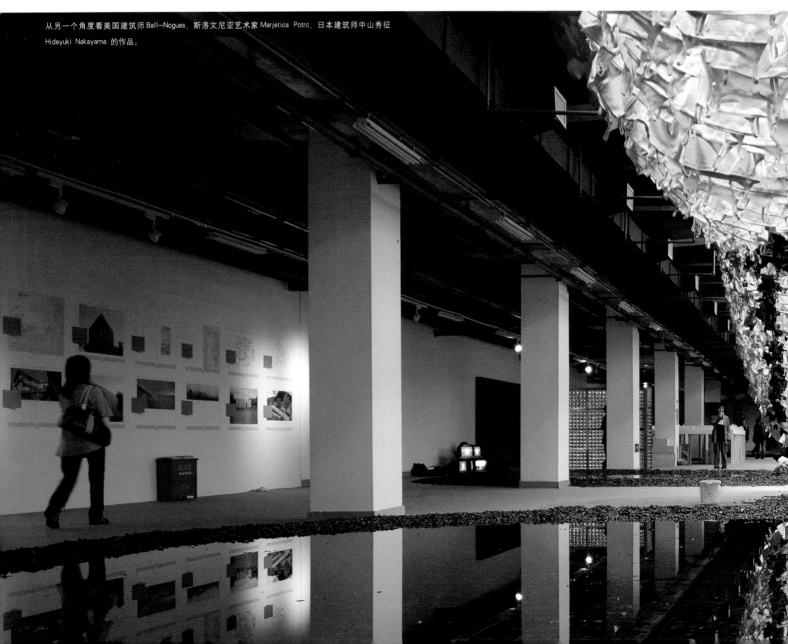

从另一个角度看美国建筑师 Ball-Nogues、斯洛文尼亚艺术家 Marjetica Potrc、日本建筑师中山秀征 Hideyuki Nakayama 的作品。

平面图 / Floor plan

前方月牙形装置为展览空间设计部分内容，它和市民中心的巨大尺度的波浪形屋顶之间维持着微妙的联系。

　　远处架空装置为巴西建筑师 Triptype 的参展项目〝创造物〞(The Creatures)，稍近出地面卵形装置为中国建筑师标准营造的作品〝生计宅〞，前方月牙形装置为展览空间设计部分内容。在空旷的深圳市民广场，仪式化的对称空间被临时性的装置作品所消解，作品与作品之间的距离超过观展尺度，因此展览空间加入的月牙形装置提供了续接展品的作用。

　　中国台湾建筑组合 WEAK！Architects 的参展项目 "蝉茧" 被安排在未来的建筑空地上，周围的高层建筑与该空地之间的对比，经过作品的自然生长属性变得更加显现，而这种对比又反过来印证了作品所要表达的都市策略。

意大利的参展艺术家 lfdesign 的参展作品"城市之声"（Urban Sounds）需要轮胎和地面摩擦产生声音。这件作品被安排在深圳真实的道路上，同时将特别的文字提醒喷涂在车道交通信号灯前，让司机有机会发现并参与该作品所需要的互动。

照片前方的砖墙为 Tercerunquinto 的装置作品 Anarchitecture。它被安排
在深圳现代建筑的宏伟天际线的前方，结合其语义（anarchic ＋ architecture）
进行解读，自然会强化作品本来就具有的独特而意味深长讽刺寓意。

2007 年大声展展览空间设计　　广州 上海 北京

2007 'Get It Louder' Exhibition Space Design, Guangzhou, Shanghai, Beijing
2007

艺术展览的空间设计可以看作是一种临时建筑的设计。因为这种临时性，产生了许多新的可能。这也许是为什么虽然只是瞬间存在的"建筑"，也能吸引几乎所有重要的建筑师都或多或少参与的原因吧。从事建筑设计，建筑师需要不断针对空间设想不同的使用可能，而又不能将其中任何一种可能具体化，以免丧失其他可能性。这种"永久"建筑无法满足建筑师对空间里任何可能发生事件的具体设计企图，而展览空间的临时性意味着将空间的布局凝固在一种具体的形式成为可能。通过这种十分具体的，直接和观众发生互动的空间布局和设置，建筑师有机会尝试大胆而非常规的设计。

在艺术展览的设计中，建筑师的身份与从事一般性建筑设计时不同。在建筑设计中，建筑师和业主的关系是双极对立的。而在艺术展览的设计中存在并列多极，如策展人、空间设计师、艺术家及作品本身、观众等。在这多极关系中，空间设计师通过沟通和合作，需要实现并延伸策展人的策展理念、理解艺术家及其作品并运用空间设计将其展现。这使得空间设计在艺术展中既是策展的一部分，也是参展艺术品的一部分。因此，充分理解策展人的意图和作品十分重要。

传统意义上说，艺术展往往是在美术馆举行，艺术品也无外乎是绘画或者是雕塑，展览的设计如果需要，也不过是展厅里的艺术品摆放、流线安排、解决照明等技术问题而已。然而，当代艺术的发展，单纯从表达媒介上就已经远远超出了绘画或雕塑等简单形式，影像、装置和互动作品的展示对展览设计提出了许多不同的要求。这刺激空间设计摆脱展板等空间划分的单一形式，不断探究空间和展品之间新的可能关系。部分由于媒介的这种变化，艺术展也开始在许多不同于美术馆的空间里进行，这更加丰富了空间设计的环境条件，同时也加大了设计的技术难度。

大声展的策展理念、展场和作品都反映出艺术展的一些新的变化趋势。不同于美术馆和画廊针对的是特定人群，大声展面向的是普通人群。作为年轻艺术家、设计师的作品展，策展人希望将艺术与设计的成果呈现在普通人的身边。在这样的理念指导下，展场被选定在不同城市的购物空间里，将艺术品散落在购物空间的不同角落，尽量增加它们同人群的接触可能。而大声展在三个不同城市的巡展又进一步加大了它的观众群，因而还提供了对空间设计的延续性思考机会。

大声展的空间设计试图挑战传统美术馆的艺术分类和展示方式，运用时代特有的方式，提供观众一种新式的观展体验。所有的参展作品散布于营业中的购物中心里的公共空间中。这些并置于海量商品之中的展品，其艺术属性一方面变得模糊，——尤其是视觉元素部分；另一方面又因为被置于万千件商品的情境中而显现得更加强烈。对于那些看似平凡、和日常生活物品接近，而又体现观念变革的艺术品，在这有周围商品作为参照下显得容易理解。另外，有的参展作品是在空间设计配合下做的现场作品。艺术家、设计师利用购物中心作为作品的背景，针对场所本身的物理空间，或发生在空间里各种消费现象作出回应，这些回应直接作用于展场空间，和购物人群或空间发生互动。这种互动不仅是对作品本身穿透力的支持，也成为整体空间设计中活跃的一部分。

设计之初，我们希望的是一次对艺术品进行多种分类检索的尝试。将分布在不同位置的展品通过临时的视觉导引系统 (VI) 联系起来，它将由不同种类的连线（彩色胶带、喷漆线、临时海报、贴纸、家具、甚至不同服装的志愿者等）组成，每一条连线将一种分类方式的所有作品串接起来，比如一条是所有英国艺术家的作品线路，另一条又是所有建筑师的作品线路，等等。整个展览设计像是一个预设了多重线索的路线图。观众可以随意挑选自己感兴趣的索引内容进行浏览，或随时"转换"线路。这些线路包括国别（中国、英国、荷兰、日本、其他国家和地区等）、艺术类别（平面、摄影、玩偶、时装、产品、影像、新媒体、建筑、声频等）和其他一些可能的划分，比如艺术家的性别或年龄等。它消解了大量墙体等传统展览里的空间元素。作为一个有着一百多件展品的大规模展览，这样的导览系统也是必需的。观众依靠图形化的导引系统，对照手中的地图，可以在展场中找到对应参照物，从而将作品准确定位。展览作品的这种浏览线索像是一个寻宝游戏，观众从传统的"跟着美术馆流线走"的被动参观变为一种积极的游戏。观众可以按照自己的兴趣寻"宝"——作品，通过线路图，将"宝"一个个"找"出来。然而可惜的是，这种设计概念没有得到完整的实施，作品和作品之间的联系因而没有被充分挖掘出来。

从广州的正佳广场到上海的大宁商业中心，再到北京的 SOHO 尚都，场地虽然都是购物中心，但是形式却各自不同，因此需要研究每个场地的可利用空间，再把作品置入。展场的设计为此引入统一的材料和一种在各个城市展场类似的构造搭建方法。比如漂白的伪装布及阳光板的使用——它们是区别购物空间和展览空间最重要的工具。这两种材料在北京展场发展成为户外临时展区搭建的主要元素。"临时建筑"的特性也允许这些临时搭建起来的每间房子各自为单一的功能服务，仿佛这些房子只为某件作品的展示而存在。它们虽然是临时性的，却又有着永久建筑都无法达到的、为专一展品而设的奢侈。这就是我们在临时建筑中所找到的凝固在一个具体功能的瞬间形态，而大声展的空间设计也在此达到了它的高潮。

大声展因为它与众不同的场地选择和策展机制，在空间设计上有不少特殊性。而这种展览的"特殊性"又是普遍存在的。因此，每个展览的空间设计都可以是不同的，保证设计师有足够多的机会去试探创新。

'Get it Louder' is design and art exhibition focusing on the works of the new generation of designers and artists, especially those who live in China.

Unlike normal art exhibitions located in Museums or art galleries, 'Get it Louder 2007' chose four large-scale shopping malls in four Chinese cities as the main venues. The intension was to use the entire spaces of each mall – free public space mainly – to show artworks side-by-side with merchandise. It constituted a great challenge for an exhibition to have the artworks and audiences side by side with commercial goods and shopping mall customers. However, what was interesting is blending the shopping experience with that of exhibition-viewing.

The artworks were displayed on different floors and in different spaces of the shopping malls. It could be visited as if you were doing a Google search. Audiences or shoppers encounter artworks while doing shopping. As an option, carefully designed site visual guide system and maps can help people to locate artworks easily.

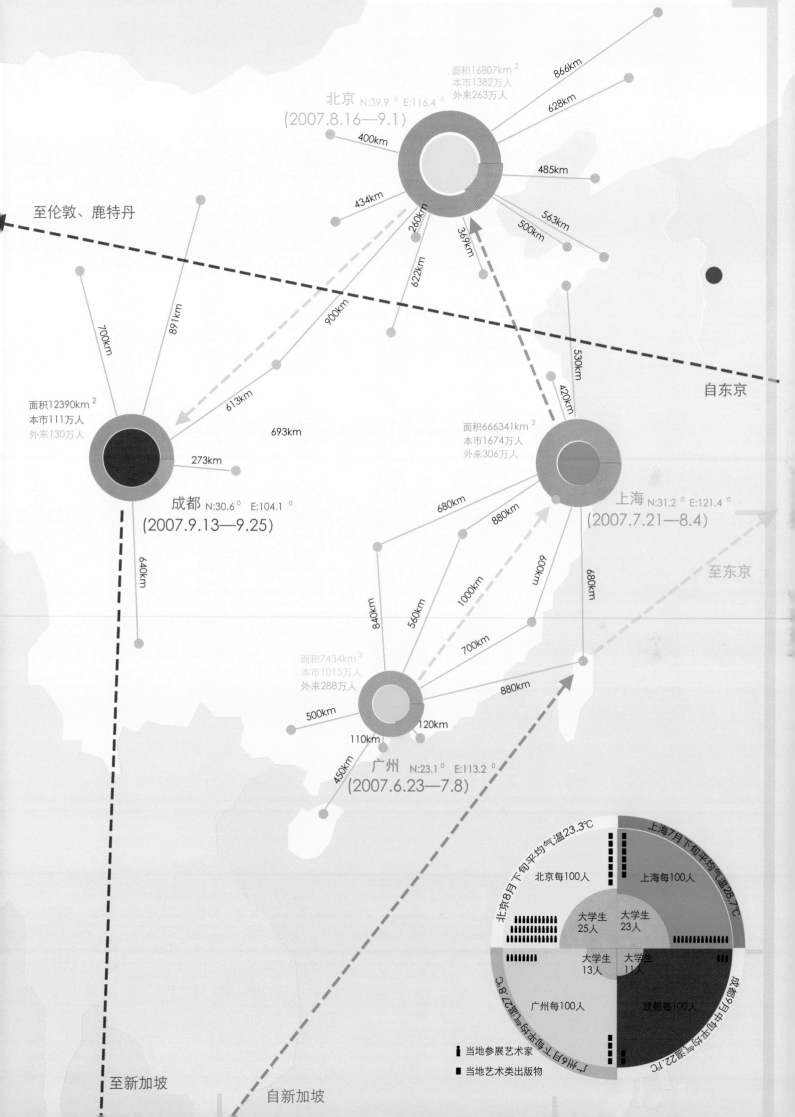

至伦敦、鹿特丹

自东京

至东京

至新加坡

自新加坡

北京 N:39.9° E:116.4°
(2007.8.16—9.1)

面积16807km²
本市1382万人
外来263万人

866km
628km
400km
485km
434km
260km
500km
563km
622km
369km
900km
530km
420km

面积12390km²
本市111万人
外来130万人

613km
693km
273km
640km
891km
700km

成都 N:30.6° E:104.1°
(2007.9.13—9.25)

面积666341km²
本市1674万人
外来306万人

上海 N:31.2° E:121.4°
(2007.7.21—8.4)

680km
880km
840km
560km
1000km
600km
680km
700km
880km

面积7434km²
本市1015万人
外来288万人

500km
120km
110km
450km

广州 N:23.1° E:113.2°
(2007.6.23—7.8)

北京8月下旬平均气温23.3℃
上海7月下旬平均气温28.7℃
广州6月下旬平均气温27.8℃
成都9月中旬平均气温22.1℃

北京每100人
大学生 25人

上海每100人
大学生 23人

广州每100人
大学生 13人

成都每100人
大学生 11人

当地参展艺术家
当地艺术类出版物

get it louder
Design concept

E-topia is a world where everything is possible...
It is a world where the main purpose is to experience as much as possible.....
It is a world where the spaces are to stimulate senses.....
It is a world where everything is possible and accesible......
It is a world where all can be seen from different viewpoints....

Dematerialization
Demobilization
Mass Costumization → In which format is this visible?
Intelligent operation
Soft transformation

City as a package. A city offers all this solutions.Yet a coventional city in E-topia offers a different perspective. It can be seen in different viewpoints. Different of context vs content. Everchanging.

stimulation vs experiences

How to define a physical border...
Is it relevant?

to perceive from different views which mediums can we use?

scaling

viewpoint

digital forest

field ——— interface
mushroom ——— sound
cave ——— chatroom
water ——— link

field

exhibition space

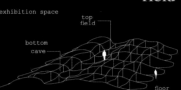

top field
bottom cave
floor water

mushroom

projection objects

rock

exhibition walls

city

Use the different area's of the city to categorize the exhibition

exhibition set-up

inside
outside

It is possible for the exhibition to extend from the given exhibition space to the outside. This could be the direct surrounding of the venue but also perhaps to the urban enviroment.

zoning

tower graphic
villa lounge
landscape sculpture
courtyard projections fashion

mix zoning

market > selling

BANG BANG BANG

The most active part of the exhibition is the market area. The selling of the exhibition items are here.

GIL market

art exchange !!!!!!!

artist art visitor

courtyard:

projection rooms
exh. room fashion

towers 1

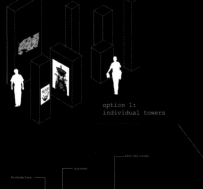

option 1:
individual towers

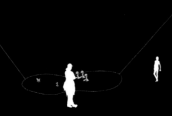

towers 2

option 2:
connected towers

option 03

window to a world

The exhibited items will be shown in one format... All are presented in a window that varies in size and space... At some moments its flat and sometimes it leads to another space... All the space is connected through these windows...

e-topia

New Babylon is where people, stripped of possessions and the need to earn a living, amble amiably across the earth in a permanent state of art-making - the environment constantly changing according to their desires and explorations. A state of planet-wide permanent play.

Constant Nieuwenhuys New Babylon

some thoughts

contents vs contexts

Redefinition of borders? Does functions and spaces has to be related?

perceptions vs interpretations

A space different interpreted.

rooms

topologies

option 01

digital forest

To use the topology that is associated with the usage of the internet.

caves

digital forest

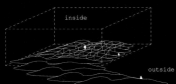

inside

outside

multi-level landscape

section

option 02

typologies

square (reception)

The reception has the function as a city square. It is the main entrance and meeting point of the exhibition.

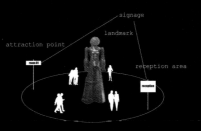

signage
landmark
attraction point
reception area
room 01
reception

shopping street

The main area of the exhibition will have the characteristics of a shopping street. The exhibited items will be shown either in the windows of the streets or in the shops.

courtyard

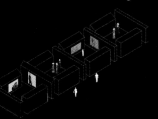

projection

fashion

towers:

graphix display

lounge
2 options
park or villa?

park > lounge

The name of the exhibition will be the "park". This will serve as a lounge for relaxation or as a meeting point.

The private spaces in a park is marked with a surface. We propose to make the lounge area in the same set-up.

villa > lounge

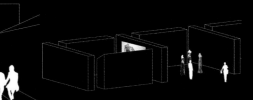

The main area of the exhibition will have the characteristics of a shopping street. The exhibited items will be shown either in the windows of the streets or in the shops.

windows to windows

or 3d windows ...... windows for showcasing
ows leading to a space or not............

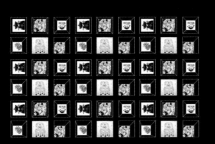

window wall

window space

广州正佳广场

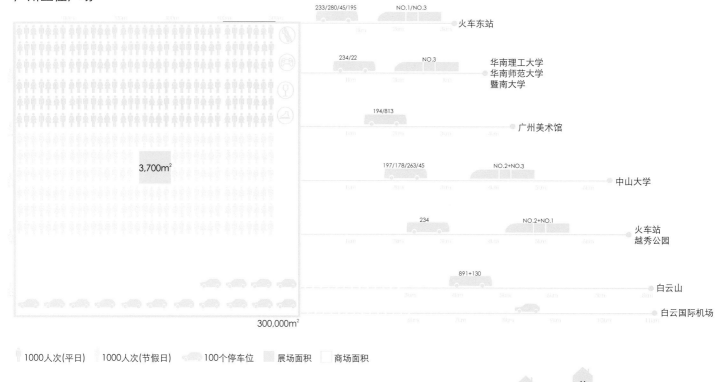

233/280/45/195　NO.1/NO.3　火车东站

234/22　NO.3　华南理工大学　华南师范大学　暨南大学

194/813　广州美术馆

197/178/263/45　NO.2+NO.3　中山大学

234　NO.2+NO.1　火车站　越秀公园

891+130　白云山

白云国际机场

3,700m²

300,000m²

1000人次(平日)　　1000人次(节假日)　　100个停车位　　展场面积　　商场面积

距展场3km内酒店　¥ 9家　　¥¥ 17家　　¥¥ 18家

上海大宁国际商业广场

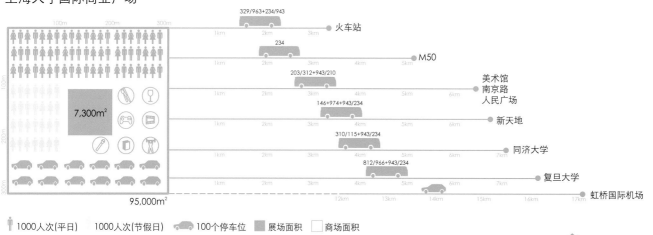

329/963+234/943　火车站

234　M50

203/312+943/210　美术馆　南京路　人民广场

146+974+943/234　新天地

310/115+943/234　同济大学

812/966+943/234　复旦大学

虹桥国际机场

7,300m²

95,000m²

1000人次(平日)　　1000人次(节假日)　　100个停车位　　展场面积　　商场面积

距展场3km内酒店　¥ 8家　　¥¥ 11家　　¥¥ 7家

北京SOHO·尚都

112/420/846/109　美术馆

120/403/126　NO.2　北京站

420/126/120　NO.1+NO.2　天安门　王府井

106+846/808+118　北京大学　清华大学　首都国际机场

3,300m²

37,000m²

1000人次(平日)　　1000人次(节假日)　　100个停车位　　展场面积　　商场面积

距展场3km内酒店　¥ 13家　　¥¥ 12家　　¥¥ 13家

420,000 sq.m.

广州正佳广场营业面积

250,000 sq.m.

上海大宁国际商业广场营业面积

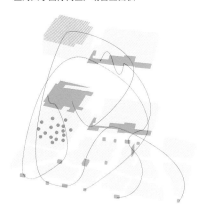

170,000 sq.m.

北京SOHO尚都营业面积

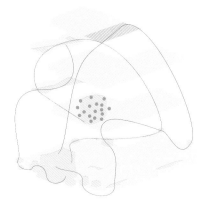

3,300 sq.m.

北京SOHO尚都可用展览面积

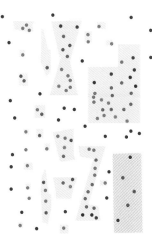

7,300 sq.m.

上海大宁国际商业广场可用展览面积

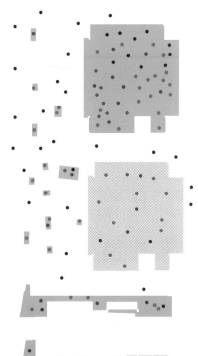

288		5
320		4
442		3
		2
1,200		1
		-1
1,050		-2

北京SOHO尚都展览面积楼层分布

2,870		5
2,440		4
852		3
630		2
508		1
		-1
		-2

上海大宁国际商业广场展览面积楼层分布

3,700 sq.m.

广州正佳广场可用展览面积

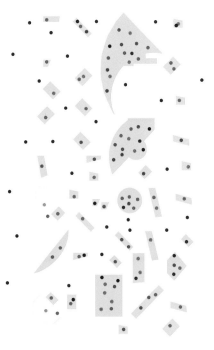

插画	●●●●●●●
产品	●●●●●●●●●●●●●●●●
电影	●●●●●●●●●
雕塑	●●●●●●●
建筑	●●●●●●●●●●
平面	●●●●●●●●
摄影	●●●●●●●●
声音	●●●●●●●●●●●●●●●●●●●●●●●●●●
时装	●●●●●●
新媒体	●●●●●
影像	●●●●●●
装置	●●●●●●●

展品类型及数量

260		7
250		6
1,040		5
945		4
210		3
220		2
775		1
		-1
		-2

广州正佳广场展览面积楼层分布

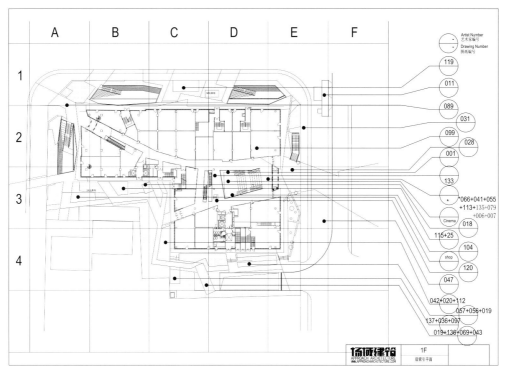

一层展览空间平面图 / 1st floor exhibition space plan

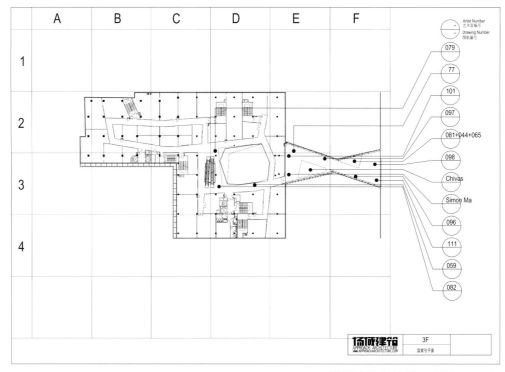

三层展览空间平面图 / 3rd floor exhibition space plan

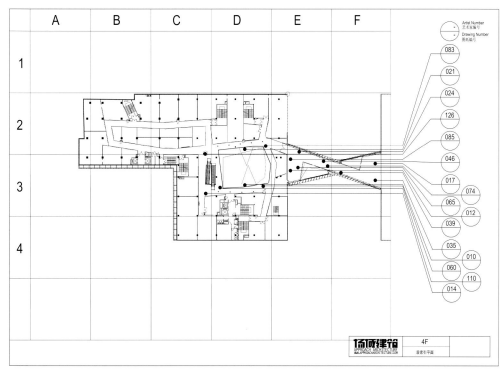

四层展览空间平面图 / 4th floor exhibition space plan

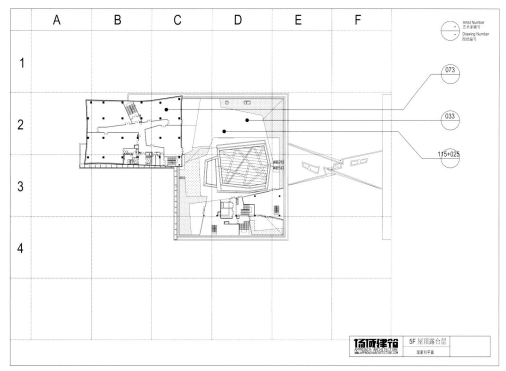

屋顶展览平面图 / Roof exhibition space plan

梁井宇访谈
Interview

采访人／黄元炤
北京　2011.9.15

黄：就我的观察，您早年去加拿大，对电脑非常地痴迷，学习了电脑图形学和电脑动画，然后进入到电子游戏场景领域，之后，您选择归国发展，回到建筑领域，您从一个对软件虚拟与精神化的游戏场景操作，转向一个对硬件现实与物质化的建筑操作，所以，您对曲面形体的兴趣，似乎想将虚拟世界中的 3D 曲面，转化到现实世界中来实现。在中联环建文建筑设计有限公司的办公空间就是如此，将一道墙面处理成柔性物体，这使人印象深刻，曲面墙体既可以观赏，又可以是功能性考量——座椅。而您似乎也对材料构成产生兴趣，办公空间中不加修饰的混凝土墙、局部氧化的钢材、管线的裸露、墙上细部收边处理……从曲面形体与材料构成，可以观察到您似乎关注到建筑中的一些小物件与小细部，更直观地说，曲面形体带有点皮层的建筑语言，这部分您自己的看法如何？

梁：一方面，三维工具不仅辅助设计制图，还能辅助设计思维。这带来了很多新的可能，比如以前习惯于做手工模型、画草图，对于真实空间想象是有限的，但使用了三维的电脑工具后，对空间的表达图像更直观了，这种图像反过来又可以刺激大脑进一步探索用电脑工具生成新形态空间的各种可能性。

另一方面，你谈到我作品中的细部和材料运用的一些特点，这可以看作是相对于虚拟电脑空间，我对真实世界、真实材料再现的一种渴求。在构建虚拟世界的时候，电脑产生的原初的几何体都是没有材质和颜色的，在电脑屏幕里显得特别纯净。而要这些几何体拥有现实世界里的真实材质效果，要真实的光线——像真实世界里一样，反而是个复杂的渲染问题。所以在虚拟世界待得越久，我就越是在乎现实世界可以触摸到、感觉到、甚至能闻到的真实。因此这反映在我的作品上，就是希望能暴露材料的真实质感、合理运用及贴切表达材料的物理属性，对抗重力并反映材料与自然之间的关系。

黄：其实像中联环建文的座椅，让我想到伊比利亚艺术中心的弧形墙，两个项目有异曲同工之妙。在伊比利亚当代艺术中心，您用到了砖，且用得非常的单纯化，独一化，只用砖去体现建筑形态。而就我的观察，在中国土地上，建筑师若用到砖，且是单纯化与独一化的使用时，通常会让人感觉有地域性的倾向，这是因为砖所体现出来的传统文化深度与意识。而您虽是用到砖，却不会让人感觉有地域性的存在，反而是带有种新形态空间的宣告，我在想，是不是因归咎于所处的地理位置？反而强调是一种工业感，是一种艺术性？

梁：798 艺术区的这个房子，用砖是一个偶然。是当时的物业提出的改造条件之一。如果我们用现代主义的多米诺体系（Domino System）来看，承重砌筑的砖被取消了，因此用砖做承重墙确实是非常有地域性的材料。但在这个建筑中，砖的使用比较复杂：既作为承重墙，又作为装饰面，同时还有用普通黏土砖组合成较大构件后再进行砌筑的特殊运用。这显然背离了对现代主义建筑的理解，但是，我相信伊比利亚当代艺术中心的出现，恰恰是我试图想改变以前所受到这一套建筑（教育）的影响，即所谓正统现代主义的理解。

那么它是不是地域主义的呢？有没有中国性呢？我不知道，但是我本人当时的注意力不是很集中在这个问题的讨论上。对于你提到的地域主义建筑，进入我脑海的一个概念，似乎就是那种对应于西方人对于当代中国的理解而设计出的"中国玩意儿"？这是我不太同意的一种设计意图。

黄：其实这里面还存在一个是西方人的视点，是以西方人的视点来看中国，可是中国人来看中国的话，又是一个不一样的视点。

梁：对，是视点不同。但不管怎么说，这确确实实是我重新思考现代主义建筑的一个机会，它让我走出阿道夫·路斯所说的"装饰即罪恶"的信条。之前做中联环室内的时候，并没有把它当成是建筑，采用了很多现成品，比如说暴露的管线等，受的是艺术家的启发，但是到了伊比利亚的时候，我才真正放下一个担子，就是以前奉行至高无上的现代主义建筑信条，当担子放下以后，伊比利亚当代艺术中心就做得很轻松，当这个项目需要把数个分散的建筑变成完整的一组建筑时，我的注意力就是需要做一个连续的墙，使用给定的材料，而给我的选择并不是很多。

黄：所以，在当时材料已经被限制，反而设计出一种新形态空间，是一种建筑上旧皮与新皮之间的扣合关系，或者是差异性衍生出来的冲突感，或者是材料与构造之间的对话。

梁：所以，实际上我就像初学者一样，在做一个砖的运用练习，抛开杂念，专注于尝试砖的可能性。

黄：先把材料放一边，就我的观察，北京伊比利亚当代艺术中心，您用砖形塑出皮层带有造型的建筑语言，而上海民生现代美术馆也是类似的操作，在保留原有的旧皮后，新增一道新的皮，是成片的灰色金属网墙面，这反映出旧与新之间的衔接与统一，也是倾向于表象性的设计。这两个项目，操作手法相似，新的皮成了建筑与环境之间的介质，而这个介质是有深度的、有内容的，已不单单只是一道单纯的墙面，它同时拥有着多重意义，是形态，是材料，是功能的综合体现，这部分您的看法如何？这两个项目之间的差异性在哪？

梁：它们有前后关系，就是伊比利亚是在之前，然后民生是在之后。民生的情况和伊比利亚是有类似的，两个项目规模都差不多大，都是三千多平方米，功能也比较近似——都是做艺术空间。伊比利亚外墙是砖，上海民生用的是灰色金属网。灰色金属网，本身具备的透明性，让原有厂房遗留的旧立面若隐若现。一面是上海作为工业时代的面貌，有些颓废；一面是光鲜透明的时髦的上海，两种感觉并存在一起。

黄：其实从比较严格的建筑学观点来看，这些并不算是真正的建筑。

梁：不算是我的个人建筑作品，但这个改造应该看作是我和原有厂房建筑师跨越时间"合作"的作品。

黄：就我的观察，在上海民生当代艺术中心项目中，架设灰色金属网的意图是您和业主都能接受的中间状态，是相互妥协的产物，即保留了老墙，又有了一层新的外墙，这是客观现实层面上的。但我观察您一直以来的建筑操作与思想，似乎也偏重于不确定性、无边界的定位，您的场域建筑精神里面说到，场域可以理解成有边界的、也可能是没有边界的，思维不被固化，思考更多的可能性，并拓宽建筑学原先的边界与视点，这是您主观的自我定位。所以，客观现实层面上的中间状态与主观自我定位上的不确定性与无边界，这两者似乎不谋而合，而中间状态也代表一种不确定性抑或模棱两可，也可以是有边界的，或是没有边界的，这部分您有何看法？

梁：我的思考没有预设的边界，但是不断的领悟让我时而觉得自己有些进步，时而又觉得在否定自己的过去。

黄：螺旋上升的，所以说，您目前思考状态还处于一个渐进式的前进。

梁：也许是在摆动的状态。

黄：我觉得您其实一直在摆动，您好像要让自己处于一个不要那么确定的状态，外面的人对您的了解，知道您是跨界，您跨艺术、又跨展览、又翻译书、又做室内设计、又做管理设计、又做建筑设计……所以说，您一直处于这个摆动，您自己有什么看法呢？

梁：我希望既不要重复自己的过去，也不重复别人，总是想做新东西，以原创为主。但是要追求建筑设计领域的原创性，就很难摆脱对视觉形象的原创性追求。可是当今的建筑以视觉的存在经由图像媒体的迅速流传，原创性的视觉形象也越来越少，让我预感这种追求会把建筑逼到死胡同里。

也许我们需要的原创性，很难用一张图片来表达。它可能是从一种独特的出发点切入设计，而这个角度可能是在颠覆原先的设计规律，或者是原先的任务书，或者是颠覆原先的设计概念，甚至是人们对于城市、建筑、社会、生活的概念，那么这就变成了设计概念的创新，甚至是设计思路的创新，而视觉的东西仅仅只是表面的结果。你看到我并不拘泥于某一特定的工作媒介

也是这个原因。

创新性的事务所，一直是我的追求，也是我特别看重和注意的事情，但是工作中我还是感到能调动的面还不够广，许多想法需要多方面撬动既有秩序才行。

黄：我这样听来，您是想要去追求原创与创新，但似乎技术与背后支撑的力量还不太够，不管是技术，不管是说法还是视点，但我觉得方向很重要，还是要有一个清楚的方向。

梁：建筑设计的原创性只是我追求的一部分，但还有其他的问题，比如说不断在变化的建筑的社会属性。

黄：好，还是回到作品本身，观察您的作品，从伊比利亚当代艺术中心，到民生当代艺术中心，再到京郊小教堂，我关注到的还是一个偏向于表象性设计语言的操作，而表象性又是当代流行的建筑语言，赫尔佐格和德穆隆是操作表象性，表皮建筑语言的代表性建筑师，他们将设计视点关注在可掌握与可设计的立面表皮的探索与突破，您自己又如何看待这个当代的建筑思想？您的设计作品对比于表象性当代建筑语言，您自己又如何看待的？

梁：我并不认同建筑只有表皮。甚至不同意将建筑分成表皮和内部之类的二元论，建筑是个从内到外不可分割的整体。 我们之所以会这样讨论问题是因为我们受到的建筑教育，特别是以现代主义建筑理论作为思考框架所产生的错觉。我觉得我们应该了解多些当代艺术，从赫尔佐格和德梅隆的例子可以看出，很多东西被建筑师认为是不屑一顾的，或者说对建筑而言是无意义的东西，在当代艺术领域却可以找到它的位置，且有不可替代性。

黄：上海金融学院图书馆，是您近期的作品，是个厂房改造项目吗？它让我感觉到有一种理性的氛围存在，带有点秩序感。

梁：对，还是一个改造，原来是一个厂房，就算是想不理性都难。立面上开窗都是原来的，有些因为采光的原因，把原来的窗子放大。在我的理解上来讲，它并不是新的设计，原来厂房应该是 20 世纪 80 年代建的，所以，又是和一个过去的设计师在做这个时空交会的设计。

黄：对，您之前的作品，因为也是改造项目，所以也都跟过去的设计师进行时空交会的设计，冥冥之中会产生一种心灵上的交流。

梁：有点这种感觉。但这个项目有所不同的是我近来更多地在思考设计多少是"够"的问题。有时候作为建筑师，我们的设计希望能够力求完美，动员所有的能量与资源去实现一个百分百的设计。但这样的作品往往必须动用和建筑功能不成比例的高造价。做个不恰当的比喻，当我们仅使用造价的 50% ~ 60% 就能够做出一个既顺眼又能满足功能的房子，还要不要把剩下的 40% ~ 50% 的钱用在把设计实现到建筑师满意的极致？这里我说的还不完全是建筑师的职业道德问题，而是审美取向问题。我希望在这个房子的设计里能够找到一种平衡，既不追求廉价，牺牲设计品性，又不突出设计，在不完美中体现适度的优雅。

黄：好，您自己有没有一个设计的中心思想或者是信仰？就是说建筑师每个人都有一个基本的特质与所追求的境界，来形成自己的中心思想，您现在是否已有慢慢体现出，还是说这个中心思想在未来才能出现。

梁：我希望我设计的房子，能够优雅的出现，然后优雅的老去，在建筑的完整生命周期里，与人相处，与周围环境相处从容，最后衰老与死去，像一个自然而然的过程，像一个有生命的东西，这是我对建筑最本质的关注。

作品年表
Chronology of Works

1 项目名称：保定百货集团大楼 ○

2 设计团队：梁井宇、Sebastian Linack 等

3 合作设计：九源三星建筑师事务所

4 所在地：保定市

5 设计时间：2006 年 4 月

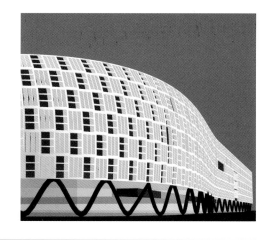

1 项目名称：崇新办公楼 ●

2 设计团队：梁井宇、Sebastian Linack 等

3 合作设计：九源三星建筑师事务所

4 所在地：北京市

5 设计时间：2006 年 6 月

6 施工时间：2007 年 7 月

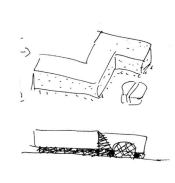

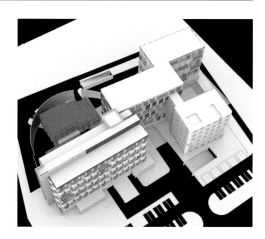

1 项目名称：《城市中国》新农村专题研究 ●

2 研究团队：梁井宇、鲁琼、谷巍、刘锴、Jelena Milanovic 等

3 研究时间：2006 年 7 月

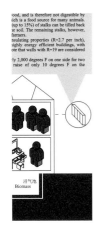

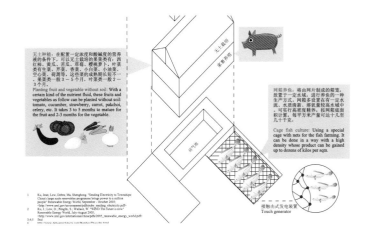

1 项目名称：某办公楼 ○

2 设计团队：梁井宇、谷巍等

3 设计时间：2006 年 7 月

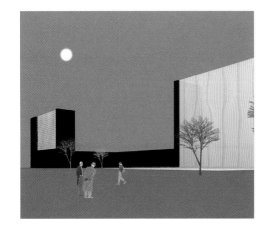

1 项目名称：香山会 ○

2 设计团队：梁井宇、谷巍等

3 合作设计：九源三星建筑师事务所

4 所在地：北京市

5 设计时间：2006 年 7 月

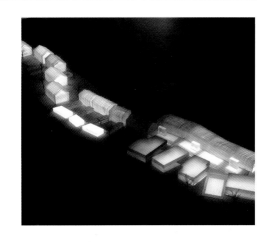

1 项目名称：华园饭店 ○

2 设计团队：梁井宇、谷巍、杨洁青等

3 合作设计：九源三星建筑师事务所

4 所在地：北京市

5 设计时间：2006 年 8 月

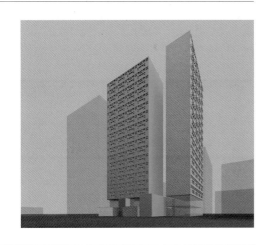

1 项目名称：顺义德威国际学校周边公建 ○

2 设计团队：梁井宇、谷巍、刘蕾等

3 所在地：北京市

4 设计时间：2006 年 8 月

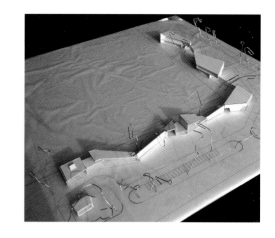

1 项目名称：GOODFELLA 时装店 ●

2 设计团队：梁井宇、刘蕾等

3 所在地：上海市

4 设计时间：2006 年 8 月

5 施工时间：2006 年 10 月

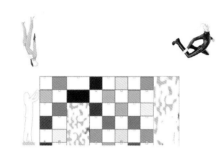

1 项目名称：ABSOLUT ＋ APPROACH 提案 ○

2 设计团队：梁井宇、Tang Kwok Hung、鲁琼、谷巍等

3 所在地：北京市

4 设计时间：2006 年 10 月

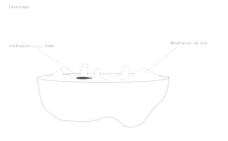

1 项目名称：伦敦唤醒巴特西中国当代声音艺术展空间设计 ●

2 设计团队：梁井宇、谷巍等

3 所在地：伦敦市

4 设计时间：2006 年 10 月

1 项目名称：场域建筑阜外 8 号工作室 ★

2 设计团队：梁井宇、谷巍、鲁琼、Jaeyoung Jang 等

3 合作设计：九源三星建筑师事务所

4 所在地：北京市

5 设计时间：2006 年 7 月

6 施工时间：2006 年 7 月～ 2006 年 9 月

7 建筑面积：240 平方米

1 项目名称：金果园幼儿园 ○

2 设计团队：梁井宇、谷巍、Tang Kwok Hung 等

3 合作设计：九源三星建筑师事务所

4 所在地：北京市

5 设计时间：2006 年 10 月

1 项目名称：垡头纸箱厂用地办公楼项目竞赛 ○

2 设计团队：梁井宇、谷巍、Gerfried Hinteregger 等

3 合作设计：九源三星建筑师事务所

4 所在地：北京市

5 设计时间：2006 年 11 月

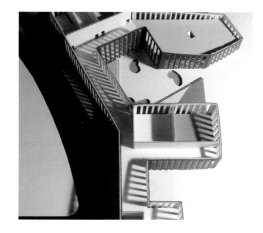

1 项目名称：外滩 18 号打眼艺术展览空间设计 ●

2 设计团队：梁井宇、谷巍、杨洁青、Tang Kwok Hung 等

3 所在地：上海市

4 设计时间：2006 年 10 月

5 施工时间：2006 年 11 月

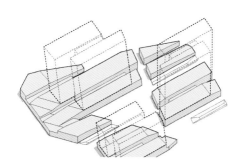

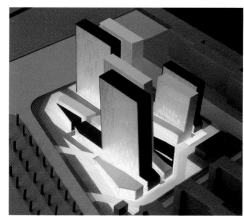

1 项目名称：金果园学校 ○

2 设计团队：梁井宇、谷巍、Tang Kwok Hung、刘蕾等

3 合作设计：九源三星建筑师事务所

4 所在地：北京市

5 设计时间：2006 年 11 月

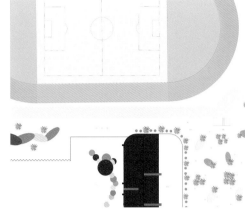

1 项目名称：烟台世界广场竞赛 ○

2 设计团队：梁井宇、谷巍、Gerfried Hinteregger、Bertil Donker、刘蕾等

3 合作设计：九源三星建筑师事务所

4 所在地：烟台市

5 设计时间：2006 年 12 月

1 项目名称：北京竟园图片产业中心规划 ●

2 设计团队：梁井宇、谷巍、刘蕾、Gerfried Hinteregger 等

3 所在地：北京市

4 设计时间：2007 年 1 月

5 施工时间：2007 年 10 月

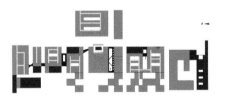

1 项目名称：重庆西政项目 ○

2 设计团队：梁井宇、谷巍、杨洁青、Gerfried Hinteregger 等

3 所在地：重庆市

4 设计时间：2007 年 1 月

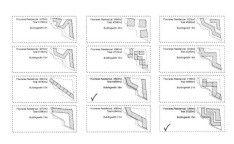

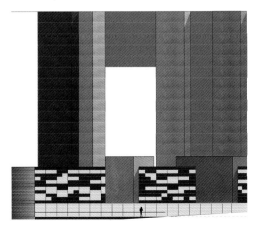

1 项目名称：京昌高速商业项目 ○

2 设计团队：梁井宇、谷巍、刘蕾、Gerfried Hinteregger 等

3 设计顾问：崔彤

4 所在地：北京市

5 设计时间：2007 年 2 月

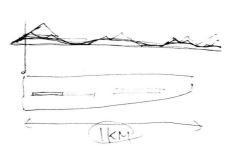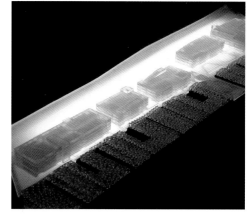

1 项目名称：万达广场单向街书店及咖啡店 ○

2 设计团队：梁井宇、Tang Kwok Hung 等

3 所在地：北京市

4 设计时间：2007 年 3 月

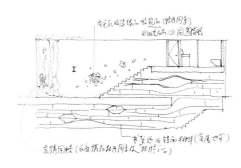

1 项目名称：华翰俱乐部 ○

2 设计团队：梁井宇、谷巍、Gerfried Hinteregger、Bertil Donker 等

3 合作设计：九源三星建筑师事务所

4 所在地：北京市

5 设计时间：2007 年 3 月

1 项目名称：海关博物馆 ●

2 设计团队：梁井宇、杨洁青、彭小虎等

3 合作设计：中国建筑设计研究院、九源三星建筑师事务所

4 所在地：北京市

5 设计时间：2007 年 5 月

6 施工时间：2009 年至今

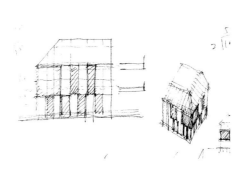

1 项目名称：2007 大声展展览空间设计 ★

2 设计团队：梁井宇、Leila Jane Dunning、赵凡、谷巍、Tang Kwok Hung、刘蕾、杨洁青、周源等

3 所在地：广州市、上海市、北京市

4 设计时间：2007 年 5 月

5 施工时间：2007 年 7 月～ 2007 年 10 月

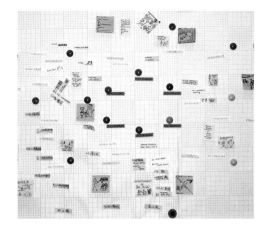

1 项目名称：北京房山小教堂 ★

2 设计团队：梁井宇、谷巍、彭小虎、Gerfried Hinteregger 等

3 合作设计：九源三星建筑师事务所

4 所在地：北京市

5 设计时间：2007 年 8 月

6 施工时间：2008 年 3 月～ 2008 年 6 月

7 建筑面积：300 平方米

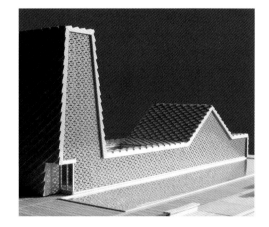

1 项目名称：千家店小学 ○

2 设计团队：梁井宇、杨洁青等

3 合作设计：九源三星建筑师事务所

4 所在地：北京市

5 设计时间：2007 年 8 年

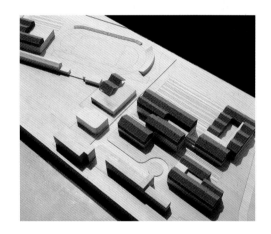

1 项目名称：2007 大声展 NIKE706 临时项目空间设计 ○

2 设计团队：梁井宇、杨洁青等

3 所在地：北京市

4 设计时间：2007 年 9 月

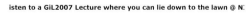

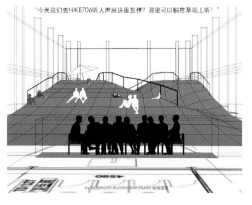

1 项目名称：伊比利亚当代艺术中心 ★

2 设计团队：梁井宇、赵宁、彭小虎、谷巍、周源、鲁琼、李宏雷等

3 合作设计：九源三星建筑师事务所

4 所在地：北京市

5 设计时间：2007 年 10 月

6 施工时间：2007 年 10 月～2008 年 5 月

7 建筑面积：3000 平方米

---

1 项目名称：2007 深圳双年展研究项目 "一油两用" ●

2 研究团队：梁井宇、周源、Hai-Yin Kong 等

3 合作：Casey Mack ／ Popular Architecture

4 所在地：深圳市

5 时间：2007 年 11 月

---

1 项目名称：2007 深圳双年展研究项目 "交通工具" ●

2 研究团队：梁井宇、周源、Hai-Yin Kong 等

3 顾问：深圳市交通规划研究所

4 所在地：深圳

5 时间：2007 年 11 月

---

1 项目名称：西班牙马德里玛吉画廊空间改造 ●

2 设计团队：梁井宇、杨洁青、李宏雷等

3 所在地：西班牙马德里市

4 设计时间：2007 年 11 月

5 施工时间：2008 年 4 月

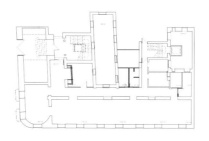

1 项目名称：香港城市虚空研究项目 ●

2 研究团队：梁井宇、孙宇、田禾、Hao Chi Lam、周源、赵佳峻等

3 顾问：Kyong Park、廖维武

4 所在地：香港市

5 设计时间：2007 年 12 月

1 项目名称：苏州本色美术馆二期 ○

2 设计团队：梁井宇、谷巍、田禾等

3 所在地：苏州市

4 设计时间：2006 年 12 月

1 项目名称：《当代艺术与投资》深圳双年展专题 ●

2 编辑：梁井宇

3 时间：2008 年 1 月

Shenzhen & HongKong Bi-city Biennale
of Urbanism \ Architecture

1 项目名称：成都青城山会所项目 ○

2 设计团队：梁井宇、赵宁、田禾、周源等

3 所在地：成都市

4 设计时间：2008 年 1 月

1 项目名称：三间房创意园区规划竞赛 ●

2 设计团队：梁井宇、刘密、杨洁青、周源、赵佳峻等

3 合作设计：九源三星建筑师事务所

4 所在地：北京市

5 设计时间：2008 年 3 月

6 施工时间：2008 年 7 月～ 2009 年

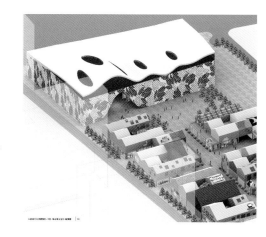

1 项目名称：卓越画廊屋顶计划 ○

2 设计团队：梁井宇、杨洁青、周源等

3 所在地：北京市

4 设计时间：2008 年 4 月

1 项目名称：趣味共同体艺术展展览空间设计 ●

2 设计团队：梁井宇、杨洁青、周源、鲁琼、李宏雷等

3 所在地：北京市

4 设计时间：2008 年 4 月

5 施工时间：2008 年 4 月

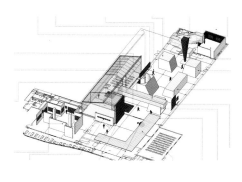

1 项目名称：上海民生现代美术馆 ★

2 设计团队：梁井宇、周源、彭小虎、李宏雷、杨洁青等

3 合作设计：上海天和建筑结构设计事务所，上海六维建筑师事务所

4 所在地：上海市

5 设计时间：2008 年 5 月

6 施工时间：2008 年 7 月～ 2008 年 10 月

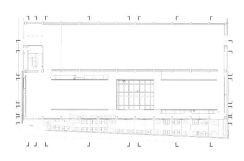

1 项目名称：751 煤气罐项目 ○

2 设计团队：梁井宇、杨洁青、周源、赵佳峻、孟菲等

3 所在地：北京市

4 设计时间：2008 年 7 月

1 项目名称：杭州某五星级酒店竞赛 ○

2 设计团队：梁井宇、刘密、杨洁青、周源、田禾等

3 所在地：杭州市

4 设计时间：2008 年 10 月

1 项目名称：西溪生态展示中心竞赛 ○

2 设计团队：梁井宇、刘密、杨洁青、周源、田禾等

3 所在地：杭州市

4 设计时间：2008 年 10 月

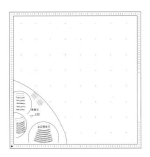

1 项目名称：意大利摩德纳 DAST 项目竞赛 ○

2 设计团队：梁井宇、刘密、杨洁青、周源、田禾等

3 合作设计：MODI Studio Associati

4 所在地：意大利摩德纳市

5 设计时间：2008 年 11 月

1 项目名称：意大利锡耶纳农学院设计竞赛 ○

2 设计团队：梁井宇、刘密、杨洁青、周源、田禾等

3 合作设计：MODI Studio Associati

4 所在地：意大利锡耶纳市

5 设计时间：2008 年 11 月

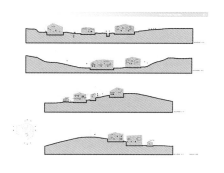
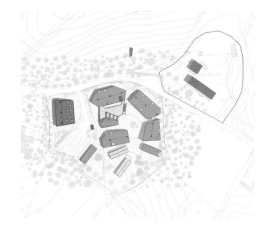

1 项目名称：中海油深圳大厦概念竞赛 ○

2 设计团队：梁井宇、杨洁青、周源等

3 合作设计：北京墨臣建筑师事务所

4 所在地：北京市

5 设计时间：2009 年 1 月

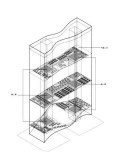

1 项目名称：广州当代美术馆改造 ○

2 设计团队：梁井宇、杨洁青、周源、Mike Yue Yin、李宏雷等

3 所在地：广州市

4 设计时间：2009 年 2 月

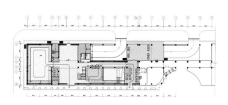

1 项目名称：上海立信会计学院设计竞赛 ○

2 设计团队：梁井宇、杨洁青、周源、Mike Yue Yin 等

3 合作设计：上海天和建筑结构设计事务所、上海六维建筑师事务所

4 所在地：上海市

5 设计时间：2009 年 7 月

1 项目名称：朝阳 1919 创意园区规划 ●

2 设计团队：梁井宇、杨洁青、周源、孔德生、夏远芊等

3 合作设计：周志红，北京中联环建文建筑设计有限公司

4 所在地：北京市

5 设计时间：2009 年 8 月

6 施工时间：2009 年至今

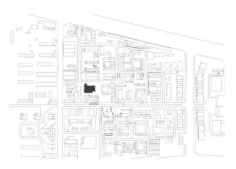

1 项目名称：2009 深圳双年展展览空间设计 ★

2 设计团队：梁井宇、杨洁青、鲁琼、Mike Yue Yin、孔德生等

3 所在地：深圳市

4 设计时间：2009 年 8 月

5 施工时间：2009 年 11 月

6 建筑面积：8000 平方米

1 项目名称：上海金融学院 ★

2 设计团队：梁井宇、杨洁青、周源、孔德生、夏远芊等

3 合作设计：周志红、上海天和建筑结构设计事务所、上海六维建筑师事务所

4 所在地：上海市

5 设计时间：2009 年 10 月

6 施工时间：2010 年 3 月 ~ 2011 年

7 建筑面积：50000 平方米

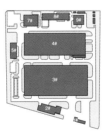

1 项目名称：太原项目展示中心 ○

2 设计团队：梁井宇、杨洁青、周源等

3 合作设计：太原市建筑设计研究院

4 所在地：太原市

5 设计时间：2010 年 1 月

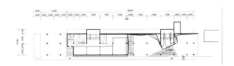

1 项目名称：新华社展厅设计 ○

2 设计团队：梁井宇、杨洁青等

3 所在地：北京市

4 设计时间：2010 年 1 月

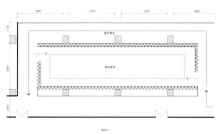
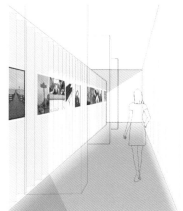

1 项目名称：CMC 开幕展展览空间设计 ○

2 设计团队：梁井宇、杨洁青、Mike Yue Yin 等

3 所在地：北京市

4 设计时间：2010 年 2 月

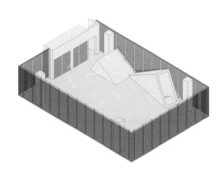

1 项目名称：上海耀中国际学校加建设计 ○

2 设计团队：梁井宇、杨洁青、Mike Yue Yin 等

3 合作设计：上海天和建筑结构设计事务所、上海六维建筑师事务所

4 所在地：上海市

5 设计时间：2010 年 2 月

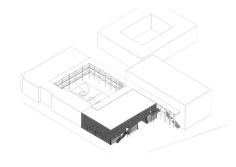

1 项目名称：北京华电厂房改造设计 ○

2 设计团队：梁井宇、夏远芊、路伊达等

3 所在地：上海市

4 设计时间：2009 年 7 月

1　项目名称：鄂尔多斯 20+10 项目办公楼设计 A ○

2　研究团队：梁井宇、杨洁青、Evelyn Huei Chung Ting、路伊达等

3　所在地：鄂尔多斯市

4　设计时间：2010 年 4 月

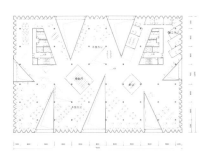
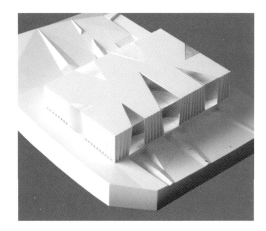

1　项目名称：鄂尔多斯 20+10 项目办公楼设计 B ○

2　设计团队：梁井宇、杨洁青、Evelyn Huei Chung Ting、路伊达等

3　所在地：鄂尔多斯市

4　设计时间：2010 年 4 月

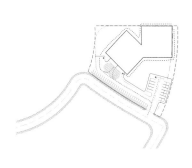
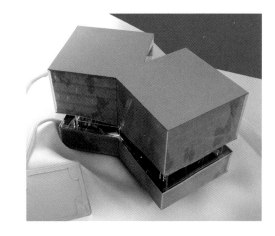

1　项目名称：鄂尔多斯 20+10 项目办公楼设计 C ●

2　设计团队：梁井宇、Andreas Bjerrum Varvin、付海燕、叶思宇、Aaron Jacobson 等

3　合作设计：北京建工建筑设计研究院

4　所在地：鄂尔多斯市

5　设计时间：2010 年 8 月

6　施工时间：2011 年 10 月至今

7　建筑面积：8000 平方米

1　项目名称：鄂尔多斯 20+10 项目办公楼设计 D ○

2　设计团队：梁井宇、Andreas Bjerrum Varvin、Mattew Stewart、付海燕、叶思宇等

3　所在地：鄂尔多斯市

4　设计时间：2010 年 6 月

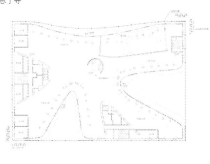

1 项目名称：鄂尔多斯 20+10 项目办公楼设计 E ●

2 设计团队：梁井宇、Andreas Bjerrum Varvin、付海燕、叶思宇、Aaron Jacobson 等

3 合作设计：北京建工建筑设计研究院

4 所在地：鄂尔多斯市

5 设计时间：2010 年 9 月

6 施工时间：2011 年至今

7 建筑面积：16000 平方米

1 项目名称：上海青浦某学校竞赛 ○

2 设计团队：梁井宇、Andreas Bjerrum Varvin、叶思宇、孟菲、刘畅等

3 合作设计：上海天和建筑结构设计事务所、上海六维建筑师事务所

4 所在地：上海市

5 设计时间：2010 年 7 月

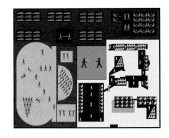

1 项目名称：前门月亮湾空地景观研究 ○

2 设计团队：梁井宇、Andreas Bjerrum Varvin、叶思宇、孟菲等

3 所在地：北京市

4 设计时间：2010 年 8 月

1 项目名称：场域建筑三间房工作室 ★

2 设计团队：梁井宇、鲁琼、叶思宇、孟菲等

3 所在地：北京市

4 设计时间：2010 年 8 月

5 施工时间：2010 年 9 月

6 建筑面积：300 平方米

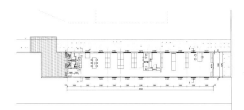

1 项目名称：ARRTCO COLLECTION 时装旗舰店 ★

2 研究团队：梁井宇、Andreas Bjerrum Varvin、鲁琼、孟菲、叶思宇等

3 所在地：北京市

4 设计时间：2010 年 10 月

5 施工时间：2010 年 11 月

6 建筑面积：600 平方米

1 项目名称：某规划展览馆改造 ○

2 设计团队：梁井宇、孟菲等

3 所在地：北京市

4 设计时间：2010 年 10 月

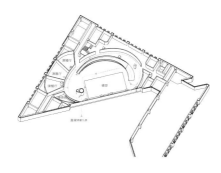

1 项目名称：前三门大街步行景观系统设计 ○

2 设计团队：梁井宇、Andreas Bjerrum Varvin、Edward Steed、孟菲、叶思宇、Lu Zhu 等

3 所在地：北京市

4 设计时间：2010 年 11 月

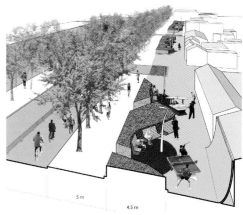

1 项目名称：某非物质文化遗产中心 ○

2 设计团队：梁井宇、Andreas Bjerrum Varvin、孟菲、Lu Zhu、徐轶婧、Neill McLean Gaddes 等

3 所在地：北京市

4 设计时间：2010 年 11 月

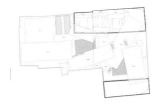

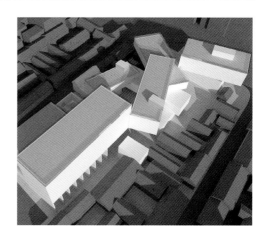

1 项目名称：昆明五华玉都改造设计 ●

2 设计团队：梁井宇、Andreas Bjerrum Varvin、Edward Steed、叶思宇、Aaron Jacobson 等

3 合作设计：昆明理工大学建筑设计研究院

4 所在地：鄂尔多斯市

5 设计时间：2011 年 3 月

6 施工时间：2012 年至今

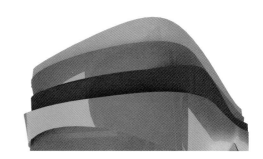

1 项目名称：鄂尔多斯 20+10 项目公建 ○

2 设计团队：梁井宇、Mattew Stewart、夏远芊等

3 所在地：鄂尔多斯市

4 设计时间：2011 年 5 月

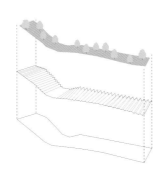

1 项目名称：乌兰察布核心区信息媒体中心概念设计 ○

2 设计团队：梁井宇、Edward Steed、Mattew Stewart、叶思宇等

3 所在地：乌兰察布市

4 设计时间：2011 年 6 月

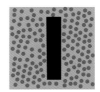

1 项目名称：昆明汽车北站地铁上盖物业 ●

2 设计团队：梁井宇、Edward Steed、Mattew Stewart、Andreas Bjerrum Varvin、马钦、叶思宇、付海燕等

3 合作设计：铁道部第四设计院

4 所在地：昆明市

5 设计时间：2011 年 8 月

6 施工时间：2011 年至今

1 项目名称：无声英雄：物，讲述者周迅展览空间设计 ●

2 研究团队：梁井宇、Andreas Bjerrum Varvin 等

3 所在地：北京市

4 设计时间：2011 年 9 月

5 施工时间：2011 年 10 月

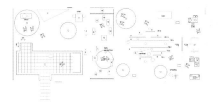

1 项目名称：木兰围场酒店会所 ○

2 设计团队：梁井宇、Mattew Stewart、Edward Steed、付海燕等

3 所在地：承德市

4 设计时间：2011 年 12 月

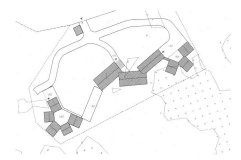

本书照片摄影：场域建筑工作室

梁井宇简介

场域建筑（北京）工作室主持建筑师，城市研究者。

1991 年毕业于天津大学建筑系。

2005 年参加巴西圣保罗建筑与艺术双年展，2006 年参加鹿特丹"当代中国"建筑、设计与视觉文化展。2007 年他的数个城市研究项目在深圳和香港双年展两地展出。多次在国内外建筑院校、机构开设讲座。建筑作品及文章见于国内外各类刊物和出版物。除了从事建筑实践和城市研究，同时他也是 2007 年大声展策展人之一，并作为 2009 年深圳香港城市＼建筑双城双年展的策展团队成员负责展览空间设计。

2000 ~ 2002 年期间，梁井宇曾作为电子艺术家为电子艺界（Electronic Arts）游戏公司设计其游戏产品。在 1996 ~ 2002 年底回国前，梁井宇作为建筑师，工作于加拿大蒙特利尔及温哥华。

代表作品包括：北京伊比利亚当代艺术中心、上海民生银行美术馆等。他于 2008 年成为 WA 中国建筑优胜奖获得者。

Profile

Architect and urbanist, the founding principal of Approach Architecture Studio, B.Eng. degree in architecture from Tianjin University in 1991. Liang Jingyu participated in the International Biennale of Architecture and Design, San Paolo, Brazil in 2005. His work was selected for the China Contemporary Exhibition (Architecture, Design and Visual Culture) in Rotterdam, the Netherlands in 2006. In 2007, his urban research projects have been presented in both Hong Kong and Shenzhen Biennale. He has been lecturing at numbers of different universities at home and abroad. His architecture works and articles have been published in different magazines and books both in China and abroad. Other than his professional practice, Liang Jingyu is one of the curators of 2007 Get It Louder Exhibition and the exhibition space designer for 2009 Shenzhen & Hong Kong Biennale.

Also as a computer artist, he worked at Electronic Arts (EA) for designing the video games from 2000 to 2002. Liang Jingyu lived and worked as an architect in Montreal and Vancouver, Canada from 1996 to 2002, before he relocated to Beijing.

Recent projects include Iberia Centre for Contemporary Art and Minsheng Art Museum, etc.. He won the Award of WA Chinese Architecture in 2008.

致 谢
Acknowledgement

自 2006 年以来，先后有许多建筑师、设计师、相关人员及实习生在场域建筑工作室工作。本书中收入的作品均为这些成员在工作室工作期间的集体智慧成果。借本书出版之际，向所有曾经和正在场域建筑工作室工作的同仁们表示感谢：

Sebastian Linack、宋媛、彭小虎、谷巍、刘蕾、丘琦、吕超、刘锴、Jelena Milanovic、Leila Jane Dunning、赵凡、王一帆、Tang Kwok Hung（邓国馨）、Gerfried Hinteregger、Jaeyoung Jang、张晓东、方海军、Bertil Donker、杨洁青、秦琛、张翔、王良、梁小宁、梁书通、杨丹辉、周源、赵宁、Hao Chi Lam、Hai-Yin Kong、伍鹏晗、赵娜、钱俊、曹博、张锟、江明珉、孙宇、孟菲、赵佳峻、杨婕、马锐、邓旭、滑莎、李恒鑫、曹敏、邢慧晶、肖志伟、田禾、李洪雷、刘密、Mike Yue Yin、孔德生、夏远芊、金思寰、袁园、杨潆、赵思晴、西门家琪、赵晨希跃、齐飞宇、张熹艳、郁新新、Evelyn Huei Chung Ting（丁惠中）、姜鹏、冯婧、王哲颖、路伊达、Linda Zhang、彭泷锐、文雯、刘畅、Lu Zhu、张叶、张子怡、杨永辉、Andreas Bjerrum Varvin、叶思宇、Mattew Stewart、徐轶婧、Neill McLean Gaddes、由宓、汪紫薇、付海燕、杨蓉、Aaron Jacobson、Edward Steed、赵雪、陈钊、马钦、王文佳、Aurelie Biraud、Sara Ahrenst Christensen、李雅娟、吴晨、Ting Fung Liu

北京九源三星建筑师事务所（现为九源（北京）国际建筑顾问有限公司）的江曼、王松青为场域建筑的联合创始人，并在 2006 ～ 2008 年期间为场域建筑的主要负责人及核心技术指导。场域建筑与九源三星建筑师事务所为合作单位。在这一阶段，场域建筑的设计作品均为与九源三星建筑师事务所合作的成果。

没有以上所有人的共同努力，本书中选录的大部分作品都不可能出现。

黄河流域水量分配方案优化及综合调度关键技术丛书

黄河梯级水库群水沙电生态多维协同调度与应用示范

彭少明　王　煜　尚文绣　郑小康　畅建霞　等　著

科学出版社
北　京

内 容 简 介

本书明晰了水沙电生态对水库调度的过程响应，揭示了多目标间的互馈作用与耦合机制，构建了梯级水库群多维协同控制原理，提出了梯级水库群系统优化的方向性引导参数，研发了多时空尺度嵌套和多过程耦合的黄河梯级水库群水沙电生态多维协同调度仿真模型，建立了黄河梯级水库群多维协同调度的规则与模式，为提高梯级水库群调度综合效益提供理论指导和技术参考。

本书可作为水库调度、水资源配置与管理、水工程管理等方向科研人员和政府部门管理人员的参考用书，也可供水资源方向相关专业研究生参考阅读。

图书在版编目（CIP）数据

黄河梯级水库群水沙电生态多维协同调度与应用示范／彭少明等著.
—北京：科学出版社，2022.4
（黄河流域水量分配方案优化及综合调度关键技术丛书）
ISBN 978-7-03-072021-4

I. ①黄… II. ①彭… III. ①黄河–梯级水库–并联水库–水库调度–研究
IV. ①TV697.1

中国版本图书馆 CIP 数据核字（2022）第 053593 号

责任编辑：王　倩／责任校对：樊雅琼
责任印制：吴兆东／封面设计：黄华斌

科学出版社 出版
北京东黄城根北街 16 号
邮政编码：100717
http://www.sciencep.com
北京建宏印刷有限公司 印刷
科学出版社发行　各地新华书店经销
*
2022 年 4 月第　一　版　开本：787×1092　1/16
2022 年 4 月第一次印刷　印张：15
字数：350 000
定价：178.00 元
（如有印装质量问题，我社负责调换）

总　序

黄河是中华民族的母亲河，也是世界上最难治理的河流之一，水少沙多、水沙关系不协调是其复杂难治的症结所在。新时期黄河水沙关系发生了重大变化，"水少"的矛盾愈来愈突出。2019年9月18日，习近平总书记在郑州主持召开座谈会，强调黄河流域生态保护和高质量发展是重大国家战略，明确指出水资源短缺是黄河流域最为突出的矛盾，要求优化水资源配置格局、提升配置效率，推进黄河水资源节约集约利用。1987年国务院颁布的《黄河可供水量分配方案》（黄河"八七"分水方案）是黄河水资源管理的重要依据，对黄河流域水资源合理利用及节约用水起到了积极的推动作用，尤其是1999年黄河水量统一调度以来，实现了黄河干流连续23年不断流，支撑了沿黄地区经济社会可持续发展。但是，由于流域水资源情势发生了重大变化：水资源量持续减少、时空分布变异，用水特征和结构变化显著，未来将面临经济发展和水资源短缺的严峻挑战。随着流域水资源供需矛盾激化，如何开展黄河水量分配再优化与多目标统筹精细调度是当前面临的科学问题和实践难题。

为破解上述难题，提升黄河流域水资源管理与调度对环境变化的适应性，2017年，"十三五"国家重点研发计划设立"黄河流域水量分配方案优化及综合调度关键技术"项目。以黄河勘测规划设计研究院有限公司王煜为首席科学家的研究团队，面向黄河流域生态保护和高质量发展重大国家战略需求，紧扣变化环境下流域水资源演变与科学调控的重大难题，瞄准"变化环境下流域水资源供需演变驱动机制""缺水流域水资源动态均衡配置理论""复杂梯级水库群水沙电生态耦合机制与协同控制原理"三大科学问题，经过4年的科技攻关，项目取得了多项理论创新和技术突破，创新了统筹效率与公平的缺水流域水资源动态均衡调控理论方法，创建了复杂梯级水库群水沙电生态多维协同调度原理与技术，发展了缺水流域水资源动态均衡配置与协同调度理论和技术体系，显著提升了缺水流域水资源安全保障的科技支撑能力。

项目针对黄河流域水资源特征问题，注重理论和技术的实用性，强化研究对实践的支撑，研究期间项目的主要成果已在黄河流域及临近缺水地区水资源调度管理实践中得到检验，形成了缺水流域水量分配、评价和考核的基础，为深入推进黄河流域生态保护和高质量发展重大国家战略提供了重要的科技支撑。项目统筹当地水、外调水、非常规水等多种水源以及生活、生产、生态用水需求，提出的生态优先、效率公平兼顾的配置理念，制订的流域2030年前解决缺水的路线图，为科学配置全流域水资源编制《黄河流域生态保护和高质量发展规划纲要》提供了重要理论支撑。研究提出的黄河"八七"分水方案分阶段调整策略，细化提出的干支流水量分配方案等成果纳入《黄河流域生态保护和高质量发展水安全保障规划》等战略规划，形成了黄河流域水资源配置格局再优化的重要基础。项目研发的黄河水沙电生态多维协同调度系统平台，为黄河水资源管理和调度提供了新一代智能化工具，依托水利部黄河水利委员会黄河水量总调度中心，建成了黄河流域水资源配置与调度示范基地，提升了黄河流域分水方案优化配置和梯级水库群协同调度能力。

项目探索出了一套集广义水资源评价—水资源动态均衡配置—水库群协同调度的全套水资源安全保障技术体系和管理模式，完善了缺水流域水资源科学调控的基础认知与理论方法体系，破解了强约束下流域水资源供需均衡调控与多目标精细化调度的重大难题。"黄河流域水量分配方案优化及综合调度关键技术丛书"是在项目研究成果的基础上，进一步集成、凝练形成的，是一套涵盖机制揭示、理论创新、技术研发和示范应用的学术著作。相信该丛书的出版，将为缺水流域水资源配置和调度提供新的理论、技术和方法，推动水资源及其相关学科的发展进步，支撑黄河流域生态保护和高质量发展重大国家战略的深入推进。

中国工程院院士

2022 年 4 月

序

　　水库是调节径流、开发利用水资源的有效工具。随着人类社会对供水安全保障、水力发电、内河航运等需求不断增长，水库数量快速增加，当前世界上已建、在建的坝高超过 30m 的大坝已超过 1.5 万座，提供了全球 30%～40% 的灌溉用水和约 17% 的电力。截至 2019 年，我国已建成大中型水库 4722 座，总库容超过 8000 亿 m³，在主要江河上形成了相对完备的梯级水库群。梯级水库群存在复杂的水力、电力联系和水文补偿、库容补偿等关系，承担了防洪、供水、发电、灌溉、生态等多方面的功能，联合优化调度的潜力巨大。梯级水库群调度涉及供水、输沙、发电、生态等多过程，相互作用机制复杂，是一个复杂巨系统，面临高维、非线性问题，一直是世界水利科学与系统科学交叉研究的前沿和难点问题。

　　黄河水少沙多、生态脆弱，干支流已建梯级水库群总库容超过 700 亿 m³，水库群调度下流域供水、输沙、发电、生态等过程间存在复杂的竞争与协作关系，梯级水库群协同调度是实现"一水多用"、提高水资源综合效益的关键。针对上述问题和挑战，"十三五"国家重点研发计划项目"黄河流域水量分配方案优化及综合调度关键技术"设置了研究课题"黄河梯级水库群水沙电生态多维协同调度与应用示范"（2017YFC0404406）。课题以黄河梯级水库群为研究对象，主要目标是揭示梯级水库群水沙电生态耦合机制与协同控制原理，创建复杂梯级水库群多维协同调度技术，提出适应环境变化的水沙电生态多维协同调度方案，建成黄河梯级水库群协同调度示范基地，提升我国梯级水库群调度技术水平。

　　课题研究历经 4 年的联合攻关，在梯级水库群调度的理论、方法、模型等方面均取得了一系列创新性成果。一是明晰了水沙电生态对水库调度的过程响应，揭示了多目标间的互馈作用与耦合机制；二是融合协同学与混沌理论，构建了梯级水库群多维协同控制原理，提出了梯级水库群系统优化的方向性引导参数；三是创建多时空尺度嵌套和多过程耦合技术，建立了黄河梯级水库群多维协同调度仿真模型及自适应优化控制求解方法；四是建立了梯级水库群水沙电生态多维协同调度的规则，提出了应对变化环境的黄河梯级水库群多维协同调度的模式。

　　研究成果具有很强的实用性，已在黄河干支流水库群调度和规划编制中得到了实践应用，取得了显著的经济社会效益。创建的黄河梯级水库群多维协同调度技术和模型平台已在水利部、黄河水利委员会和沿黄省区开展了业务化应用，为实现黄河"堤防不决口，河道不断流，污染不超标，河床不抬高"的治理目标提供了科学化、精准化工具。成果支撑了黄河水量调度方案和生态调度方案编制，得到水利部及水利部黄河水利委员会批准实施。提出的黄河梯级水库群水沙电生态多维协同调度方案已被纳入《黄河流域生态保护和高质量发展水安全保障规划》，成为黄河干支流水量调度的重要依据，有力支撑了黄河流域生态保护和高质量发展重大国家战略的深入推进。

  该书是在课题研究成果基础上的总结凝练，包含了水资源系统优化的理论创新、协同控制的方法创新、智能自适应建模的技术创新，以及黄河梯级水库群水沙电生态多维协同调度的实践创新，开拓了复杂梯级水库调度的新方向。该书的出版对于完善复杂系统定向控制理论、提升梯级水库群精准化调度水平具有重要的科学意义，可为水资源管理、河流综合治理以及水工程调度等领域的研究与实践提供重要参考。

2022 年 4 月

前　言

黄河水沙沙多，流域水资源短缺、生态环境脆弱，有限的水资源还必须承担一般清水河流所没有的输沙任务，水资源供需矛盾十分突出，解决途径在于：科学调度梯级水库群提高水资源利用效率和效能、调节水沙关系、改善河流生态环境。当前黄河干支流已建大型水库 30 余座，总库容超过 700 亿 m³，形成了黄河梯级水库群系统。黄河梯级系统不仅承担流域防洪防凌、供水、发电、灌溉等任务，还要维持黄河上游宁蒙河段及下游河道的泥沙冲淤平衡并保障河流生态安全。梯级水库群调度运行下多目标之间关系复杂、矛盾突出，协同调度面临重大挑战。

针对复杂梯级水库群水沙电生态协同优化调度的动态、高维非线性问题，在"十三五"国家重点研发计划课题"黄河梯级水库群水沙电生态多维协同调度与应用示范"（2017YFC0404406）和国家自然科学基金面上项目"复杂梯级水库群多维协同调控原理与模型仿真"（51879240）的支持下，以黄河梯级水库群为研究对象，本研究综合运用气象学、水文学、经济学、生态学、协同学、系统科学等多学科理论，剖析了梯级水库群供水、输沙、发电、生态用水之间以水为纽带的竞争与协作关系，揭示了梯级水库群水沙电生态耦合机制与协同控制原理；建立了黄河梯级水库群水沙电生态多维协同调度仿真模型，创建了复杂梯级水库群多维协同调度技术，研发了多维协同调度平台，提出了适应环境变化的黄河梯级水库群水沙电生态多维协同调度方案，开展了黄河梯级水库群多维协同调度应用示范。创建的模型平台已在水利部黄河水利委员会开展业务化应用，提出的黄河梯级水库群协同调度方案纳入《黄河流域生态保护和高质量发展水安全保障规划》，确立了黄河干支流水库调度的基本依据，直接服务了龙羊峡、刘家峡、小浪底等大型水库调度运行，同时为沿黄各省（自治区）水资源管理提供重要依据。

本书凝练了"十三五"国家重点研发计划课题"黄河梯级水库群水沙电生态多维协同调度与应用示范"（2017YFC0404406）和国家自然科学基金面上项目"复杂梯级水库群多维协同调控原理与模型仿真"（51879240）的主要成果，全书由黄河勘测规划设计研究院有限公司、西安理工大学等单位的研究人员共同撰写完成。全书内容分为 11 章：第 1 章由彭少明、王煜、畅建霞撰写；第 2 章由方洪斌、郑小康、靖娟撰写；第 3 章由尚文绣、方洪斌、鲁俊撰写；第 4 章由尚文绣、彭少明、郑小康撰写；第 5 章由畅建霞、彭少明、金文婷撰写；第 6 章由彭少明、程冀、郑小康撰写；第 7 章由彭少明、郑小康、方洪斌撰写；第 8 章由方洪斌、金文婷、尚文绣撰写；第 9 章由程冀、严登明、靖娟撰写；第 10 章由郑小康、严登明、尚文绣撰写；第 11 章由彭少明、王煜、畅建霞撰写。全书由彭少明、王煜、畅建霞、尚文绣、郑小康统稿。

　　本书的完成与出版得到了水利部黄河水利委员会、青海省水利厅、甘肃省水利厅、宁夏水利厅、内蒙古水利厅、陕西省水利厅、山西省水利厅、河南省水利厅、山东省水利厅、黄河上中游管理局、山东黄河河务局、小浪底水利枢纽管理中心、黄河上游水电开发有限责任公司等单位的大力支持，在此表示衷心的谢意。受作者水平所限，书中不足之处在所难免，敬请各位读者不吝批评赐教。

作　者

2021 年 12 月

目　　录

第 1 章 | 绪　　论

1.1　研究背景

　　水库是调节径流、开发利用水资源的有效工具（Jia，2016；Poff and Schmidt，2016；白涛等，2016）。梯级水库群具有防洪、供水、发电、灌溉、航运、生态等多方面功能，联合优化调度的潜力与效益巨大（Azizipour et al.，2016；Ahmadianfar et al.，2017；陈进，2018）。科学调控上下游梯级水库群蓄泄方式、协调不同调度目标间的关系不仅是实现流域水资源可持续利用的基础，也是充分发挥梯级水库群综合效益的必要条件，可以在不改变水库工程规模前提下显著增加防洪与兴利效益，对优化水资源配置、协调水沙关系、提高水电能源效率、改善生态环境意义重大，是今后流域水利发展和流域综合管理的必然趋势，因而也受到工程界的高度关注（郭生练等，2010；王本德等，2016；董增川等，2021）。

　　梯级水库群规模庞大，水库之间存在复杂的水力、电力联系和水文补偿、库容补偿关系，是一个复杂巨系统（郭生练等，2010；田雨，2011）。梯级水库群调度受水文过程、用水需求、发电控制、输沙冲淤、生态要求等因素影响，服务和调度主体非单一，具有高维、非线性，以及多目标、多层次、多过程的特征，一直是水利科学与系统科学交叉研究的前沿和难点问题之一（黄草等，2014a，2014b）。当前研究主要是针对单一水库多目标调度或梯级水库群调度的两类或三类目标开展，重点研究优化模型和求解方法，对复杂梯级水库群系统多过程耦合关系的认知不足，对协同建模理论和群智能决策技术研究不深入（畅建霞等，2004；王浩等，2019）。随着流域水库数量不断增加、调度目标日益多元化，调度目标、过程之间相互制约和冲突关系逐渐加剧，水库群联合调度已成为当今流域管理面临如下的世界性难题（周新春等，2017），现有水库群优化调度技术无法适应超大梯级水库群综合效益最大化发挥的新需求（卢有麟等，2011；申建建等，2021）。亟须创新水库群协同调度方法，有效发挥各水库调节作用、协调各种过程，寻求各目标均衡点。梯级水库群协同调度面临如下的科学问题和技术挑战：如何认识梯级水库群调度下供水、输沙、发电、生态用水之间的竞争与协作关系？其内在耦合机制是什么？如何实施控制才能实现梯级水库群径流协调、过程补偿、目标协同？因此需要揭示复杂梯级水库群调度下水沙电生态（即河流供水、河流输沙、水力发电和河流生态）耦合机制，识别系统演变规律，创建复杂系统协同控制原理，完善协同优化方法。

黄河是我国西北、华北地区的重要水源，其以占全国 2.2% 的径流量承担着全国 15% 的耕地和 12% 的人口供水任务，水资源供需矛盾十分突出（夏军等，2014；王煜等，2018；尚文绣等，2020a）。黄河又是多沙河流，有限的水资源还必须承担一般清水河流所没有的输沙任务（王煜等，2021）。20 世纪 80 年代以来，工农业用水的大幅增加，黄河来水来沙条件发生了较大变化，径流持续减少、水资源需求不断增长，使本来已经不协调的水沙关系进一步恶化，河道淤积加重，生态流量不能保证，威胁着黄河健康生命（李国英，2009）。1999 年黄河实施水量统一调度，抑制了下游河道断流的重大危机；2002 ~ 2015 年利用小浪底水库连续开展 3 次黄河调水调沙试验和 12 次生产实践，在一定程度上改善了下游河道淤积问题，但不能改变水资源短缺下流域供水、输沙、发电和生态之间矛盾交织的局面，解决问题的现实途径是：通过科学调度提高水资源利用效能、调节水沙关系、改善河流生态环境（李国英和盛连喜，2011）。黄河干支流已建大型水库 30 余座，总库容超过 700 亿 m³，形成了黄河梯级水库群，承担流域防洪防凌、供水、发电、灌溉等任务，同时还要实现宁蒙河段及下游河道的泥沙冲淤和河流生态安全保障，系统复杂、矛盾突出，给黄河梯级水库群协同优化与统一管理带来了极大的挑战，因此开展梯级水库群水沙电生态多维协同调度研究具有重要的科学意义和应用价值。

1.2　国内外研究进展

流域水库群需要满足防洪、发电、供水、生态、航运等多种社会和经济需求，因此有效兼顾各种调度需求的梯级水库群多目标联合调度研究日趋得到重视（冯仲恺等，2017a；Meng et al.，2019；王浩等，2019；Qiu et al.，2021）。国内外学者针对梯级水库群多目标联合调度开展了卓有成效的研究，在调度理论方法和模型求解等方面取得了丰硕的研究成果，但由于梯级水库群具有大规模、高维、多阶段、动态等特征并且内部联系复杂，优化调度问题正朝着多尺度、多层次、多目标方向发展，仍没有得到很好解决（王森，2014）。

1.2.1　水库群多目标联合调度模型

20 世纪 50 年代水库优化调度方法的研究逐渐兴起，70 年代初期梯级水库群联合优化调度方法逐步精细化，模型条件逐渐接近水库调度的实际情况。杨侃和陈雷（1998）建立了同时考虑发电引用水量、泄洪损失水量、灌溉水量、航运蓄水量和供水量等目标的梯级水电站优化调度多目标模型。王兴菊和赵然杭（2003）建立了供水、灌溉与发电等目标的多目标调度模型，采用优选迭代试算方法协调生活、工业、灌溉和发电之间的关系。刘涵等（2005）建立了包含防洪减灾目标、生态目标和水资源利用目标的黄河干流梯级水库群补偿效益仿真模型，协调了 3 个目标之间的关系。高仕春等（2008）建立了供水、灌溉和发电综合利用的多目标优化调度模型，协调了主目标与次目标之间的矛盾。Mehta 和 Jain（2009）构建了包含供水、灌溉、发电的多目标联合调度模型。Kumar 和 Reddy（2006）综合考虑了防洪风险、灌溉供水保证率和发电效益等调度目标，构建了梯级水库群多目标联合调度模型。Akbari 等（2011）建立了考虑随机入流不确定性和变量的离散化不精确性的多目标水库调度模型。欧阳硕（2014）研究了流域梯级水库群多目标防洪优化调度模型，提出了洪水资源化联合优化调度方案。许伟（2015）建立了龙羊峡—刘家峡河段梯级电站的多年发电优化的数学模型。Bai 等（2015）考虑了防洪、供水、发电，建立了黄河上游多目标模型，通过龙羊峡和刘家峡水库联合优化调度，提高了系统发电量并增加了供水量。Xu 等（2015）建立了梯级水库群短期电能优化模型并分析了长期电量影响。彭少明等（2016）建立了黄河梯级水库群联合调度模型，提出了多年调节旱限水位策略。Solander 等（2016）针对气候、用水等变化，建立了适应环境变化的水库调度模型。张睿等（2016）在分析发电效益、航运效益和容量效益间竞争与冲突关系的基础上，建立了以总发电量最大、通航流量最大、时段保证出力最大为目标的梯级水库群多目标兴利调度模型。杨光等（2016）采用数据挖掘方法建立了汉江梯级水库群防洪、供水、发电和航运多目标优化调度规则。于洋等（2017）通过建立数学模型模拟了澜沧江—湄公河流域跨境水量–水能–生态互馈关系。徐斌等（2017）考虑了防洪、发电、供水目标，研究了金沙江下游梯级与三峡–葛洲坝联合调度问题。流域水库群调度的防洪、供水、输沙、发电、生态需水等目标相互竞争、不可公度，具有高度复杂性，当前研究多针对梯级水库群调度的 2~3 类目标，采用约束法或权重法处理多目标问题，对各目标之间的作用机制和耦合机理的定量描述尚不深入。

多沙河流水库调度在运用过程中不仅要考虑水的因素，还要考虑泥沙的影响，因此更加复杂。自从水库泥沙问题的严重性引起人们关注，学者们开始关注水库减淤措施的研究，按照水沙调节程度的不同可分为蓄洪运用、蓄清排浑、自由滞洪、多库联合运用等不同类型（胡春宏，2016；李勇等，2019；张金良等，2020）。围绕水库水沙调度和过程控制，现有研究成果可概括为：①动态高效的输沙机理（胡春宏，2014），如高效输沙洪水的水沙阈值（Chang et al.，2003）、出库水沙过程与入库水沙条件（申冠卿等，2019）、库区边界条件和库水位的复杂响应关系（安新代等，2002；张红武等，2016）等；②基于水库调节的减轻下游河床淤积的途径，如水沙调控措施、水库群联合调度和人工扰动的调水调沙方法等（李国英，2006）；③水沙联合调度模型，包括单目标或多目标（彭杨等，2004；哈燕萍等，2017）、单库或多库（张金良等，2021）的水沙调控模型。国内外水沙联合调度的研究主要集中在单个水库，由于泥沙冲淤计算与水库调度计算是两种性质完全不同、决策时段差异很大的系统，且泥沙淤积具有累积效应，如何在优化调度中考虑梯级水库群水沙联合运用、水库间泥沙淤积形态控制以及缺水背景下泥沙输送与兴利调节关系协调等，是水库水沙联合调度的难点。

传统的水库调度以兴利调度和除害调度为主，对水库生态调度关注不够，随着梯级水库群运行对河流生态环境影响的不断显现，如何协调这些目标之间的关系成为研究的热点（胡和平等，2008；许继军等，2011；陈志刚等，2020；邓铭江等，2020）。在发达国家，河流生态调度已成为水库调度运行的重要目标之一（刘忠恒和许继军，2012），1991～1996 年，为改善田纳西河下游河道生态环境，美国田纳西河流域管理局在实施 20 个水库供水调度的同时兼顾水库生态调度（Labadie，2004），有效改善了流域水生态环境状况；1996 年和 2000 年，科罗拉多河水库实施了生态调度，达到了河道输沙、恢复生境和保护鱼类等综合目标（Hueftle and Stevens，2001）。我国于 21 世纪初开始生态调度研究，起步较晚（董哲仁等，2007）。近 20 年来水库生态调度逐渐成为水库调度研究的热点，艾学山和范文涛（2008）建立了以经济效益、社会效益和生态效益组成的综合效益最大为目标函数的水库生态调度多目标数学模型；胡和平等（2008）提出了基于生态流量过程线的水库优化调度模型；黄草等（2014a，2014b）综合考虑了发电、河道外供水和河道内生态用水等目标，构建了长江上游 15 座大型水库群的联合优化调度模型；吕巍等（2016）构建了梯级水电站多目标优化调度模型，提出了兼顾生态保护目标的梯级水电站调度方案。现有梯级水库群联合调度多把生态流量作为约束处理，对供水、灌溉、输沙、发电和生态多目标相互影响及其过程作用考虑不足，如何面向河流生态过程、协调多目标作用关系是水库调度的难点。

1.2.2　水库群多目标优化方法

水库多目标调度的各个目标之间相互竞争、不可公度，是多约束、多阶段、多目标的复杂优化问题，一直是国内外研究的热点（王浩等，2019）。梯级水库群多目标优化调度求解方法可分为两类：一类是通过目标函数拟合、约束法、权重法等将多目标问题转化为单目标问题进行求解（廖四辉等，2010；马真臻等，2012）；另一类则是运用以帕累托（Pareto）理论为基础的多目标进化算法对问题进行求解（Shiau and Wu，2007；尚文绣，2018）。

由于多目标问题求解的复杂性和困难程度，研究者通常将多目标问题转化为单目标问题，常用的转化方法有权重法、约束法等。唐幼林和曾佑澄（1991）基于模糊理论，采用不同模糊子集描述水库多个调度目标，以各模糊子集加权隶属度之和最大为水库优化调度的最优性准则，构建了水库综合调度模糊非线性规划模型。陈洋波等（1998）采用交互式决策偏好系数法将以发电量和保证出力为目标的多目标优化问题简化为单目标问题，并运用动态规划对该模型进行求解。邵东国等（1998）建立了两个决策变量的综合利用水库多目标动态规划实时优化调度模型，提出了含变动罚系数的离散微分动态规划方法。杜守建等（2006）运用约束法将净效益、发电量和耗水量等目标转化为单目标问题，并采用逐步优化算法对模型进行求解。高仕春等（2008）分析了供水、灌溉和发电 3 个目标的优先权，通过将次优先级的目标转化为约束的方式建立了多目标优化调度模型，该模型可较好地协调主目标与次目标之间的矛盾。Kumar 和 Reddy（2006）以发电量最大、防洪风险最小、农业用水缺额最小为目标建立了优化调度模型，采用约束法将多目标转化为单目标问题进行求解。吴杰康等（2011）以模糊理论为基础采用模糊隶属度对梯级电站多个调度目标函数进行了拟合，并采用非线性规划法求解拟合后的单目标优化问题，得到了可均衡考虑各目标的综合调度方案。覃晖等（2010）将基于差分进化的多目标优化算法应用于三峡梯级的多目标调度问题中。徐刚和昝雄风（2016）在生态流量和灌溉需水量约束情况下，建立多目标函数并将其转化为单目标问题。多目标问题简化为单目标问题的处理方式具有实现简单的优点，缺点在于人工设定的权重向量或模糊隶属度难以反映各调度目标间的制约与竞争关系。

以帕累托理论为基础的智能优化可同时优化多个调度目标并获得一组非劣解集，1989 年戈德伯格首次提出用进化算法实现多目标的优化技术，2000 年以来多目标进化算法成为梯级水电站群联合优化调度研究的热点，各种智能优化算法层出不穷（卢有麟，2012）。Reddy 和 Kumar（2006，2007）综合考虑了灌溉、发电等调度目标，构建了印度巴德拉水电站多目标优化调度模型，采用遗传算法及粒子群（particle swarm optimization，PSO）优化算法的框架设计了模型的多目标并行优化解法。张睿等（2016）建立了以总发电量最大、通航流量最大、时段保证出力最大为目标的金沙江梯级水库群多目标兴利调度模型，并采用多目标进化算法对其进行了求解。Baltar 和 Fontane（2008）提出了一种多目标粒子群优化算法，对算法中缺乏共享机制、多样性低等缺陷进行了改进，并将其应用于解决梯级水电站群目标优化调度问题中。周建中等（2010）对粒子群算法进行了多目标扩展，在算法中引入了适应小生境技术，求解了三峡梯级电站的中长期多目标发电问题。刘方（2013）建立了三峡水库水沙联合调度多目标优化模型，采用基于鲶鱼效应的多目标粒子群优化算法，得到了收敛较好、分布均匀的多目标非劣解集。吴恒卿等（2016）建立了以引水量最小和水库换水量最大为目标的函数，采用改进的遗传算法对模型进行了优化求解。王学斌等（2017）在黄河下游水库多目标调度研究中改进了快速非劣排序遗传算法。此外，人工蜂群和重力搜索算法等智能新算法在水库优化调度中也得到了应用（Ahmad et al.，2014）。

多目标智能优化的发展为水库调度提供了有效的工具，但随着梯级水库群规模增加、运行环境不断变化、调度目标更加多样，多目标智能优化算法在求解水库群多目标调度时面临过程变化、目标函数间解析关系不明确等问题。

1.2.3 梯级水库群多目标调度规则

水库群联合调度中水库的协同调度规则和蓄放水次序是关键问题。水库群优化调度规则的研究方法主要有两类：第一类是优化模型结合回归分析方法；第二类是预定义规则结合优化模型方法。

第一类方法通过建立优化模型，优化水库群调度过程，产生离散的优化解向量集，然后采用统计回归等方法提出优化调度规则。例如，张勇传等（1988）进行了水库群优化调度函数的研究；黄强等（1995）建立了黄河干流水库联合调度模型以求解水库群长期满意的运行策略，归纳出黄河干流各水库调度规则模型；胡铁松等（1995）采用人工神经网络从隐随机优化调度中提取调度规则；李承军等（2005）采用双线性回归分析方法提取了电站调度规则；许银山等（2011）以能量的形式将混联水库群聚合成一个等效水库，通过建立等效水库的调度函数模型，采用逐步回归分析提取调度规则；黄草等（2014a，2014b）建立了长江上游水库群多目标优化调度模型，并求解了多目标协调方案，通过统计得出长系列调度和多年平均水文条件下的各水库联合调度规则图；Zhou 等（2015）挖掘了金沙江、三峡梯级水库群联合优化调度的蓄水规则。粗糙集、支持向量机、协同演化免疫算法、基于可行空间搜索遗传算法等数据处理方法都被应用于隐随机优化调度中，利用水库全运行期的最优调度成果推求调度规则（左吉昌等，2007；王小林等，2010；王旭等，2014）。

第二类方法则先拟定含待定参数的水库或水库群优化调度规则，然后通过模型仿真长系列的水库群调度过程，最终由优化的待定参数确定优化的调度规则。王宗志等（2012）建立参数化表达水库的城市、生态和农业供水限制线，通过优化这些供水限制线来优化潘家口水库的调度策略；郭旭宁等（2011a，2011b）通过水库群联合供水调度模型，提出了基于模拟-优化模式的供水水库群联合调度规则；曾祥等（2014）、胡铁松等（2014）建立了并联水库系统两阶段联合调度模型，推导并给出了具有解析表达形式的并联水库系统联合调度规则；冯仲恺等（2017a，2017b）提出了降维方法，并应用于水库群联合优化调度知识规则。

现有规则研究多针对单库多目标或者梯级水库群有限的目标，对梯级水库群的协同作用和相互影响考虑不足，对于河流径流变化、需求变化、目标变化等外界环境变化适应性不强，因此无法应对变化环境下复杂梯级水库群多目标优化问题。

综上所述，国内外已有的研究成果为梯级水库群系统优化调度提供了重要的理论依据和技术支撑，对发展和优化资源配置起到了积极的推动作用。然而，现代水库承担着流域防洪、供水、输沙、发电、生态等任务，梯级水库群调度必须综合考虑多种目标需求、协调各种过程、兼顾多种效益，调度智能高效化与管理决策科学化要求不断提高，多维协同调度是梯级水库群调度研究的发展方向。目前梯级水库群协同调度的各种理论和方法还不完善，面临复杂系统耦合机制认知、多过程仿真建模、高维非线性优化求解等诸多科学问题和方法难题。开展梯级水库群水沙电生态多维协同调度对提高水资源利用效率、协调河流系统关系具有重要的科学价值和现实意义。

1.3　研究目标与思路

1.3.1　研究目标

本书针对复杂梯级水库群水沙电生态协同优化调度的动态、高维非线性问题，剖析梯级水库群供水、输沙、发电、生态用水之间以水为纽带的竞争与协作关系，揭示梯级水库群水沙电生态耦合机制与协同控制原理；建立黄河梯级水库群水沙电生态多维协同调度仿真模型，创建复杂梯级水库群多维协同调度技术，研发多维协同调度平台，提出适应环境变化的黄河梯级水库群水沙电生态多维协同调度方案，建成黄河梯级水库群协同调度示范基地，提升我国复杂梯级水库群联合调度技术水平。

1.3.2　研究思路

本书以黄河水沙演变的重大规律和流域水资源动态配置为基础，采用"信息集成—机制揭示—原理创建—模型仿真—规则集成—平台研发"的总体思路，多过程模拟、系统定量描述与协同控制相结合，提出适应不同水沙条件下梯级水库群水沙电生态多维协同优化调度方案，研究思路见图 1-1，重点研究以下 5 个方面的内容。

（1）梯级水库群调度下河流水沙电生态耦合机制与协同控制原理

剖析梯级水库群供水、输沙、发电、生态用水之间以水为纽带的竞争与协作关系，揭示梯级水库群多目标间的互馈作用与耦合机制；建立数学模型定量描述复杂系统协同演变的轨迹，构建梯级水库群系统优化的方向性引导参数，提出复杂系统定量控制方法。

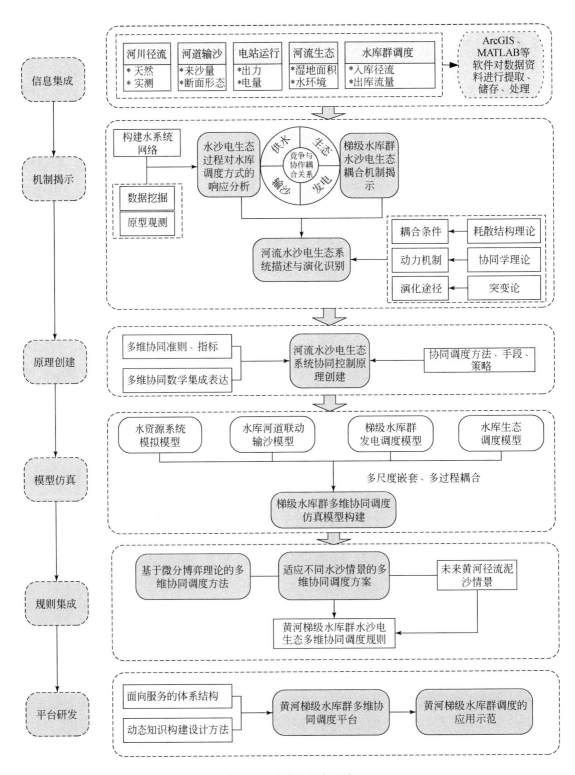

图 1-1　本书的研究思路

（2）黄河梯级水库群水沙电生态多维协同调度模型与求解方法

研究梯级水库群调度的水文补偿和库容补偿关系；耦合供水、输沙、发电和生态等目标建立黄河梯级水库群多维协同调度仿真模型，研究复杂系统自适应优化控制求解技术，实现梯级水库群水沙电生态复杂系统的优化控制。

（3）适应环境变化的黄河梯级水库群多维协同调度方案

研究黄河梯级水库群调度的情景方案；采用梯级水库群多维协同调度仿真模型，优化提出适应未来环境变化、供水高效合理、水沙过程协调、水电出力优化、水生态与环境健康的水沙电生态多维协同调度方案，分析调度方案实现的多维协同效果。

（4）黄河梯级水库群协同调度规则

挖掘梯级水库群调度中关键变量的变化规律，研究适应环境变化的梯级水库群之间水文补偿、库容补偿的方法原则与蓄泄秩序，集成黄河梯级水库群水沙电生态多维协同调度规则，提出应对变化环境的黄河梯级水库群多维协同调度的模式。

（5）黄河梯级水库群多维协同调度平台研发与应用示范

开发空间信息、站点观测、统计分析、数值模拟等多源数据接口，研究多源异构数据融合、同化及识别技术；构建集模型、数据、知识管理统一融合的资源管理系统；采用面向服务的体系结构（service- oriented architecture，SOA）和动态知识构建设计方法，集成黄河梯级水库群多维协同调度平台，并开展应用示范。

第2章 黄河梯级水库群概况

2.1 黄河流域自然经济概况

黄河流经青海、四川、甘肃、宁夏、内蒙古、陕西、山西、河南、山东9省（自治区），干流河长为5464km，流域面积为79.5万 km²（包括内流区4.2万 km²），流域面积大于1000km²的支流有76条。与其他江河不同，黄河流域上中游地区的面积占总面积的97%；长达数百千米的黄河下游河床高于两岸地面，流域面积只占3%。

黄河具有"水少、沙多，水沙关系不协调"的突出特点。黄河多年平均天然径流量为490.0亿 m³，流域水资源总量为598.9亿 m³，人均水资源量为490m³，仅为全国平均水平的23%，水资源贫乏。自20世纪80年代以来，黄河水资源量衰减严重，1980～2016年多年平均天然径流量为469亿 m³，比1919～1975年（《黄河可供水量分配方案》，简称"八七"分水方案）的580亿 m³减少了111亿 m³，减幅约为19%。据1919～2018年百年实测系列统计，潼关站年均径流量为362.77亿 m³、输沙量为11.30亿 t，平均含沙量为31.15kg/m³，居世界大江大河之首。近期黄河实测水沙减少，2000～2018年潼关站实测年均径流量为239.07亿 m³、输沙量为2.44亿 t，分别较1919～2018年均值减少34.1%和78.4%，但汛期含沙量仍高达20kg/m³，水沙关系仍不协调。水沙关系严重不协调，导致历史上黄河下游河道淤积严重，洪水泥沙灾害十分严重。

由于特殊的地理环境，黄河流域也是我国生态脆弱区分布面积最大、脆弱生态类型最多、生态脆弱性表现最明显的流域之一。黄土高原地区总土地面积为64.06万 km²，土质疏松、坡陡沟深、植被稀疏、暴雨集中，水土流失极为严重，是我国乃至世界上水土流失面积最广、强度最大的地区。黄河流域水土流失面积为46.5万 km²，侵蚀模数大于8000t/(km²·a)的极强度水蚀面积有8.5万 km²，占全国同类面积的64%；侵蚀模数大于15 000t/(km²·a)的剧烈水蚀面积有3.67万 km²，占全国同类面积的89%。严重的水土流失不仅造成黄土高原地区生态环境恶化和人民群众长期生活贫困，制约经济社会的可持续发展，而且是黄河下游河道持续淤积、河床高悬的根源。

水少、沙多、水沙关系不协调的自然特性，造成黄河下游持续淤积抬高，使河道高悬于两岸黄淮海平原之上，现状黄河下游河床高出背河地面4～6m，比两岸平原高出更多，成为淮河和海河流域的分水岭，是举世闻名的"地上悬河"。

黄河流域总土地面积 79.5 万 km²（含内流区），占全国陆地面积的 8.3%。流域内共有耕地 16.3 万 km²，农村人均耕地 3.5 亩①，约为全国农村人均耕地的 1.4 倍。流域大部分地区光热资源充足，农业生产发展潜力大，黄淮海平原、汾渭平原、河套灌区是我国的粮食主产区。

流域矿产资源尤其是能源资源十分丰富，中游地区的煤炭资源、中下游地区的石油资源和天然气资源，在全国占有极其重要的地位，已探明煤产地（或井田）685 处，保有储量约为 5500 亿 t，占全国煤炭储量的 50% 左右，在保障我国能源安全方面具有十分重要的战略地位。

2.2 黄河梯级工程布局

2.2.1 各河段特点

黄河上游是黄河水量的主要来源区，兰州以上河川径流量约占全河的 62%。龙羊峡至下河沿河段水力资源十分丰富，是国家重点开发建设的水电基地之一，下河沿至河口镇河段为平原河道，比降平缓，两岸分布着大面积的引黄灌区，沿河平原存在不同程度的洪水和冰凌灾害。因此上游河段的梯级工程布局既要充分考虑黄河水资源的调节和配置任务、开发水能资源，又要考虑宁蒙河段防洪、防凌的要求。

黄河中游绝大部分地处黄土高原地区，暴雨集中，水土流失十分严重、生态环境脆弱，是下游洪水和泥沙的主要来源区，其中河口镇至禹门口河段是干流最长一段连续峡谷，水能资源较丰富；禹门口至潼关区间（俗称小北干流）河道冲淤变化剧烈，两岸分布着大面积的干旱埌塬耕地，是陕、晋两省重要的农业开发区；潼关至小浪底河段是黄河干流的最后一段峡谷。因此该河段开发以控制黄河洪水和泥沙、减少下游河道淤积和保障黄河下游防洪安全为主要目标，同时兼顾调节径流和供水、发电。

黄河下游两岸地区为黄淮海平原，黄河河道高悬于两岸地面之上，两岸堤防是下游防洪安全的重要保障，在不发生大改道的前提下，堤防一旦决口，洪水泥沙威胁涉及范围包括豫、鲁、皖、苏、冀等 5 省所属的 110 个县（市），土地面积达 12 万 km²（其中耕地 7.5 万 km²），人口 1.2 亿人，涉及许多城市、重要能源基地和交通设施，以及治海、治淮体系和大量的灌溉渠道等。

---

① 1 亩 ≈ 666.67m²。

2.2.2 梯级工程布局

水利部黄河水利委员会1997年编制完成的《黄河治理开发规划纲要》，根据黄河水少沙多、水沙异源、上中下游除害兴利紧密联系、相互制约的客观情况，考虑经济社会发展和黄河治理开发的总体要求，贯彻"兴利除害，综合利用"的治河方针，在黄河干流的龙羊峡至桃花峪河段共布置了36座梯级枢纽工程，并明确提出龙羊峡、刘家峡、黑山峡、碛口、古贤、三门峡和小浪底七大控制性骨干工程构成黄河水沙调控体系的主体。其中龙羊峡至河口镇河段布置26座梯级工程，河口镇至桃花峪河段布置10座梯级工程，总装机容量约为25 736MW，梯级工程主要技术经济指标见表2-1。截至2017年底干流已建、在建水库31座，其中有较大调节能力的水库4座（龙羊峡、刘家峡、三门峡、小浪底），其他枢纽均为径流式电站。

表2-1 黄河龙羊峡以下河段干流梯级工程主要技术经济指标

序号	工程名称	建设地点	控制流域面积（万 km²）	正常蓄水位（m）	调节库容（亿 m³）	最大水头（m）	装机容量（MW）
1	★●龙羊峡	青海	13.1	2600	193.5	148.5	1280
2	●拉西瓦	青海	13.2	2452	1.5	220	4200
3	●尼那	青海	13.2	2235.5	0.1	18.1	160
4	●山坪	青海	13.3	2219.5	0.1	15.5	160
5	●李家峡	青海	13.7	2180	0.6	135.6	2000
6	●直岗拉卡	青海	13.7	2050	—	17.5	192
7	●康扬	青海	13.7	2033	0.1	22.5	283.5
8	●公伯峡	青海	14.4	2005	0.8	106.6	1500
9	●苏只	青海	14.5	1900	0.1	20.7	225
10	●黄丰	青海	14.5	1880.5	0.1	19.1	225
11	●积石峡	青海	14.7	1856	0.4	73	1020
12	●大河家	青海	14.7	1783	—	20.5	120
13	●寺沟峡	甘肃	14.8	1748	0.1	25.7	240
14	★●刘家峡	甘肃	18.2	1735	35	114	1690
15	●盐锅峡	甘肃	18.3	1619	0.1	39.5	472
16	●八盘峡	甘肃	21.5	1578	0.1	19.6	252
17	●河口	甘肃	22	1558	—	6.8	74
18	●柴家峡	甘肃	22.1	1550.5	—	10	96
19	●小峡	甘肃	22.5	1499	0.1	18.6	230

序号	工程名称	建设地点	控制流域面积 （万 km²）	正常蓄水位 （m）	调节库容 （亿 m³）	最大水头 （m）	装机容量 （MW）
20	●大峡	甘肃	22.8	1480	0.6	31.4	324.5
21	●乌金峡	甘肃	22.9	1436	0.1	13.4	140
22	★黑山峡	宁夏	25.2	1380	57.6	139	2000
23	●沙坡头	宁夏	25.4	1240.5	0.1	11	120.3
24	●青铜峡	宁夏	27.5	1156	0.1	23.5	324
25	●海勃湾	内蒙古	31.2	1076	1.5	9.9	90
26	●三盛公	内蒙古	31.4	1055	0.2	8.6	—
27	●万家寨	山西、内蒙古省界	39.5	977	4.5	81.5	1080
28	●龙口	山西、内蒙古省界	39.7	898	0.7	36.2	420
29	●天桥	山西、陕西省界	40.4	834	—	20.1	128
30	★碛口	山西、陕西省界	43.1	785	27.9	73.4	1800
31	★古贤	山西、陕西省界	49	645	36.1	119.6	2100
32	甘泽坡	山西、陕西省界	49.7	425	2.4	38.7	440
33	★●三门峡	山西、河南省界	68.8	335	—	52	410
34	★●小浪底	河南	69.4	275	51	138.9	1800
35	●西霞院	河南	69.5	134	0.5	14.4	140
36	桃花峪	河南	71.5	110	11.9	—	—

注：★为骨干工程；●为已建、在建工程；未标注的为未建工程。

2.3 黄河已建骨干工程概况

2.3.1 主要干流控制性水库

（1）龙羊峡水库

龙羊峡水库位于青海省共和县、贵南县交界处的黄河龙羊峡进口处，坝址控制流域面积为 13.1 万 km²，占黄河全流域面积（不含内流区）的 17.4%。水库的开发任务以发电为主，兼有防洪、灌溉、防凌、养殖、旅游等综合效益。多年平均流量为 650m³/s，年径流量为 205 亿 m³。水库正常蓄水位为 2600m，相应库容为 247 亿 m³，在校核洪水位 2607m 时总库容为 274 亿 m³。正常死水位为 2560m，极限死水位为 2530m，设计汛限水位为 2594m，调节库容为 193.5 亿 m³，属多年调节水库。

（2）刘家峡水库

刘家峡水库位于甘肃省永靖县境内的黄河干流上，下距兰州市区100km，控制流域面积为18.2万km²，约占黄河全流域面积（不含内流区）的1/4，是一座以发电为主，兼顾防洪、防凌、灌溉、养殖等综合效益的大型水利水电枢纽工程。水库设计正常蓄水位和设计洪水位均为1735m，相应库容为57亿m³；正常死水位为1694m，防洪标准按千年一遇洪水设计，可能最大洪水校核。校核洪水位为1738m，相应库容为64亿m³；设计汛限水位为1726m，防洪库容为14.7亿m³；调节库容为35亿m³，为不完全年调节水库。

（3）万家寨和海勃湾水库

万家寨水库位于黄河北干流的上段，坝址以上控制流域面积为39.5万km²。水库最高蓄水位为980m，相应总库容为9.0亿m³，调节库容为4.5亿m³。工程开发任务主要是供水结合发电调峰，兼有防洪、防凌作用。电站装机容量为1080MW。水库年供水量为14亿m³，对缓解山西、内蒙古两省（自治区）能源基地、工农业用水及人民生活用水的紧张状况具有重要作用。

海勃湾水库位于内蒙古自治区境内的黄河干流，距乌海市区3km，坝址以上控制流域面积为31.2万km²。水库正常蓄水位为1076m，相应总库容为4.9亿m³，调节库容为1.5亿m³。工程开发任务以防凌为主，结合发电，兼顾防洪和改善生态环境等综合利用。

（4）三门峡水库

三门峡水库位于河南省陕州区（右岸）和山西省平陆县（左岸）交界处，是黄河干流上修建的第一座以防洪为主的综合利用大型水库，上距潼关约120km，下距花园口约260km，坝址以上控制流域面积为68.8万km²，占黄河全流域面积（不含内流区）的91.5%，控制黄河水量的89%，黄河沙量的98%。该工程的任务是防洪、防凌、灌溉、供水和发电。水库防洪标准为千年一遇洪水设计、万年一遇洪水校核。现状防洪运用水位为335m，相应防洪库容约为56亿m³。

（5）小浪底水库

小浪底水库位于河南省洛阳市以北40km处的黄河干流上，上距三门峡水库130km，下距郑州花园口站128km。坝址控制流域面积为69.4万km²，占黄河全流域面积（不含内流区）的92.2%。水库的开发任务以防洪（防凌）、减淤为主，兼顾供水、灌溉、发电，除害兴利，综合利用。水库设计正常蓄水位为275m，千年一遇设计洪水位为274m，万年一遇校核洪水位为275m。相应总库容为126.5亿m³，其中防洪库容为40.5亿m³。设计正常死水位为230m，非常死水位为220m，正常运用期防洪限制水位为254m。

2.3.2 主要支流控制性水库

故县水库、陆浑水库均位于支流伊洛河上。伊洛河是黄河中游的清水来源区，两坝址控制年径流量分别为 12.8 亿 m³、10.25 亿 m³，年输沙量分别为 655 万 t、300 万 t；伊洛河洪水是黄河三门峡至花园口区间洪水的主要来源区。洛河故县水库和伊河陆浑水库是黄河下游防洪工程体系的组成部分，总库容分别为 11.8 亿 m³ 和 13.2 亿 m³，开发任务均以防洪为主，兼顾灌溉、供水、发电，并配合黄河干流骨干水库调水调沙运行。

河口村水库位于沁河的最后一段峡谷出口处，坝址控制流域面积为 9223km²，年径流量为 10.89 亿 m³，年输沙量为 518 万 t。沁河洪水是三门峡至花园口区间洪水的主要来源区之一。河口村水库是控制沁河洪水、径流的关键工程，是黄河下游防洪工程体系的重要组成部分，开发任务以防洪、供水为主，兼顾灌溉、发电、改善生态，并配合黄河干流骨干水库调水调沙运行。

2.4 本章小结

黄河具有"水少、沙多、水沙关系不协调"的特性，水资源供需矛盾突出，洪水威胁十分严重。为科学调控洪水、协调黄河水沙关系、提高水资源配置能力，充分发挥水资源综合利用效益，目前，黄河已建成以干流的龙羊峡、刘家峡、海勃湾、万家寨、三门峡、小浪底等水库为主体，以支流的陆浑、故县、河口村等控制性水库为补充的大型梯级水库群。

第3章 水沙电生态多过程对水库群调度的响应规律

3.1 供水过程对水库群调度的响应规律

3.1.1 供水过程变化情况

1950 年黄河流域供水量仅约为 120 亿 m³，随着经济发展，供水量迅速增加，进入 21 世纪以来黄河流域总供水量已超过 500 亿 m³。考虑到部分地区退水量较大，本书通过耗水量分析黄河流域供水过程变化。

"八七"分水方案实行以来，黄河流域天然径流量及地表水耗水量变化如图 3-1 所示，其中地表水耗水量包含流域外供水区。虽然天然径流量年际变化较大，但地表水耗水量相对稳定。1988～2002 年地表水耗水量不断波动，最大值为 334 亿 m³（1989 年），最小值为 259 亿 m³（1994 年）。2003～2017 年地表水耗水量呈现出缓慢增加的趋势（图 3-2），从 244 亿 m³ 增加到约 330 亿 m³，增长速度约为 6.1 亿 m³/a。

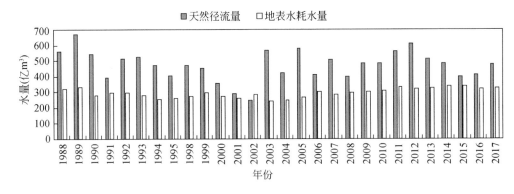

图 3-1 黄河流域天然径流量及地表水耗水量变化

沿黄 9 省（自治区）引黄地表水耗水量变化如图 3-3 所示。山东省引黄地表水耗水量波动较大，最大值为 135 亿 m³（1989 年），最小值为 50 亿 m³（2004 年），极值比 2.7；

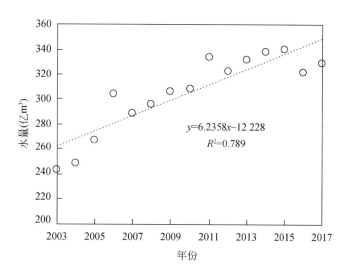

图 3-2 2003～2017 年黄河流域地表水耗水量变化趋势

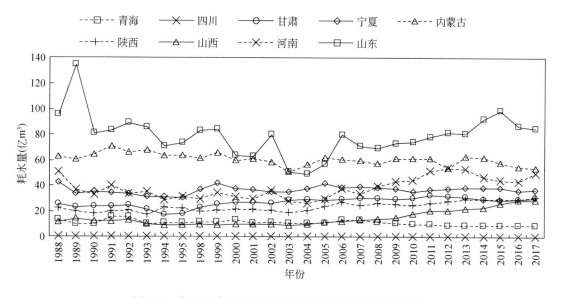

图 3-3 黄河流域 9 省（自治区）引黄地表水耗水量变化

其他 8 省（自治区）引黄地表水耗水量相对稳定。2003 年以来山东省、河南省和山西省引黄地表水耗水量呈现出增加趋势，其他 6 省（自治区）引黄地表水耗水量基本维持稳定。

3.1.2 水库调度对供水过程的影响

（1）水库调度对年际供水的影响

虽然黄河天然径流量年际变化较大，但地表水耗水量基本维持稳定，这与水库调度的作用密不可分。水库在丰水年存蓄水量，在枯水年进行补水，从而避免干旱枯水年份发生严重缺水。由图 3-1 可知，部分年份地表水耗水量接近天然径流量，2002 年地表水耗水量（286 亿 m³）甚至超过了天然径流量（246 亿 m³）。

黄河实施水量统一调度以来，黄河流域地表水耗水量占天然径流量的比例和大中型水库蓄变量如图 3-4 所示。黄河流域大中型水库库容占水库总库容的 95% 以上，大中型水库蓄变量基本可反映所有水库蓄水情况。在来水偏枯、地表水耗水量占天然径流量的比例较大的年份，水库进行补水，如 2002 年天然径流量仅 246 亿 m³，地表水耗水量占天然径流量的 116%、水库补水 73.87 亿 m³；2006 年天然径流量 407 亿 m³，地表水耗水量占天然径流量的 75%、水库补水 82.34 亿 m³；2015 年天然径流量 397 亿 m³，地表水耗水量占天然径流量的 86%、水库补水 66.69 亿 m³。在来水偏丰、地表水耗水量占天然径流量的比例较小的年份，水库存蓄水资源，如 2003 年天然径流量 567 亿 m³，地表水耗水量占天然径流量的 43%、水库蓄水 144.13 亿 m³；2005 年天然径流量 580 亿 m³，地表水耗水量占天然径流量的 46%、水库蓄水 109.16 亿 m³。

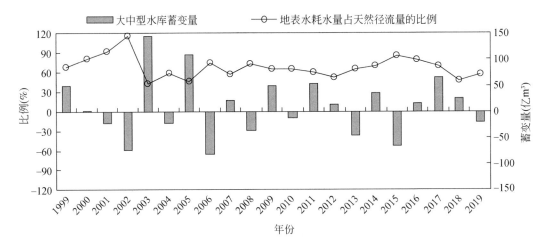

图 3-4　黄河流域地表水耗水量占天然径流量的比例和大中型水库蓄变量

（2）水库调度对年内供水的影响

对于年内供水，水库在汛期存蓄水量，在非汛期社会经济需水量较大的时段增加下泄流量，使径流过程更加匹配需水过程。

2010 年 7 月~2013 年 6 月兰州径流量与宁蒙河段引水量匹配关系如图 3-5 所示。天然径流量与实际引水量存在不匹配，如 4~5 月已经进入宁夏和内蒙古两自治区灌溉用水高峰期，但兰州天然径流量仍相对较小，难以满足用水需求。与天然径流量相比，经过调蓄后兰州的流量过程更加符合宁蒙河段的需水过程。经过水库调蓄后，兰州非汛期实测径流量高于天然径流量，可满足灌溉需水，汛期实测径流量虽然低于天然径流量，但仍能满足宁蒙河段需求。

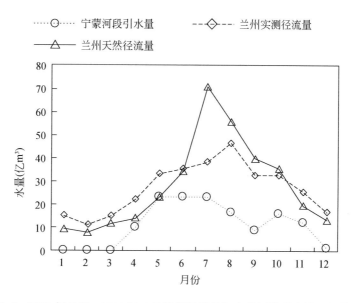

图 3-5　2010 年 7 月~2013 年 6 月兰州径流量与宁蒙河段引水量匹配关系

小浪底水库位于黄河中游最后一个峡谷的出口，对黄河下游流量过程具有重要影响。三门峡断面位于小浪底水库上游，其流量可视为小浪底水库的入库流量。小浪底断面位于小浪底水库下游，其流量可视为小浪底水库的出库流量。2011 年 1 月~2016 年 12 月小浪底水库调节过程与下游用水匹配关系如图 3-6 所示。未经过小浪底水库调节时，下游来水过程与用水过程不匹配，7~10 月来水量较大，但在用水高峰期 3~6 月来水量较少，3 月来水量与下游用水量接近，4~6 月来水量已经低于下游用水量；经过小浪底水库调节后，出库水量与下游用水过程匹配，减小了汛期下泄流量，加大了用水高峰期下泄流量。

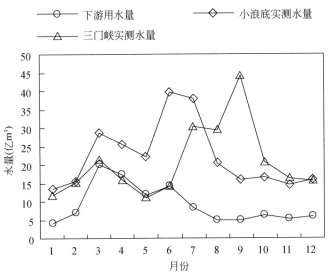

图 3-6　2011 年 1 月～2016 年 12 月小浪底水库调节过程与下游用水匹配关系

3.2　输沙过程对水库群调度的响应规律

3.2.1　输沙过程变化

1. 黄河输沙特性

黄河沙量大，水流含沙量高，水沙关系不协调。黄河以泥沙多而闻名于世。在我国的大江大河中，黄河的流域面积仅次于长江而居第二位，但由于大部分地区处于半干旱和干旱地带，流域水资源量极为贫乏，与流域面积相比很不相称。1956～2010 年黄河多年平均天然径流量为 482.4 亿 m^3，1919～1959 年人类活动影响较小时期潼关站的多年平均沙量为 15.92 亿 t，多年平均含沙量达 37.36kg/m^3，实测干流最大含沙量为 911kg/m^3（1977年）。黄河的天然径流量不及长江的 1/20，而沙量为长江的 3 倍，与世界多泥沙河流相比，孟加拉国恒河年沙量为 14.5 亿 t，与我国黄河相近，但天然径流量达 3710 亿 m^3，约是黄河的 7 倍，而含沙量较小，只有 3.9kg/m^3，远小于黄河；美国科罗拉多河的含沙量为 27.5kg/m^3，与我国黄河相近，而年沙量仅有 1.35 亿 t。由此可见，黄河沙量之多，含沙量之高，在世界大江大河中是绝无仅有的。黄河水沙关系不协调主要体现为干支流含沙量高和来沙系数（含沙量和流量之比）大，头道拐至龙门区间的含沙量高达 123kg/m^3，来沙系数高达 0.52kg·s/m^6，黄河支流渭河华县站的含沙量达 50kg/m^3，来沙系数为 0.22kg·s/m^6。

黄河流经不同的自然地理单元，流域地形、地貌和气候等条件差别很大，受其影响，黄河具有水沙异源的特点。黄河天然径流量主要来自上游，中游是黄河泥沙的主要来源流域区。上游头道拐以上流域面积为 38 万 km²，占全流域面积（不含内流区）的 50%，年均天然径流量占全流域的 62%，而年沙量仅占 9%。上游径流又集中来源于流域面积仅占全流域面积（不含内流区）18% 的兰州以上，年均天然径流量占头道拐以上的 99%，是黄河天然径流量的主要来源区，而上游兰州以下祖厉河、清水河、十大孔兑等支流来沙以及入黄风积沙所占比例超过上游来沙量 50%，因此上游水沙也是异源的。头道拐至龙门区间流域面积 11 万 km²，占全流域面积（不含内流区）的 15%，该区间有皇甫川、无定河、窟野河等众多支流汇入，年均天然径流量占全河的 9%，而年沙量却占 58%，是黄河泥沙的主要来源区；龙门至三门峡区间面积 19 万 km²，该区间有渭河、泾河、汾河等支流汇入，年均天然径流量占全流域的 20%，年沙量占 33%，该区间部分地区也属于黄河泥沙的主要来源区。三门峡以下的伊河、洛河和沁河是黄河的清水来源区之一，年天然径流量占全流域的 8%，年沙量仅占 2%。

黄河水沙年内分配集中，主要集中在汛期（以下如无特别说明，汛期均为 7 ~ 10 月）。天然情况下黄河汛期径流量占年径流量的 60% 左右，汛期沙量占年沙量的 80% 以上（图 3-7），沙量集中程度更甚于径流量，且主要集中在暴雨洪水期，往往 5 ~ 10 天的沙量可占年沙量的 50% ~ 90%，支流沙量的集中程度又甚于干流。例如，龙门站 1961 年最大 5 天沙量占年沙量的 33%；三门峡站 1933 年最大 5 天沙量占年沙量的 54%；支流窟野河 1966 年最大 5 天沙量占年沙量的 75%；内蒙古西柳沟 1989 年最大 5 天沙量占年沙量的 99%。

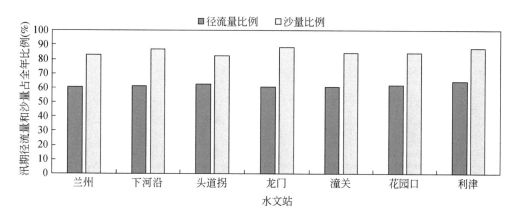

图 3-7　黄河干流主要控制站天然情况下汛期径流量和沙量占全年径流量和沙量的比例

黄河水沙年际变化大。以潼关站为例，实测最大年径流量为 659.1 亿 m³（1937 年），最小年径流量仅为 120.3 亿 m³（2002 年），丰枯极值比为 5.5。潼关站年沙量最大为

37.26 亿 t（1933 年），最小为 1.11 亿 t（2008 年），丰枯极值比为 33.57。径流丰枯交替出现，实测系列中出现过连续丰水段和连续枯水段，如黄河 1922～1932 年连续枯水段，潼关站时段平均径流量仅占天然情况下长系列平均的 70%。泥沙往往集中在几个大沙年份，20 世纪 80 年代以前各年代最大 3 年沙量所占比例在 40% 左右；1980 年以来黄河来沙进入一个长时期枯水时段，潼关站年最大沙量为 14.44 亿 t，多年平均沙量为 5.86 亿 t，但大沙年份所占比例依然较高，潼关站年来沙量大于 10 亿 t 的 1981 年、1988 年、1994 年和 1996 年沙量约占 1981～2014 年总沙量的 26%。

2. 输沙变化

黄河主要水文站监测断面实测径流量、沙量资料的统计分析表明，由于气候降水的影响以及人类活动的加剧，黄河径流量和沙量及过程发生了显著变化。上游下河沿站是宁蒙河段干流的进口站，头道拐站是进入中游的控制站也是宁蒙河段的出口控制站，潼关站是中游干流的重要代表站，以这些站点为主进行干流水沙变化分析。黄河干流主要水文站不同时期实测径流量和沙量特征值见表 3-1。

表 3-1　黄河主要水文站监测断面实测径流量和沙量不同时段对比

水文站监测断面		1919～1959 年（①）	1950～1968 年	1969～1986 年	1987～1999 年（②）	2000～2014 年（③）	1987～2014 年（④）	1919～2014 年	②较①少（%）	③较①少（%）	④较①少（%）
下河沿	径流量（亿 m³）	300.1	336.4	318.3	250.8	264.5	258.1	297.9	16.4	11.9	14.0
	沙量（亿 t）	1.85	2.09	1.07	0.88	0.39	0.62	1.34	52.4	78.9	66.5
头道拐	径流量（亿 m³）	250.7	264.0	238.4	164.4	166.0	165.3	227.1	34.4	33.8	34.1
	沙量（亿 t）	1.42	1.75	1.10	0.45	0.44	0.45	1.13	68.3	69.0	68.3
龙门	径流量（亿 m³）	325.4	334.0	283.5	205.4	187.8	196.0	282.6	36.9	42.3	39.8
	沙量（亿 t）	10.60	11.67	6.99	5.31	1.51	3.27	7.87	49.9	85.8	69.2
潼关	径流量（亿 m³）	426.1	447.7	366.5	260.6	232.3	245.4	366.9	38.8	45.5	42.4
	沙量（亿 t）	15.92	15.86	10.85	8.07	2.60	5.14	11.70	49.3	83.7	67.7
利津	径流量（亿 m³）	463.6	499.1	312.1	148.2	165.6	157.5	300.2	68.0	64.3	66.0
	沙量（亿 t）	13.15	12.40	7.96	4.15	1.33	2.64	6.97	68.4	89.9	79.9

注：水文年为当年 7 月至次年 6 月，如 2014 年是指 2014 年 7 月～2015 年 6 月，下同。

（1）径流量和沙量大幅度减少

黄河干流下河沿站、头道拐站和潼关站 1919～1959 年多年平均径流量分别为 300.1 亿 m³、250.7 亿 m³ 和 426.1 亿 m³，1987～1999 年多年平均径流量分别为 250.8 亿 m³、164.4 亿 m³ 和 260.6 亿 m³，较 1919～1959 年多年平均值减少了 16.4%、34.4% 和 38.8%，2000 年以来黄河中下游径流量继续减少（上游径流量与 1987～1999 年基本相当），以上各站 2000～2014 年多年平均径流量分别为 264.5 亿 m³、166.0 亿 m³ 和 232.3 亿 m³，与 1919～1959 年相比，分别减少了 11.9%、33.8% 和 45.5%。

与径流量变化趋势基本一致，实测沙量也大幅度减少。下河沿站、头道拐站和潼关站 1919～1959 年多年平均沙量分别为 1.85 亿 t、1.42 亿 t 和 15.92 亿 t，1987～1999 年多年平均沙量分别减至 0.88 亿 t、0.45 亿 t 和 8.07 亿 t，较 1919～1959 年多年平均值减少了 52.4%、68.3% 和 49.3%，2000 年以来黄河来沙量尤其是中游来沙量大幅减少，2000～2014 年潼关多年平均沙量 2.60 亿 t，与 1919～1959 年相比减少了 83.7%，为历史上实测最枯沙时段。

（2）径流量和沙量减少程度在空间上分布不均

近期黄河泥沙减少主要集中在中游尤其是头道拐至龙门区间。潼关站沙量由 1919～1959 年的 15.92 亿 t 减少到 1987～2014 年的 5.14 亿 t，在年平均减少的 10.78 亿 t 的泥沙中，头道拐至龙门区间减少了 6.36 亿 t，占 59%；龙门至潼关区间减少了 3.45 亿 t，占 32%；头道拐以上减少了 0.97 亿 t，仅占 9%，见图 3-8（a）。

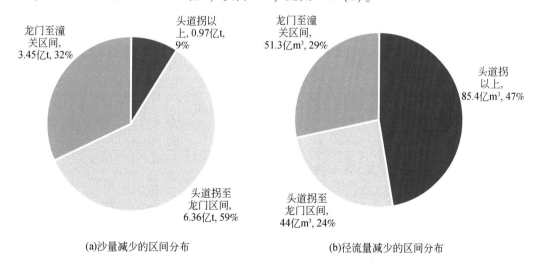

(a)沙量减少的区间分布　　　　(b)径流量减少的区间分布

图 3-8　1987～2014 年与 1919～1959 年相比潼关站水沙减少量的区间分布

黄河径流量减少和沙量减少的空间分布有所不同，黄河径流量减少主要集中在头道拐以上。与 1919～1959 年相比，1987～2014 年在潼关站减少的 180.7 亿 m³ 径流量中，头道拐以上减少量为85.4亿m³，占47%；头道拐至龙门区间减少量为44.0亿m³，占24%；龙门至潼关区间减少量为51.3亿m³，占29%，见图3-8（b）。

（3）汛期有利于输沙塑槽的大流量历时明显减少，相应径流量和沙量比例降低

黄河不仅径流量、沙量大大减少，而且水沙过程也发生了很大变化，汛期有利于输沙塑槽的大流量历时和径流量明显减少。

上游下河沿站，1951～1968年汛期日均流量大于2000m³/s的天数为54.0天，占汛期的比例为43.9%，相应径流量为128.67亿m³、沙量为1.18亿t，相应径流量和沙量占汛期的比例分别为61.4%、69.0%；1969～1986年汛期日均流量大于2000m³/s的天数减少至30.5天，占汛期的比例为24.8%，相应径流量为75.78亿m³、沙量为0.37亿t，相应径流量和沙量占汛期的比例分别为44.8%、41.1%；1986年以后，大流量出现天数减少更加明显，1987～1999年汛期日均流量大于2000m³/s的天数为4.2天（主要集中在1989年），占汛期的比例为3.4%，相应径流量为10.09亿m³、沙量为0.06亿t，相应径流量和沙量占汛期的比例分别为9.6%、7.9%，2000～2015年汛期日均流量大于2000m³/s的天数为2.8天（主要集中在2012年），占汛期的比例为2.3%，相应径流量为6.40亿m³、沙量为0.03亿t，相应径流量和沙量占汛期的比例分别为5.6%、10.0%。下河沿站不同时期不同流量级水沙特征值见表3-2、图3-9。

表3-2 下河沿站不同时期汛期（7～10月）不同流量级水沙特征值

时段	流量级 （m³/s）	天数 （天）	径流量 （亿m³）	沙量 （亿t）	出现概率 （%）	径流量 比例（%）	沙量比例 （%）
	0～1000	14.2	9.93	0.03	11.5	4.7	1.8
	1000～2000	54.8	70.88	0.50	44.6	33.8	29.2
	2000～3000	39.6	83.08	0.85	32.2	39.7	49.7
1951～ 1968年	>3000	14.4	45.59	0.33	11.7	21.8	19.3
	合计	123.0	209.48	1.71	100.0	100.0	100.0
	>2500	30.8	83.78	0.75	25.0	40.0	43.9
	>2000	54.0	128.67	1.18	43.9	61.4	69.0
	0～1000	31.8	21.88	0.09	25.9	13.0	10.0
	1000～2000	60.7	71.42	0.44	49.3	42.2	48.9
	2000～3000	20.1	42.82	0.20	16.3	25.3	22.2
1969～ 1986年	>3000	10.4	32.96	0.17	8.5	19.5	18.9
	合计	123.0	169.08	0.90	100.0	100.0	100.0
	>2500	19.6	54.70	0.26	15.9	32.4	28.9
	>2000	30.5	75.78	0.37	24.8	44.8	41.1

续表

时段	流量级 （m³/s）	天数 （天）	径流量 （亿 m³）	沙量 （亿 t）	出现概率 （%）	径流量 比例（%）	沙量比例 （%）
1987~ 1999 年	0~1000	80.6	54.49	0.22	65.5	51.7	31.4
	1000~2000	38.2	40.86	0.42	31.1	38.7	60.0
	2000~3000	2.2	4.54	0.04	1.8	4.3	5.7
	>3000	2.0	5.55	0.02	1.6	5.3	2.9
	合计	123.0	105.44	0.70	100.0	100.0	100.0
	>2500	2.5	6.80	0.03	2.1	6.4	4.3
	>2000	4.2	10.09	0.06	3.4	9.6	8.6
2000~ 2015 年	0~1000	52.5	36.32	0.11	42.7	31.7	36.7
	1000~2000	67.7	71.98	0.16	55.0	62.8	53.3
	2000~3000	2.1	4.53	0.02	1.7	3.9	6.7
	>3000	0.7	1.87	0.01	0.6	1.6	3.3
	合计	123.0	114.70	0.30	100.0	100.0	100.0
	>2500	1.7	4.27	0.01	1.4	3.7	3.3
	>2000	2.8	6.40	0.03	2.3	5.6	10.0

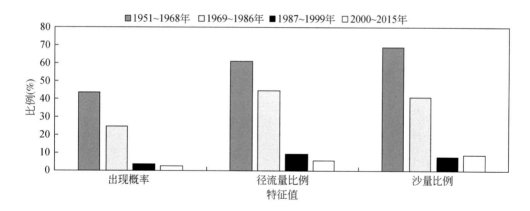

图 3-9　下河沿站不同时期汛期 2000m³/s 以上流量级水沙特征值分析

中游潼关站，1960~1968 年汛期日均流量大于 2000m³/s 的天数为 78.4 天，占汛期的比例为 63.7%，相应径流量为 230.05 亿 m³、沙量为 10.47 亿 t，相应径流量和沙量占汛期的比例分别为 82.0%、85.4%；1969~1986 年汛期日均流量大于 2000m³/s 的天数减少至 47.6 天，占汛期的比例为 38.7%，相应径流量为 129.81 亿 m³、沙量为 6.27 亿 t，相应径流量和沙量占汛期的比例分别为 63.4%、69.3%；1986 年以后，大流量出现天数减少更加明显，1987～1999 年汛期日均流量大于 2000m³/s 的天数为 15.3 天，占汛期的比例为 12.4%，相应径流量为 36.80 亿 m³、沙量为 3.21 亿 t，相应径流量和沙量占汛期的比例分别为 30.8%、52.5%，2000～2015 年汛期日均流量大于 2000m³/s 的天数为 10.9 天，占汛期的比例为 8.9%，相应径流量为 26.10 亿 m³、沙量为 0.54 亿 t，相应径流量和沙量占汛期的比例为 24.3%、29.7%。潼关站不同时期不同流量级水沙特征值见表 3-3、图 3-10。

表 3-3　潼关站不同时期汛期（7～10 月）不同流量级水沙特征值

时段	流量级 （m³/s）	天数 （天）	径流量 （亿 m³）	沙量 （亿 t）	出现概率 （%）	径流量比例 （%）	沙量比例 （%）
1960～ 1968 年	0～1000	10.8	6.16	0.17	8.8	2.2	1.4
	1000～2000	33.8	44.33	1.62	27.5	15.8	13.2
	2000～3000	33.1	71.22	2.79	26.9	25.4	22.8
	3000～4000	25.9	76.41	3.14	21.0	27.2	25.6
	>4000	19.4	82.42	4.54	15.8	29.4	37.0
	合计	123.0	280.54	12.26	100.0	100.0	100.0
	>2000	78.4	230.05	10.47	63.7	82.0	85.4
1969～ 1986 年	0～1000	29.8	17.59	0.69	24.2	8.6	7.6
	1000～2000	45.6	57.42	2.09	37.1	28.0	23.1
	2000～3000	24.9	51.97	2.35	20.2	25.4	26.0
	3000～4000	14.0	41.78	1.86	11.4	20.4	20.5
	>4000	8.7	36.06	2.06	7.1	17.6	22.8
	合计	123.0	204.82	9.05	100.0	100.0	100.0
	>2000	47.6	129.81	6.27	38.7	63.4	69.3
1987～ 1999 年	0～1000	66.2	32.40	0.62	53.8	27.2	10.1
	1000～2000	41.5	50.11	2.29	33.8	42.0	37.4
	2000～3000	11.1	23.08	1.67	9.0	19.3	27.3
	3000～4000	3.0	8.63	0.83	2.4	7.2	13.6
	>4000	1.2	5.09	0.71	1.0	4.3	11.6
	合计	123.0	119.31	6.12	100.0	100.0	100.0
	>2000	15.3	36.80	3.21	12.4	30.8	52.5

续表

时段	流量级 （m³/s）	天数 （天）	径流量 （亿 m³）	沙量 （亿 t）	出现概率 （%）	径流量比例 （%）	沙量比例 （%）
	0 ~ 1000	73.7	36.09	0.57	59.9	33.6	31.3
	1000 ~ 2000	38.4	45.17	0.71	31.2	42.1	39.0
2000 ~ 2015 年	2000 ~ 3000	7.4	15.11	0.37	6.0	14.1	20.3
	3000 ~ 4000	2.8	8.24	0.14	2.3	7.7	7.7
	>4000	0.7	2.75	0.03	0.6	2.5	1.7
	合计	123.0	107.36	1.82	100.0	100.0	100.0
	>2000	10.9	26.10	0.54	8.9	24.3	29.7

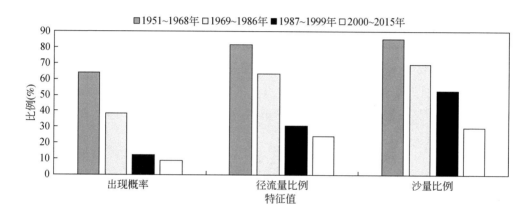

图 3-10　潼关站不同时期汛期 2000m³/s 以上流量级水沙特征值分析

3. 河道冲淤变化

考虑刘家峡、龙羊峡、三门峡、小浪底等骨干水利工程调节运用影响，对黄河干流宁蒙河段、下游河段等重要冲积性河段冲淤变化进行分析。河道冲淤量采用沙量平衡法和断面法进行计算。

（1）宁蒙河段冲淤变化

20 世纪 80 年代以来宁蒙河段淤积萎缩加重。从 1960 年以来冲淤量[①]在时间尺度上的变化看（图 3-11），20 世纪 80 年代以前宁蒙河段冲淤交替，略有冲刷，1960 ~ 1968 年年均冲刷量为 0.327 亿 t。80 年代中期以后宁蒙河段淤积加重，发生持续淤积，1969 ~ 1986 年、1987 ~ 2014 年年均淤积量分别为 0.210 亿 t、0.582 亿 t。

---

①　冲淤量为正值时代表淤积，为负值时代表冲刷。

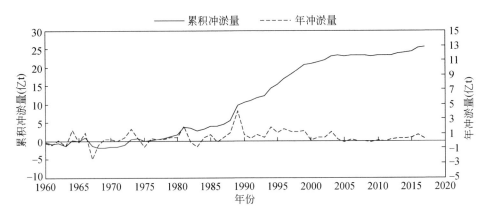

图 3-11　宁蒙河段年冲淤量和累积冲淤量变化

淤积萎缩加重主要发生在汛期。1968 年以前，宁蒙河段汛期冲刷量为 0.369 亿 t，非汛期淤积量为 0.042 亿 t。1969～1986 年，宁蒙河段汛期、非汛期均表现为淤积，汛期、非汛期淤积量分别为 0.029 亿 t、0.181 亿 t，汛期淤积量只占全年淤积量的 13.8%。1987～2014 年宁蒙河段淤积加重，汛期、非汛期淤积量分别为 0.454 亿 t、0.128 亿 t，汛期淤积占全年淤积的 78.0%（图 3-12）。

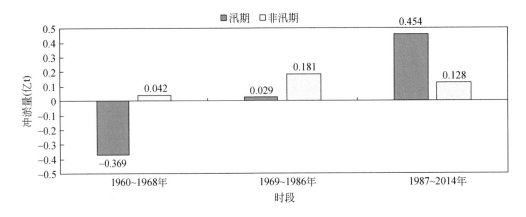

图 3-12　宁蒙河段汛期、非汛期泥沙冲淤量变化

淤积加重主要集中在主槽，导致断面萎缩、中水河槽过流能力下降。20 世纪 60～70 年代，巴彦高勒至头道拐河段滩地淤积、主槽冲刷；80 年代主槽、滩地同步淤积，滩槽淤积比例基本相当；90 年代主槽淤积比例加大，主槽淤积比例为 87.6%；2000～2012 年，巴彦高勒至头道拐河段年均淤积泥沙 0.385 亿 t，其中主槽淤积量占淤积总量的 76.1%。20 世纪 60～70 年代，巴彦高勒至头道拐河段平滩流量从 2600m³/s 左右增加到 4000m³/s 左右，80 年代中期后平滩流量逐渐下降，2004 年最小平滩流量不足 1000m³/s，其后有所

恢复，但仍然较小，平均约 $2000\text{m}^3/\text{s}$。

（2）下游河段冲淤变化

黄河下游具有"多来、多排、多淤，少来、少排、少淤"的输沙特性。三门峡水库修建前的天然时期（1950～1960 年），黄河年均水沙量均较大，进入下游河道的年均径流量为 481.8 亿 m^3，年均输沙量为 18.09 亿 t，下游河道年均淤积量为 3.61 亿 t；三门峡水库修建后的 1960～1964 年，水库蓄水拦沙使进入下游沙量减少，黄河下游年均冲刷量为 5.78 亿 t；1964 年后三门峡水库拦沙结束，下游河道再度淤积，1964～1986 年下游河道年均输沙量为 10.7 亿 t，年均淤积量为 2.22 亿 t；1986 年至小浪底水库蓄水运用前，下游年均输沙量为 7.80 亿 t，年均淤积量为 2.28 亿 t，年均淤积量占来沙量的比例由天然时期的 20% 增加至 30% 左右。下游河段冲淤变化过程见图 3-13。

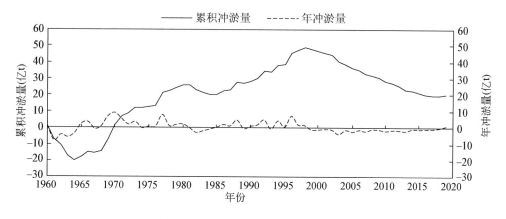

图 3-13 黄河下游河段冲淤变化过程

从冲淤年内变化看，非汛期冲淤变化小，由于非汛期来水含沙量低，多发生冲刷。汛期冲淤变化大，主要与来水来沙条件有关，如 20 世纪 70 年代和 80 年代中期至 90 年代末汛期来水来沙条件不利，汛期河道以淤积为主；三门峡水库拦沙期、小浪底水库拦沙期和 1980～1985 年丰水时段为冲刷。下游河段汛期、非汛期泥沙冲淤量变化见图 3-14。

小浪底水库 1997 年截流、1999 年 10 月下闸蓄水运用。小浪底水库拦沙，减少了进入下游河道的泥沙，年均输沙量仅为 0.62 亿 t。1997 年截流至 2017 年 4 月小浪底库区累积淤积泥沙 32.14 亿 m^3（断面法），水库蓄水拦沙作用和调水调沙作用使黄河下游河道全线冲刷，断面主槽展宽、冲深，河道平滩流量逐步得到了恢复。1999 年 10 月至 2017 年 4 月下游河道利津以上累积冲刷量达 28.15 亿 t。从冲刷量的时间分布来看，冲刷主要发生在汛期，利津以上河段汛期冲刷量占该河段总冲刷量的 62.8%。下游河道最小平滩流量已由 2002 年汛前的 $1800\text{m}^3/\text{s}$ 增加至 2017 年汛前的 $4250\text{m}^3/\text{s}$（表 3-4）。

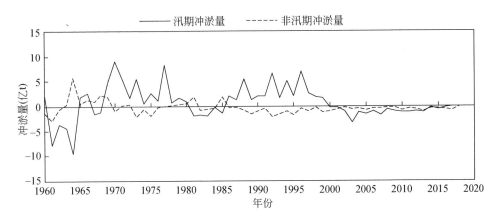

图 3-14　下游河段汛期、非汛期泥沙冲淤量变化

表 3-4　2002 年以后下游河道平滩流量变化情况　　　　（单位：m³/s）

项目	花园口	夹河滩	高村	孙口	艾山	泺口	利津
2002 年汛前	3600	2900	1800	2070	2530	2900	3000
2017 年汛前	7200	6800	6100	4350	4250	4600	4650
累积增加	3600	3900	4300	2280	1720	1700	1650

3.2.2　水库调度对输沙过程的影响

黄河输沙变化受到诸多因素的影响，如降水变化会引起产沙动力变化；林草植被变化、梯田运用、淤地坝运用等水土保持措施会减少入河泥沙；大型灌区引水的同时也会引沙。尽管各因素的贡献率存在争议，但很多研究表明下垫面变化是近几十年来黄河输沙量锐减的主导因素。例如，李晓宇等（2016）以天然产沙量约占流域入黄沙量 90% 的黄河潼关以上主要产沙区为研究范围，利用所构建的天然时期降水–产沙模型，计算了不同时期降水和下垫面的减沙作用，发现 1980 年以来，虽然 20 世纪 90 年代略有反弹，但下垫面的减沙作用总体上越来越大，尤以 2000 年以来最为突出，2005～2014 年和 2010～2014 年研究区下垫面因素的总减沙量分别为 13.87 亿～15.45 亿 t/a 和 15.70 亿～18.70 亿 t/a；李敏（2016）对渭河（华县站）、北洛河（㳇头站）、汾河（河津站）控制区域和河口镇至龙门区间的研究成果显示，水土流失治理工程的大规模开展是该时段黄河年输沙量持续处于低位的根本原因。

水库调度也是黄河输沙过程变化的影响因素之一。胡春宏和张晓明（2018）的研究成果显示，黄河干流多个测站含沙量变化与干流三门峡、刘家峡、龙羊峡和小浪底等水库蓄水淤沙密切相关,如兰州站受上游刘家峡水库运行影响,1968 年前后含沙量从 3.45kg/m³降到 1.48kg/m³;头道拐站则从 1968 年前的 6.36kg/m³ 降到刘家峡建成运行后的 4.42kg/m³,1985 年龙羊峡建成并联合运行后含沙量又降至 2.71kg/m³,比 1968 年前降低约 57.4%;1999 年小浪底水库建成运行后,花园口站含沙量急速降至 4.17kg/m³,此时的含沙量相当于 1950~1980 年含沙量的 8.4%。

在不同河段水库调度对输沙过程的影响不尽相同。以小浪底水库为例分析水库调度对输沙过程的影响。小浪底水库工程建成以后,通过拦沙和调水调沙,使出库水沙过程趋于协调,遏制了下游河床逐年抬高的趋势,扩大了主槽过流能力,降低了两岸堤防决口风险,减小了洪水漫滩淹没的概率,有效保护了黄河下游两岸及河道滩区的生态安全。

小浪底水库蓄水运用以来,至 2019 年 4 月,累积拦沙 34.50 亿 m³,有效减少了进入黄河下游河道的沙量,加上期间开展的 19 次调水调沙,使黄河下游河道累积冲刷泥沙 28.62 亿 t(利津以上)。其中调水调沙期间下游河道累积冲刷 4.08 亿 t,输沙入海 9.76 亿 t。扩大了主槽过流能力,基本保证了中小洪水不漫滩,河底高程普遍降低 2~3m,各主要水文站监测断面 3000m³/s 水位下降 1.11~2.38m,有效减小了洪水威胁。

利用黄河下游一维水沙数学模型,采用 2000 年汛前黄河下游地形和床沙级配资料及 2000~2017 年三门峡、黑石关和武陟 3 个断面水沙资料,开展有无小浪底水库运用条件下的下游河道冲淤变化模拟计算。经计算,2000~2017 年无小浪底水库运用条件下,黄河下游河道累积淤积量可达到 9.2 亿 t,年均淤积量 0.51 亿 t;而有小浪底水库运用条件下,下游河道则累积冲刷泥沙 28.20 亿 t,小浪底水库对下游河道起到了很好的减淤作用,相应减淤量为 37.4 亿 t。有无小浪底水库运用下黄河下游河道的累积冲淤量变化见图 3-15。

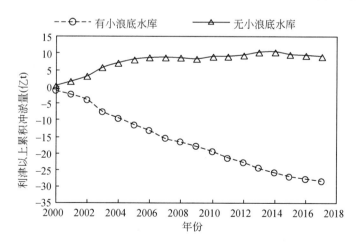

图 3-15 有无小浪底水库运用下黄河下游累积冲淤量变化对比

3.3 发电过程对水库群调度的响应规律

3.3.1 发电过程变化

1946 年以前，黄河流域内仅有甘肃省的天水水电站和青海省的北山寺水电站两座小水电站，总装机容量仅有 378kW。中华人民共和国成立以来，在黄河干流上修建了一系列大中型水电站，支流上的小水电站也是星罗棋布，水力资源的开发利用对沿黄各省（自治区）的经济发展和人民生活改善起到了巨大的推动作用。根据《黄河流域综合规划（2012—2030 年）》，黄河干流龙羊峡以下已建、在建及规划有 36 座梯级工程，其中龙羊峡至河口镇河段布置 26 座梯级工程，河口镇至桃花峪河段布置 10 座梯级工程，总装机容量为25 736MW；截至 2017 年底，已建、在建有龙羊峡、拉西瓦、李家峡、公伯峡、刘家峡、海勃湾、万家寨、三门峡、小浪底等水库共计 31 座，总装机容量为 19 396MW。

龙羊峡水库位于黄河上游青海省共和县、贵南县交界的峡谷进口段，距西宁公路里程 147km，是一座具有多年调节性能的大型综合利用枢纽工程，是黄河的"龙头"水库。龙羊峡水库设计正常蓄水位对应库容为 247 亿 m^3；水库调节库容为 193.5 亿 m^3，库容系数为 0.94，具有多年调节性能。龙羊峡水库装机容量为 1280MW，保证出力 589.8MW，是西北电网调峰、调频和事故备用的主力电厂。龙羊峡水库库容大，来沙少，年径流量占全河的 1/3 以上，主要任务是对径流进行多年调节，提高水资源的利用率，增加上游河段梯级电站的保证出力。龙羊峡水库 1989～2010 年历年发电量统计见图 3-16，根据收集到的资料，龙羊峡水库多年平均实测发电量为 44 亿 kW·h。

刘家峡水库位于甘肃省永靖县境内黄河干流上，水库设计装机容量为 1225MW，竣工验收核定装机容量为 1160MW。后经过增容改造和新建机组后刘家峡水库的总装机规模达到 1690MW。刘家峡水库 1989～2015 年发电量见图 3-16，刘家峡水库多年平均实测发电量 52 亿 kW·h。

小浪底水库位于河南省洛阳市以北 40km 的黄河干流上，水库装机容量为 1800MW，首台机组自 2000 年开始发电，截至 2019 年底，累积发电量超过 1090 亿 kW·h，多年平均实测发电量为 54.5 亿 kW·h（图 3-16），相当于减少标准煤耗 3603 万 t，减少 CO_2 排放量 9873 万 t、减少 SO_2 排放量 88 万 t，减少烟尘排放量 37 万 t，减少 NO_x 排放量75 万 t。

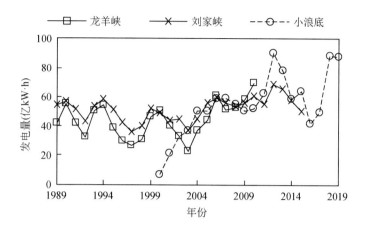

图 3-16 龙羊峡水库、刘家峡水库和小浪底水库年发电量变化

3.3.2 水库调度对发电过程的影响

水库水力发电过程取决于来水情况和水库调度过程。如图 3-17 ~ 图 3-19 所示，龙羊峡水库、刘家峡水库与小浪底水库年发电量均与水库下游水文站监测断面实测年径流量间存在较好的相关关系，相关系数分别为 0.77、0.88 和 0.90。

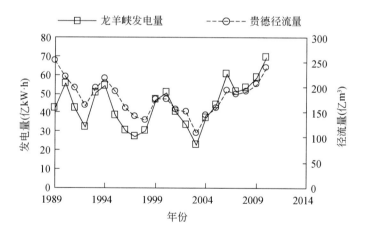

图 3-17 龙羊峡水库年发电量与贵德断面年径流量变化

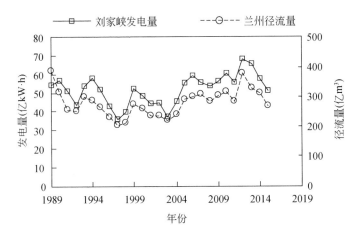

图 3-18 刘家峡水库年发电量与兰州断面年径流量变化

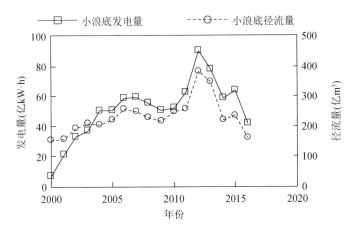

图 3-19 小浪底水库年发电量与小浪底断面年径流量变化

3.4 生态过程对水库群调度的响应规律

3.4.1 生态过程变化

1. 水文情势变化

(1) 干流主要水文站监测断面实测日径流变化

通过黄河上游兰州断面、中游潼关断面和下游三门峡断面、小浪底断面和利津断面长系列实测日径流数据分析不同水库运行阶段河流水文情势变化。

兰州断面位于黄河上游龙羊峡水库和刘家峡水库以下。龙羊峡水库 1978 年动工，1989 年首台机组发电；刘家峡水库 1958 年动工，1969 年首台机组发电。兰州断面实测日径流变化如图 3-20 所示，刘家峡水库运行后对径流年内丰枯变化产生了一定影响，但影响程度不大；龙羊峡水库运行后，径流的丰枯变化发生了显著的变化，突出表现为高流量事件的减少。

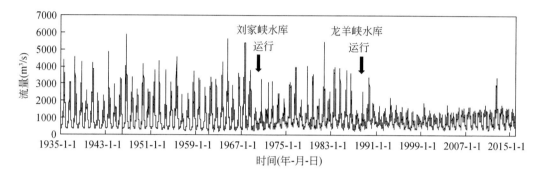

图 3-20　兰州断面实测日径流变化

潼关断面位于渭河与黄河干流交汇处，上游控制性水库包括刘家峡水库、龙羊峡水库和万家寨水库。潼关断面实测日径流变化如图 3-21 所示，潼关断面距上游控制性水库较远，龙羊峡和刘家峡两水库的调度运行对潼关断面实测径流的丰枯变化没有显著影响；但万家寨水库运行后，潼关断面观测到的高流量事件有较显著的减少。

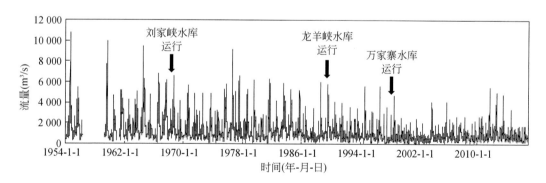

图 3-21　潼关断面实测日径流变化

三门峡断面位于三门峡水库下游。三门峡水库 1957 年动工修建，1960 年竣工，但三门峡断面流量观测时间较晚，缺少三门峡水库建站前的实测径流资料。如图 3-22 所示，三门峡水库运行后三门峡断面实测径流仍然有较显著的年内丰枯变化，但 20 世纪末至 21 世纪初，受到沿黄用水量增加、来水偏少等因素的影响，三门峡断面高流量事件大幅度减少。2004 年起三门峡水库开始配合小浪底水库进行调水调沙，此后受到人工调蓄、上游来水增加等因素的影响，三门峡断面高流量事件的流量级有所增大，丰水年尤为明显。

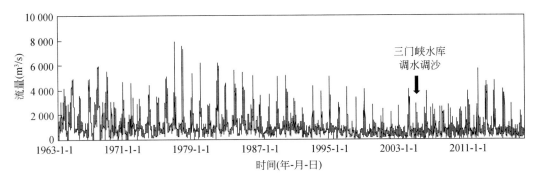

图 3-22　三门峡断面实测日径流变化

小浪底断面位于小浪底水库下游。小浪底水库 1991 年动工修建，2000 年首台机组开始发电。小浪底断面流量观测始于 1956 年，从开始观测至三门峡水库运行，小浪底断面每年均有较大的流量事件发生；三门峡水库运行后，小浪底断面实测高流量事件的流量级有所下降，特别是 20 世纪末至 21 世纪初，随着沿黄用水量增加，小浪底断面发生高流量事件急剧减少（图 3-23）。2002 年小浪底水库开始在汛前期实施调水调沙，人为塑造高流量过程，此后小浪底断面高流量事件的流量级明显增大，峰值流量主要发生在调水调沙的6 月底至 7 月初。

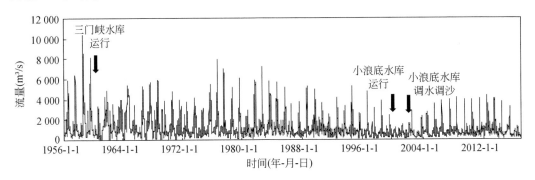

图 3-23　小浪底断面实测日径流变化

利津断面位于黄河入海口附近，自 1950 年起该站具有连续的实测日径流数据，如图 3-24所示。利津断面径流年内丰枯变化受三门峡水库调度运行的影响不明显，但随着沿黄用水量的增加，高流量事件的流量级逐渐减少，20 世纪 90 年代至 21 世纪初尤为严重，年内最大日流量常不足 2000m³/s。2002 年小浪底水库调水调沙后，利津断面观测到的高流量事件的流量级显著增加，但仍远低于 20 世纪 50 ~ 70 年代的水平。

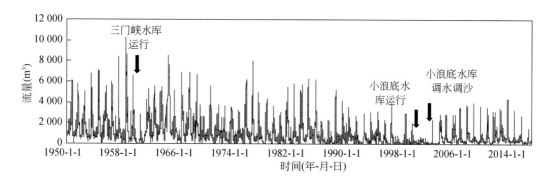

图 3-24　利津断面实测日径流变化

（2）基于水文变化指标（indicators of hydrologic alteration，IHA）的水文情势变化评价

本书通过 IHA 的均值来量化黄河上游的水文情势变化。IHA 体系描述了水文情势 5 个基本组成要素（流量、频率、发生时机、持续时间和变化率）的特征，包含 33 个评价指标，各指标的内涵与生态作用如表 3-5 所示。

表 3-5　IHA 体系组成与生态作用

指标类别	指标名称	指标符号	时间尺度	主要生态作用
月均流量	1～12 月平均流量	$F_1 \sim F_{12}$	月	提供水生生物栖息地，影响水体理化特征
极端流量事件的流量和持续时间	最大（小）1 天、3 天、7 天、30 天、90 天平均流量	$F_{13} \sim F_{22}$	日	塑造多样的栖息地，连通河道与河漫滩，塑造河床形态、冲沙，清除外来物种
	零流量天数	F_{23}		
	最小 7 天平均流量/年均流量（基流）	F_{24}		
极端流量事件的发生时机	最大 1 天平均流量发生日期	F_{25}	日	触发生物生命活动
	最小 1 天平均流量发生日期	F_{26}		
高（低）流量脉冲*的频率与持续时间	高流量脉冲发生次数	F_{27}	日	触发生物生命活动，塑造河道的自然形态，影响河床质粒径大小，保持栖息地连通性与物质交换
	低流量脉冲发生次数	F_{28}		
	高流量脉冲平均持续时间	F_{29}		
	低流量脉冲平均持续时间	F_{30}		
水文过程线变化的变化率和频率	日流量平均上升速率	F_{31}	日	清除外来物种，影响水体理化特征
	日流量平均下降速率	F_{32}		
	日流量变化翻转次数**	F_{33}		

　*表示高于天然日径流 75% 分位数的流量为高流量脉冲，低于天然日径流 25% 分位数的流量为低流量脉冲；**表示连续日流量从增大转变为减小时就发生了一次日流量变化翻转，反之亦然。

选择上游兰州和头道拐断面、中游龙门断面、下游花园口断面和利津断面进行水文情势变化评估。将各断面上游没有修建水库时水文情势近似视为天然水文情势，计算各断面 2000～2016 年 IHA 值相对于近天然时期（断面上游没有修建大型水库的时期）IHA 值的变化幅度，结果如图 3-25 所示。

指标 $F_1 \sim F_{12}$ 反映了 1～12 月平均流量的变化幅度，结果显示从上游到下游，越来越多的月份出现了流量减少的现象：

1）上游兰州断面 6～10 月流量减少，9 月降幅最大，达到 48%；而 1～5 月和 11～12 月流量增加，1 月和 4 月增幅分别达到 69% 和 65%。

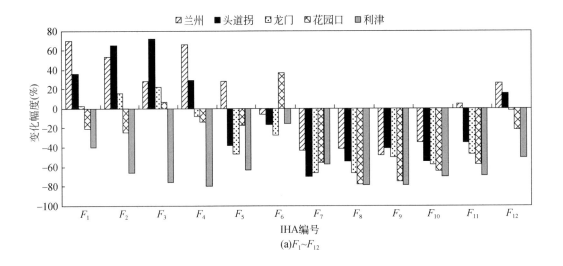

(a)$F_1 \sim F_{12}$

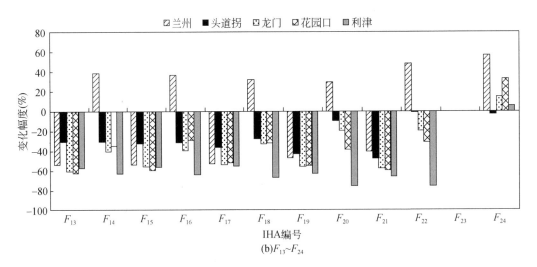

(b)$F_{13} \sim F_{24}$

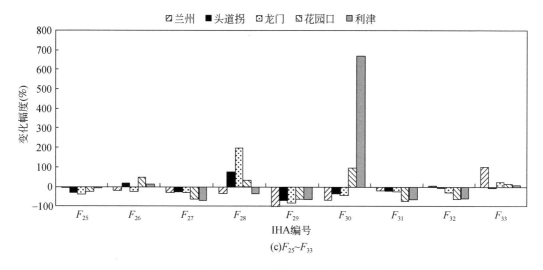

图 3-25 黄河干流部分测站 IHA 值变化幅度

2）上游头道拐断面有 7 个月流量减少（5~11 月），其他 5 个月流量增加，7 月流量降幅最大（70%），3 月流量增幅最大（72%）。

3）中游龙门断面 4~12 月流量减少，仅 1~3 月流量增加；7 月和 8 月流量降幅最大，分别为 66% 和 67%；1~3 月流量增幅比较小，分别为 2%、16% 和 22%。

4）下游花园口断面仅 3 月和 6 月流量增加，其他 10 个月流量均减少；3 月流量增幅 6%，主要原因在于为下游引黄灌区提供灌溉蓄水；6 月流量增加 37%，主要原因在于汛前调水调沙人为增加了流量；7~11 月流量降幅比较大，分别为 56%、78%、75%、65% 和 58%。

5）下游利津断面邻近黄河入海口，经过上中下游取用水后，利津断面所有月份的流量均下降；除 6 月因调水调沙流量仅下降 16% 外，其他月份流量降幅为 40%~80%。

指标 F_{13}~F_{22} 反映了最大（小）1 天、3 天、7 天、30 天、90 天平均流量的变化。在兰州断面，出现了最大 1 天、3 天、7 天、30 天、90 天平均流量减小，最小 1 天、3 天、7 天、30 天、90 天平均流量增加的现象，反映了水库调蓄使径流过程变得平坦。而在其他断面，最大（小）1 天、3 天、7 天、30 天、90 天平均流量均减小，反映了水库调蓄和取用水虽然削减了洪峰，但加剧了枯水流量事件。

指标 F_{23} 反映了零流量事件变化，各断面在近天然时期和 2000 年以来都没有出现过断流现象。指标 F_{24} 是最小 7 天平均流量与平均流量的比值，能够反映径流中基流的比例大小。除头道拐外，其他断面基流比例均有所上升。

指标 F_{25} 和 F_{26} 反映了最大（小）1 天平均流量发生日期，各断面最大 1 天平均流量发生日期均出现了不同程度的延后；最小 1 天平均流量发生日期没有明显的规律，兰州和龙门断面提前，头道拐、花园口和利津断面延后。

指标 F_{27} ~ F_{30} 反映了高（低）流量脉冲的频率与持续时间：

1）各断面高流量脉冲发生次数（F_{27}）均减少，上中游断面降幅较小，为 26% ~ 29%；下游断面降幅很大，花园口和利津断面降幅分别为 64% 和 70%。除发生次数减少外，各断面发生的高流量脉冲平均持续时间（F_{29}）也大幅缩短，降幅 61% ~ 95%。

2）对于低流量脉冲发生次数（F_{28}），兰州和利津断面减少约 1/3，头道拐、龙门和花园口断面分别增加 74%、200% 和 35%。对于低流量脉冲平均持续时间（F_{30}），上中游断面缩短 34% ~ 67%，下游花园口断面延长 99%、利津断面延长 668%。因此上游兰州断面低流量脉冲发生次数减少、时间缩短，低流量脉冲平均持续时间缩短；上游头道拐断面和中游龙门断面低流量脉冲发生次数增加，但每个脉冲的持续时间缩短，低流量脉冲平均持续时间变化相对较小；下游花园口断面低流量脉冲的发生次数增加、时间延长，低流量脉冲平均持续时间显著增加；下游利津断面虽然低流量脉冲的发生次数减少，但单个脉冲的持续时间显著延长，低流量脉冲平均持续时间增幅最大。

指标 F_{31} ~ F_{33} 反映了日流量的变化情况：除兰州断面日流量平均下降速率略增大（5%）外，其他断面的日流量平均上升（下降）速率均减小，下游降幅最大（62% ~ 70%），反映了流量变化速度减缓；除头道拐断面外，其他断面的日流量变化翻转次数均增加，兰州断面增幅达到 102%，反映了流量波动增加。

2. 水生生物变化

黄河流域具有较丰富的生境类型，沿河形成了各具特色的生物群落。黄河作为连接河源、上中下游及河口等湿地生态单元的"廊道"，是维持河流水生生物和洄游鱼类栖息、繁殖的重要基础。同时由于特殊的地理环境，黄河流域也是我国生态脆弱区分布面积最大、脆弱生态类型最多、生态脆弱性表现最明显的流域之一（水利部黄河水利委员会，2013）。

（1）鱼类

受水沙条件、水体物理化学性质及流域气候、地理条件等因素影响，黄河水生生物种类和数量相对贫乏，生物量较低，鱼类种类相对较少，但许多特有土著鱼类具有重要保护价值，是国家水生生物保护和鱼类物种资源保护的重要组成部分。

根据 1981 ~ 1983 年开展的"黄河水系渔业资源调查"项目，20 世纪 80 年代黄河水系有鱼类 191 种（亚种），全干流鱼类有 125 种，其中国家保护鱼类、濒危鱼类 6 种。根据 2008 年中国科学院水生生物研究所在该年春季和秋季对黄河干流刘家峡水库以下至黄河口之间重要河段和水库的生物调查数据，黄河干流鱼类种类大幅降低，中游降幅尤为显著，其次为下游（表 3-6）。黄河上游土著鱼类拟鲶高原鳅、极边扁咽齿鱼已被列入《中国濒危动物红皮书》；中游具有四大名鱼之称的黄河鲤、具有鸽子鱼美称的北方铜鱼等渔业资源捕捞过度，种群数量持续减少，补充群体严重不足，个体小型化、低龄化严重；下游的洄游性鱼类（刀鲚、日本鳗鲡、银鱼科鱼类等）已濒临灭绝。

表 3-6 黄河鱼类种类变化

河段	鱼类种数		淡水鱼类种数	
	1981~1982 年	2008 年	1981~1982 年	2008 年
全干流	125	54	98	51
干流上游	16	20	16	20
干流中游	71	29	71	29
干流下游	81	41	54	38

根据中国科学院动物研究所李思忠（2017）《黄河鱼类志》，黄河有土著淡水鱼类 147 种（以 1965 年资料和标本为主），其中黄河河南段有淡水鱼类 112 种（分布状态不确定 4 种，引进养殖品种 3 种），山东段有淡水鱼类 125 种（分布状态不确定 3 种，引进养殖品种 2 种），有海水和半咸水鱼类 33 种（表 3-7）。2008 年调查资料显示，河南段和山东段淡水鱼类种类显著减少（蒋晓辉等，2012），但 2018~2019 年生物调查结果显示，河南段与山东段淡水鱼类种类均有所回升。

表 3-7 黄河河南山东段淡水鱼类种类变化

河段	1965 年	2008 年	2018~2019 年
河南段	112	32	54
山东段	125	24	48

（2）河流湿地

由于生态流量偏低、人工开垦等，黄河宁蒙河段、小北干流、下游等河段河流湿地面积与 20 世纪 80 年代相比减少了 30%~40%，河湖天然湿地萎缩。

黄河下游湿地是洪水泥沙的副产品，是河道行洪的一部分，随河道变迁而变化，其形成发展、演变与河流水沙条件、河道边界条件等息息相关。特殊的地理位置和独特的社会背景使黄河下游河流湿地具有区别于其他湿地类型的基本特征，包括季节性、地域分布性呈窄带状、人类活动干扰极强等。作为典型的河流洪泛型湿地，河流湿地是黄河下游天然湿地的主要组成部分，孕育了黄河下游重要的河流及滩涂湿地生态系统，是珍稀水禽的重要栖息地，其规模的变化直接影响着湿地结构、湿地功能发挥和生态系统的良性循环。

黄河下游河流湿地包括河流水面和河漫滩湿地两部分，河漫滩湿地面积变化如图 3-26 所示。20 世纪 80 年代黄河下游花园口至利津河段河流湿地总面积为 97 900hm²，其中河漫滩湿地面积为 43 900hm²；随后湿地面积大幅度减小，90 年代河流湿地总面积为

57 400hm²，其中河漫滩湿地面积为 16 000hm²；近年来河流湿地面积有所恢复，2018 年河流湿地总面积为 80 200hm²，其中河漫滩湿地面积为 18 700hm²。

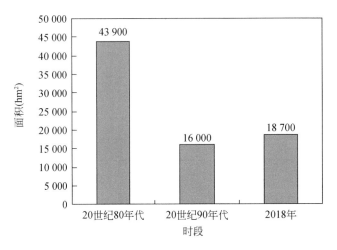

图 3-26　花园口至利津河段河漫滩湿地面积变化

（3）黄河三角洲湿地

黄河三角洲湿地是我国主要江河河口中最具重大保护价值的生态区域之一，在我国生物多样性维持中具有重要地位，受河口水沙冲淤变化、入海流路摆动等影响，黄河三角洲湿地具有动态演变特点。黄河三角洲自然保护区是全国最大的河口自然保护区，其淡水湿地对维持河口地区水盐平衡、提供鸟类栖息地、维护生态平衡等具有重要生态功能。由于入海水量偏低以及不合理开发开垦等，与 20 世纪 80 年代相比，三角洲坑塘、盐田等面积增加了 11 倍，沿海滩涂湿地面积减少了 40%，天然湿地面积萎缩了 50%。

根据遥感解译结果，黄河三角洲湿地总面积变化趋势如图 3-27（a）所示。可以看出，黄河三角洲湿地总面积呈现出先增加后减小最后保持相对稳定的状态。其中，1986～1996年缓慢增长，1998～2010 年迅速减少，2010 年以后变化幅度相对较小。1996 年黄河三角洲湿地总面积达到最大值，占三角洲总面积的 65.20%。

天然湿地面积变化趋势如图 3-27（b）所示。可以看出，黄河三角洲天然湿地面积呈现先缓慢变化再迅速减少最后基本保持相对稳定的趋势。其中，1986～2000 年，由于人类活动影响较弱，天然湿地面积变化幅度较小；2000～2010 年天然湿地面积迅速减少；2010年以后天然湿地面积减少趋势趋于平缓。

芦苇草甸和芦苇沼泽是黄河三角洲湿地的主要类型，具有一定的代表性。因此，通过分析芦苇草甸和芦苇沼泽的面积变化规律，可以归纳分析黄河三角洲天然湿地结构功能的变化特点。芦苇沼泽与芦苇草甸的区别在于水量的多少，水草共存则为沼泽，因干旱水分流失则形成草甸。1986 年以来黄河三角洲芦苇草甸和芦苇沼泽面积变化如图 3-27（c）和

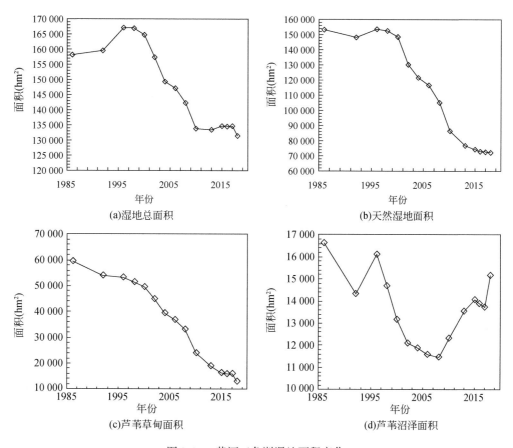

图 3-27 黄河三角洲湿地面积变化

图 3-27（d）所示。可以看出：①芦苇草甸面积减少趋势明显。过去 30 多年间一直处于下降趋势，从 1986 年的 59 479hm² 减少至 2015 年的 16 139hm²，减少速率为 1494hm²/a；到 2017 年又减少为 15 650hm²。②芦苇沼泽面积总体呈先减少后增加的趋势。1986～1992 年，由于黄河堤防作用，洪泛减少，黄河北岸大面积芦苇沼泽失去洪水补给，造成沼泽湿地面积下降，减少面积为 2300hm²；1992～1996 年，随着河口延伸，形成新的沼泽湿地，面积迅速回升至 16 097hm²；1996 年以后，黄河口门的两次改道使得大汶流自然保护区沼泽湿地失去水沙供应，不断蚀退，同时新的流路入海水沙不足，无法形成新的沼泽湿地，造成黄河三角洲保护区沼泽湿地退化，至 2008 年沼泽面积达到最小值 11 475hm²；2008 年以来，随着湿地修复力度的加大，沼泽湿地面积迅速回升，2015 年面积为 14 075hm²，接近 20 世纪 90 年代初水平；2018 年芦苇沼泽湿地面积已经恢复到 15 194hm²。

3.4.2 水库调度对生态过程的影响

（1）水库对河流生态系统的影响机制

黄河干流水库群的修建对黄河流域水资源利用和水沙调节起到了积极作用，给黄河流域人民带来了福祉，但是这些水库群的建设从时间和空间上破坏了黄河流域生态系统的连续性，打破了原有的生态平衡系统。

在河流筑坝蓄水后，水库的运行让河流产生了一系列复杂连锁反应，改变了河流的物理、化学因素。Petts（1980）将大坝的生态影响分为三级：第一级指非生物要素水文、泥沙、水质等的影响；第二级指受第一级要素引发的初级生物和地形地貌等的变化；第三级则为由第一级和第二级综合作用引发的较高级和高级生物要素变化，具体如图3-28所示。

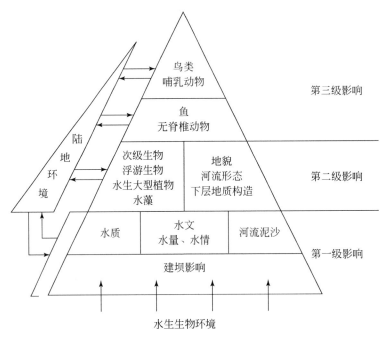

图 3-28　水库对河流水生态系统的影响

资料来源：Petts，1980

第一级影响是水库发挥作用后，大坝蓄水影响能量和物质流入下游河道及其有关的生态区域，对水文、泥沙、水质等非生物环境产生影响，是河流系统其他各要素变化的根本原因。这些变化主要指河流水文、水质、水力的变化，水文影响包括水库灌溉、供水、发电防洪等引发的河道流量、水位及地下水位的变化；水质影响多指库区或下游发生的盐度、溶解氧含量、氮含量、酸碱度、水温、富营养化等指标的改变；水力影响主要与泥沙有关，涉及河道内的泥沙运输与淤积问题。

第二级影响是局部条件变化引起生态系统结构和初级生物的非生物变化与生物变化。主要是河道、洪泛区和三角洲地貌、浮游生物、附着的水生生物、水生大型植物、岸边植被的变化。具体体现在大坝隔断河流，破坏了上、中、下游的自由连通关系，使得坝下河道冲刷或淤积抬高；水流速度减缓，污染物浓度增加，导致浮游生物数量剧增。同时，水库引起的下游水位和流量降低，减弱了河流与地下水之间的水力联系，岸边的湿地环境消失，原有的栖息地环境和植被分布遭受破坏。水库的防洪功能导致洪水减小，使依赖于洪水变动而生存的物种受到严重影响，洪泛区内营养物补充不足，养分与物质循环被隔断，以致土壤肥力降低，生存环境变差。

第三级影响是第一、第二级变化的综合作用，使得生物种群发生变化，它直接表征了河流生态环境的健康程度，主要是无脊椎动物、鱼类、鸟类和哺乳动物的变化。水文情势和物理化学条件（如水温、浑浊度和溶解氧）的变化使得无脊椎动物在河道内的迁徙与栖息受到影响，进而其分布和数量发生显著变化（通常是种类减少），威胁其生存与繁衍；鱼类较其他物种对河流的依赖更深，水库建坝蓄水后，洄游通道被堵，水情、物理化学条件、初级生物和河道地貌等变化，使鱼的数量也随之显著变化；对鸟类及哺乳动物的影响是利弊参半，一方面库区水域扩大，良好的生境促进种群发展；另一方面下游水域骤减，洪泛区变小，栖息地环境的变化和河道通路阻断将引起鸟类及哺乳动物数量的空间差异变化。

河流水文生态系统响应的 3 个层次存在层层递进的关系，其中水文、水力学条件变化是系统变化的根本原因，而河流生态环境变化则是这种层级间催生变化的最终结果。由于黄河流域生物观测资料稀少，本书主要定量分析水库调度对水文情势的影响，并定性分析水库对生物的影响。

（2）上游水库调度对水文情势的影响

水文情势变化受到多种因素影响，IHA 评价结果无法直观反映各影响因子对水文情势变化的影响程度，即各影响因子的贡献率。本书提出了一种多系列贡献率分割法：①每种影响因子组合（自变量）对应一个数据系列（径流系列）和一种水文情势（因变量）；②不同数据系列对应的水文情势之间的差异反映了不同影响因子组合对水文情势影响的差异；③设计不同的影响因子组合，通过对比不同数据系列对应的水文情势之间差异区分每个影响因子对水文情势的影响。

对水文情势变化的影响因子进行分析，如图 3-29 所示，假设断面上游仅有 2 个水库，且水库上游无取水与调蓄工程，断面实测径流量 Q 可以表示为

$$Q = N - \Delta S - \Delta W \tag{3-1}$$

$$N = I - L \tag{3-2}$$

$$\Delta S = \Delta S_1 + \Delta S_2 \tag{3-3}$$

式中，N 为断面处的天然径流量，m^3/s，这里假设水库运行与引水退水过程没有显著改变河道蒸发渗漏损失；ΔS 为水库总蓄变量，m^3/s；ΔW 为分析时段内河道内引水量与退水量之差，m^3/s；I 为分析时段内水库上游来水，m^3/s；L 为分析时段内河道蒸发与渗漏损失量，m^3/s；ΔS_1 和 ΔS_2 为分析时段内水库1和水库2的蓄变量，m^3/s。

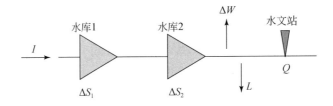

图 3-29　水文情势变化影响因子示意

由式（3-1）可知，河流水文情势变化主要受到三类因子的影响，即天然径流变化、区间引水退水和水库运行。气候变化导致不同时段内天然径流特征存在差异；水库通过蓄泄调节水量改变了河川径流的时空分布；区间引水与退水分别减少和增加了河道内径流量。

为了区分三类因子的贡献率，多系列贡献率分割法使用4个日径流系列：①实测系列，即评价时段实测日径流系列；②还原系列，即评价时段经过还原的天然日径流系列；③还原引水系列，即在还原系列的基础上减去 ΔW；④基准系列，即水库运行前近似天然状态的日径流系列。分割方法如下：

$$V_{i,1} = (F_{i,1} - F_{i,4})/F_{i,4} \tag{3-4}$$

$$V_{i,2} = (F_{i,2} - F_{i,4})/F_{i,4} \tag{3-5}$$

$$V_{i,3} = (F_{i,3} - F_{i,4})/F_{i,4} \tag{3-6}$$

$$C_n = \frac{1}{n}\sum_{i=1}^{n}(V_{i,2}/V_{i,1}) \times 100\% \tag{3-7}$$

$$C_w = \frac{1}{n}\sum_{i=1}^{n}\left[(V_{i,3} - V_{i,2})/V_{i,1}\right] \times 100\% \tag{3-8}$$

$$C_r = 1 - C_n - C_w \tag{3-9}$$

式中，$F_{i,1}$、$F_{i,2}$、$F_{i,3}$、$F_{i,4}$ 分别为实测系列、还原系列、还原引水系列和基准系列对应的第 i 个 IHA 值，无量纲；$V_{i,1}$、$V_{i,2}$、$V_{i,3}$ 分别为实测系列、还原系列、还原引水系列第 i 个 IHA 值相对于基准系列第 i 个 IHA 值的变化幅度，无量纲；n 为 IHA 的数量，无量纲；C_n、C_w、C_r 分别为天然径流变化、区间引水退水、水库运行对 IHA 值变化的贡献率，无量纲。为了避免 $V_{i,1}$ 过小引起影响因子在部分指标上的贡献率过大，当 $V_{i,1}$ 的绝对值不超过

10%时认为该指标与基准系列基本相同，不统计影响因子对该指标的贡献率。

本书建立的多系列贡献率分割法与部分常用方法的对比如表 3-8 所示（彭少明等，2018）。累积量斜率变化率比较法和通过自变量因变量回归关系分割贡献率法均依赖于回归分析，不适用于本书的研究案例。首先，以上两种方法均使用单一指标表征因变量以便于建立回归方程，而本书用 33 个 IHA 表征水文情势（因变量）；其次，IHA 被用于表征水文情势在长时间段内的总体特征，导致 IHA 数量过少不能进行回归分析，如在 Richter 等（1998）的研究案例中，每一个 IHA 仅有 2 个指标值，分别反映水库运行前后（1913～1949 年、1956～1991 年）的水文情势。针对 IHA 的特征，本书建立多系列贡献率分割法，通过设计自变量组合区分每一个自变量的影响。

表 3-8　贡献率分割方法计算原理对比

方法名称	贡献率计算原理	采用回归分析
累积量斜率变化率比较法	将各自变量随时间累积的斜率变化率与因变量累积斜率变化率的比值作为其对因变量变化的贡献率	是
通过自变量因变量回归关系分割贡献率法	建立自变量与因变量间的回归方程，将方程中各自变量的系数/指数的绝对值与所有自变量系数/指数绝对值之和的比值作为贡献率	是
多系列贡献率分割法	设计不同的自变量组合，通过对比不同自变量组合对应的因变量状态的差异确定每一个自变量的贡献率	否

资料来源：彭少明等，2018。

本书着重分析龙羊峡水库与刘家峡水库联合运行对黄河上游生态健康的影响。通过 IHA 的均值来量化黄河上游的水文情势变化。为了区分单水库运行和梯级水库群联合运行的影响，本书将研究时段划分成 3 个时段：刘家峡水库运行前（1968 年前）、刘家峡水库运行后（1969～1986 年）和龙羊峡水库运行后（1987～2010 年）。由于刘家峡水库运行前人类活动对黄河的干扰强度相对较低，将这一时段的水文情势近似视为天然情况。

IHA 的 12 个月平均流量指标（F_1～F_{12}）需基于月尺度数据进行量化，其他指标需基于日尺度数据进行量化。由于仅能获取黄河上游月尺度的引水及天然径流数据，本书仅对 IHA 的 12 个月平均流量指标的变化进行贡献率分割。通过式（3-4）～式（3-9）计算各影响因素的贡献率，基准系列采用 1950～1968 年月径流数据，实测系列、还原系列和还原引水系列采用 1969～1986 年和 1987～2010 年的月径流数据。表 3-9 显示了 1987～2010 年各数据系列对应的 IHA 值相对于基准系列的变化。与基准系列的 IHA 值相比，实测系列 IHA 值在 5～11 月以减小为主，其他月份增加；还原系列 IHA 值在 3～6 月以增加为主，其他月份以减小为主；还原引水系列在所有月份均以减小为主。图 3-30 显示了不同影响因子在全年和灌溉期（4～11 月）的贡献率。除兰州断面外，其他断面天然径流变化均与实测情况相反，贡献率为负值。区间引水退水对月均流量变化的贡献率沿程增加，且在灌溉期的贡献率高于全年，是石嘴山断面和头道拐断面灌溉期月均流量变化的最主要原因。在兰州断面，水库运行在全年和灌溉期均具有最高的贡献率。对于石嘴山断面和头道拐断面，水库运行仅在 1969～1986 年全年尺度上对石嘴山断面的贡献率最高，在 1987～2010年全年尺度上对头道拐断面的贡献率最高。龙羊峡水库运行后，在全年尺度上水库运行对兰州断面和头道拐断面水文情势变化的贡献率升高了约 20%，石嘴山断面基本不变。

表 3-9 不同数据系列（1987～2010 年）对应的 IHA 值相对于基准系列的变化

（单位:%）

| IHA 编号 i | IHA 值相对于基准系列的变化幅度 | | | | | | | | |
| | $V_{i,1}$ | | $V_{i,2}$ | | | $V_{i,3}$ | | | |
	兰州	石嘴山	头道拐	兰州	石嘴山	头道拐	兰州	石嘴山	头道拐
F_1	52.9	62.9	30.1	−12.2	−15.1	−50.7	−14.3	−16.3	−55.0
F_2	51.0	59.1	55.3	−2.2	2.4	−6.0	−5.0	0.9	−11.1
F_3	27.1	12.9	60.0	2.4	−12.3	40.1	−2.1	−14.5	35.6
F_4	45.3	17.5	21.2	7.3	6.5	26.8	−8.2	−35.0	−48.5
F_5	15.7	−10.8	−56.2	−4.9	13.7	67.6	−20.4	−44.2	−92.9
F_6	−13.3	−26.0	−37.3	13.6	50.1	165.1	−1.6	−13.4	3.2
F_7	−47.4	−58.1	−69.7	−13.4	−2.3	32.2	−22.5	−31.7	−37.3
F_8	−43.3	−50.0	−53.3	−17.3	−12.0	−0.8	−26.1	−36.0	−40.5
F_9	−52.8	−52.8	−57.2	−29.2	−28.3	−12.3	−33.6	−31.6	−28.0
F_{10}	−40.0	−45.7	−73.6	−20.8	−24.9	−6.3	−26.6	−29.7	−49.6
F_{11}	0.2	−37.6	−38.7	−11.4	−22.6	−10.4	−27.6	−63.8	−83.0
F_{12}	32.8	40.8	20.4	−12.3	−10.6	−53.1	−18.8	−13.8	−60.0

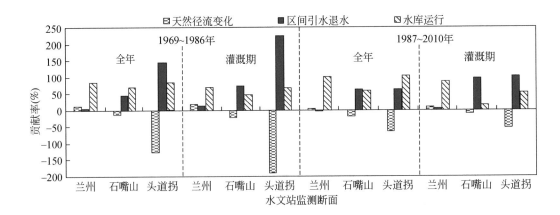

图 3-30 不同影响因子对月均流量变化的贡献率

鉴于兰州断面以上引水量较小，且区间引水退水对兰州断面月均流量变化的贡献率很小，在不考虑区间引水退水的情况下对天然日径流进行还原。兰州断面还原月径流系列包含了对区间引水退水的还原，还原日径流系列忽略了区间引水退水。用还原日径流系列计算不同影响因子对月均流量变化的贡献率，与使用还原月径流系列的计算结果相比，天然径流变化与水库运行的贡献率发生了 1% ~11% 的变化。鉴于水库运行的贡献率比天然径流变化的贡献率高 50% ~100%，因此 1% ~11% 的贡献率变化不会引起两种影响因子贡献率相对大小的显著改变，说明在兰州断面忽略区间引水退水的影响较小。因此，使用不考虑区间引水退水的还原日径流系列分割天然径流变化和水库运行对兰州不同时期总体水文情势及 6 项关键水文特征变化的贡献率，结果如表 3-10 所示。水库运行是总体水文情势变化的主导因素，且龙羊峡水库运行后水库运行的贡献率进一步加强，而天然径流变化的贡献率为负值。两种影响因素对关键水文特征变化的贡献率显示，除高流量脉冲平均持续时间外，其他关键水文特征的变化均主要受到水库运行的影响；天然情况下非汛期月均流量与极端低流量事件平均流量均降低，但在水库运行的影响下两项均增大；天然径流变化和水库运行均对汛期月均流量的减少有正贡献。

表 3-10　天然径流变化与水库运行对兰州断面水文情势变化的贡献率　（单位:%）

贡献率分割对象	1969 ~1986 年		1987 ~2010 年	
	天然径流变化	水库运行	天然径流变化	水库运行
总体水文情势（全部 IHA）	-8	108	-25	125
非汛期月均流量	-16	116	-43	143
汛期月均流量	25	75	50	50
极端高流量事件平均流量	-35	135	46	54
极端低流量事件平均流量	-31	131	-63	163
高流量脉冲发生次数	—*	—*	-38	138
高流量脉冲平均持续时间	82	18	61	39

　*$V_{i,1}$的绝对值不超过 10%。

（3）下游水库调度对水文情势的影响

由于黄河中下游引水量大、情况复杂，仅对引水量进行还原难度较大。本节通过对比三门峡断面和小浪底断面 2000 ~2016 年 IHA 值，分析小浪底水库对水文情势的影响。三门峡断面位于三门峡水库下游，小浪底断面位于小浪底水库下游，两断面之间距离短，支流来水量和区间引水量较小，可以忽略不计。由于两断面缺少上游未修建水库时的天然径流资料，用花园口断面近天然时期高（低）流量脉冲的阈值作为两断面高（低）流量脉冲的阈值。

2000～2016 年小浪底断面 IHA 值相对于三门峡断面 IHA 值的变化幅度如图 3-31 所示，各指标编号对应的指标及含义见表 3-5。对于月均流量（指标 $F_1 \sim F_{12}$），小浪底水库对 1～3 月及 11～12 月平均流量的影响不大；4～7 月流量增加，原因是小浪底水库 4～5 月增大下泄流量为下游引黄灌区提供水量，6～7 月进行调水调沙；8～10 月流量减小，小浪底水库进行防洪调度拦蓄洪水。对于最大（小）1 天、3 天、7 天、30 天、90 天平均流量（指标 $F_{13} \sim F_{22}$），最大 1 天、3 天平均流量和最大（小）30 天、90 天平均流量基本不变，最小 1 天、3 天、7 天平均流量显著增加，最大 7 天平均流量增加了 31%，说明小浪底水库调度减少了下游枯水流量，并在一定程度上增加了高流量。对于高（低）流量脉冲事件，小浪底水库减少了高（低）流量脉冲发生次数，但使高（低）流量脉冲平均持续时间延长了 206%（90%）。

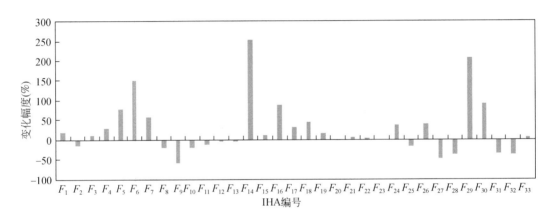

图 3-31　2000～2016 年小浪底断面 IHA 值相对于三门峡断面的变化

（4）水库下泄低温水的影响

对于调节周期比较长的水库，特别是具有年调节和多年调节性能的水库，其库区水体内部等温面基本上呈水平分布，温差主要发生在水深方向，即沿水深方向上呈现有规律的水温分层特性。一些水温分层性的水库，运行下泄低温水，对下游河道的水生生物产生不利影响。小浪底水库也存在下泄低温水流的现象，改变了下游水生生物的栖息环境。

根据《黄河干支流重要河段功能性不断流指标研究》（黄锦辉等，2016）和 2019 年调查结果，对黄河河南段和山东段黄河干流各项水文指标对鲤鱼、鲫鱼繁殖的影响进行分析，以平均水温为例，结果见表 3-11。

表3-11 2019年小浪底水库下游各监测河段平均水温 （单位：℃）

河段	最适范围	4月	5月	影响趋势
河南段	18～24	8.8	17.0	加重
山东段		14.8	24.0	不影响

黄河河南段和山东段产卵场生态环境因子调查分析表明，水温对黄河鲤亲鱼的繁殖和仔稚鱼的生长影响相对较大。4月下旬，河南段干流水温在7.2～9.9℃，山东段干流水温在14.2～15.8℃。受低温水影响，4月河南段干流鲤鱼性腺处于停滞状态，山东段干流鲤鱼性腺基本正常。

根据监测结果，黄河河南段水温在一定范围内随离小浪底大坝距离的增加呈线性增长趋势，每100km水温提升幅度为0.77℃。如果以小浪底坝下7.2℃作为估算的起始温度，要保证黄河花园口段的鱼类性腺正常发育，坝下水温应不低于12℃，即4月在现有实测水温7.2℃的基础上提高5℃左右。

5月下旬，黄河河南段小浪底至花园口平均水温17℃，山东段利津至河口平均水温24℃。黄河河南段鲤鱼仍不能正常产卵，山东段此时不受影响。5月每100km水温提升幅度为0.92℃，如果以小浪底坝下15.1℃作为估算的起始温度，要保证黄河花园口段的鲤鱼正常产卵，坝下水温应不低于17℃，即5月在现有实测水温15.1℃的基础上提高2℃左右。

分析2019年鲤鱼的产卵时间情况，古柏渡和花园口鲤鱼产卵影响较大，该河段鲤鱼产卵延迟1个月以上，性腺因水温低而发育滞后，或长时间停留在第Ⅲ期，实际监测结果也发现鲤鱼性腺发育严重滞后。花园口现状产卵时间较自然条件下产卵时间（4月中旬）延迟约1个月。以上不排除在古柏渡以上河段产卵场区域存在水温达到18℃以上的个别区域，实际调查也证实该河段个别区域有刚孵化的鲤鱼、鲫鱼苗。总体上，花园口以上河段鲤鱼、鲫鱼亲鱼性腺发育严重滞后，可能会导致鱼类不能正常产卵。

3.5 本章小结

本章定量评价了不同运行时期、不同水库调度模式下黄河供水、输沙、发电、生态状态等过程的变化情况，分析了水库调度对河流多过程演变的影响，明晰水沙电生态多过程对梯级水库群调度的响应规律。

1）虽然黄河天然径流量变化较大，但水库在年际和年内发挥了蓄丰补枯作用，使径流过程更加符合经济社会需水过程，因此1988～2017年黄河地表水耗水量相对稳定。

2）近年来黄河沙量大幅度减少、沙量减少程度在空间上分布不均、汛期有利于输沙塑槽的大流量历时明显减少，宁蒙河段淤积萎缩加重，下游从淤积转为冲刷。黄河输沙变化受到诸多因素的影响，很多研究表明，下垫面变化是近几十年来黄河输沙量锐减的主导因素。水库调度也是黄河输沙过程变化的重要影响因素，相关研究成果显示，黄河干流多个测站含沙量变化与水库蓄水淤沙密切相关。小浪底水库模拟分析结果显示，2000~2017年无小浪底水库运用条件下，黄河下游河道累积淤积量可达到9.2亿t，年均淤积0.51亿t。

3）龙羊峡水库多年平均实测发电量为44亿kW·h（1989~2010年）；刘家峡水库多年平均实测发电量为52亿kW·h（1989~2015年）；小浪底水库多年平均实测发电量为54.5亿kW·h（2000~2019年）。水库水力发电过程取决于来水情况和水库调度过程，龙羊峡水库、刘家峡水库与小浪底水库年发电量均与水库下游断面实测年径流量间存在较好的相关关系。

4）近几十年来黄河干流主要测站水文情势发生了显著变化，总体上高流量事件减少，从上游到下游越来越多的月份流量减少，上中游断面非汛期部分月份流量增加；鱼类资源日益衰退，中下游鱼类种类显著降低，小型化、低龄化现象突出；河流湿地和黄河三角洲湿地面积较20世纪80年代大幅度减小。水库群的建设在时空上破坏了黄河流域生态系统的连续性，打破了原有的生态平衡系统；水库调度是上游兰州断面水文情势变化的主要原因，是上游石嘴山和头道拐断面水文情势变化的重要原因；小浪底水库调度增加了下游4~7月流量、减小了8~10月流量，且减少了下游枯水流量，但在一定程度上增加了高流量；小浪底水库下泄低温水对下游鲤鱼繁殖和发育产生了不利影响。

第4章 梯级水库群水沙电生态 多过程间的耦合机制

4.1 水资源的属性分析

4.1.1 经济学中物品的属性及类型

物品的排他性和竞争性属性在经济学中得到了广泛应用与分析：排他性指可以阻止一个人使用该物品的特性；非排他性指使用者在使用物品中难以排除其他人对该物品的使用的特性；竞争性指一个人使用一种物品将减少其他人对该物品使用的特性。

根据排他性和竞争性，经济学将物品划分成四类（图4-1）：私人物品（private goods）是既有排他性又有竞争性的物品，如商店里明码标价的商品，不付钱就无法获得，一个人购买该商品后将减少其他人对该商品的使用；自然垄断（natural monopoly）是有排他性但没有竞争性的物品，如一些国家的消防服务，需要付费才能享受服务，但对于消防队而言，增加一个服务对象并不需要增加成本；公有资源（common resources）是有竞争性但无排他性的资源，如一块大家都可以去放牧的草地，当牛羊超过草地承载力时就会造成草地退化，形成"公地悲剧"；公共物品（public goods）是既无排他性又无竞争性的物品，如空气、太阳能等无法排除他人使用且用之不竭的物品。

尽管图4-1中将物品清晰地划分为四类，但各类型间的界限有时是模糊的。物品在消费中有没有排他性或竞争性往往是一个程度的问题。例如，监督捕鱼非常困难，所以海洋中的鱼可能没有排他性，但足够多的海洋护卫队就可以使鱼至少有部分排他性。同样，虽然在捕捞过程中鱼通常具有竞争性，但如果渔业资源丰富且渔民数量较少，那么鱼的竞争性就很小。

4.1.2 水资源的竞争性和排他性

经济学中根据排他性和竞争性对物品进行分析的方法在水资源利用上也得到了应用，

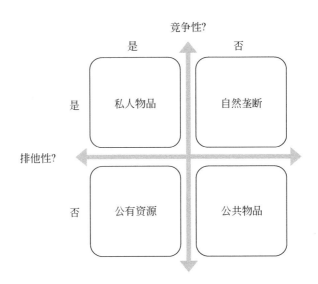

图 4-1　经济学中物品属性与类别划分

主要用于水资源提供的生态服务的属性界定。本书将这一属性分析方法延伸到水资源利用上（尚文绣等，2020a），主要关注资源约束和用水方式对用水关系的影响，因此假设用水户的取水均得到许可、水利设施完善、水资源调度科学，即政策、设施等不会成为约束条件。

将水资源的竞争性定义为一个用水户使用水资源将减少其他用水户对水资源使用的特性。在水资源充足的区域，用水总量不受约束，水资源不具有竞争性。本书仅关注缺水流域，即可用水量低于需水总量的流域，在这些流域一个用水户使用水资源将减少其他用水户的可用水量，因此水资源具有竞争性。

本书中水资源是否具有排他性仅受到用水方式的影响。将水资源的排他性定义为当一个用水户使用水资源时，可以阻止其他用水户使用该水资源的特性，即在某种用水方式下一份水资源只能被一个用水户使用。消耗、转移、改变水质等用水方式均能使水资源具有排他性，如被转移到特定位置使用的水资源不能被位于其他位置的用水户使用，工业生产中被消耗掉的水资源不能被其他用水户使用，使用过程中被严重污染的水资源也难以被其他用水户使用。

如果一份水资源可以同时被多个用水户使用，则在该用水方式下水资源具有非排他性。在一些用水方式下多个用水部门可以同时使用同一份水资源，如河道内生态用水可以同时作为发电用水、航运用水和输沙用水等。

如果一个用水部门的用水方式使得被利用的水资源具有排他性，那么将此用水部门定义为排他性用水部门，其需水和用水分别定义为排他性需水和排他性用水；反之，如果一个用水部门的用水方式使得被利用的水资源不具有排他性，那么将此用水部门定义为非排他性用水部门，其需水和用水分别定义为非排他性需水和非排他性用水。

物品在消费中有没有排他性或竞争性往往是一个程度的问题，同样，水资源的竞争性和排他性并不是绝对的，会随着水资源量、产业布局、用水方式、用水效率等发生改变。例如，跨流域调水工程可以增加缺水流域的水资源量，使竞争性变得很小甚至消失；假设一种用水方式导致水质恶化，从而使水资源具有排他性，但如果引入了能够利用污水的用水户，那么该用水方式下水资源将不具有排他性。

4.2 多过程间的互馈作用与耦合机制

4.2.1 多过程互馈作用与耦合机制研究中存在的问题

当前全球正面临日益严峻的水资源短缺问题，以水定需、量水而行、因水制宜是实现人类社会可持续发展的重要战略。我国以占世界 6% 的水资源支撑了世界约 20% 的人口和 15% 的经济总量，加之水资源时空分布不均、水利工程调节能力有限，正常年份缺水超过 500 亿 m^3，水资源过度开发、生态水量不足、地下水超采等问题交织，解决缺水流域水资源供需矛盾成为我国生态文明建设中的重要内容。

围绕解决缺水流域水资源供需矛盾开展了诸多研究，包括水库群优化调度、跨流域调水、非常规水源利用等供给侧手段，节水技术、产业结构调整、需水预测等需水侧手段。但在资源性缺水的背景下，部分区域在已有措施下仍存在缺水问题，如黄河流域在考虑强化节水、严格管理以及跨流域调水等措施的情况下，预测 2030 年正常来水情况下仍缺水 26.65 亿 m^3（水利部黄河水利委员会，2013）。面对这一问题，有必要开展用水部门间的竞争与协作关系研究，引导需水过程优化，在已有方法的基础上进一步缓解水资源供需矛盾。

根据各部门水资源利用特征和耦合关系，采用过程优化使需水过程与水资源时空分布相匹配、增加水资源在不同用水部门间的重复利用。需水过程优化需要明确水沙电生态多过程之间的互馈作用与耦合机制，量化不同用水部门之间以水为纽带的竞争与协作关系。在缺水问题的推动下，不同用水部门之间的竞争关系研究较多，包括通过水库调度模型、水资源配置模型等分析不同用水部门之间的竞争关系，以及通过缺水率、供水保证率、水资源承载状态等指标量化评估竞争关系等。但对用水部门协作关系的研究较少，部分成果研究了"一水多用"的水资源利用方式和经济效益，但并未深入探究不同用水部门之间协作的内在机制。

黄河水资源开发利用率高。通过大规模兴修水利等措施,供水能力显著提升,引黄灌溉面积达到 8.4 万 km²,是中华人民共和国成立之初的 10 倍。2018 年黄河流域各类工程供水量为 516.2 亿 m³,其中流域内供水 415.2 亿 m³,向流域外供水 101.0 亿 m³。流域内供水量中,农业用水量 288.6 亿 m³,占流域内总用水量的 69.5%。2010~2018 年地表水年均供水量为 391.3 亿 m³,地表水资源开发利用率高达 80%。

黄河流域水资源总量不足,当前水资源开发利用超过其承载能力,20 世纪 70~90 年代,黄河曾有 22 年发生断流。1999 年实施水量统一调度以来,虽然实现了黄河干流连续 20 年不断流,但河道内生态环境用水仍偏低,汾河、沁河、大黑河、大汶河等支流断流严重,河流生态功能受损。流域地下水超采区面积达 3.11 万 km²,浅层地下水超采量达 9.4 亿 m³,引起地面不均匀沉降、地裂缝等地质灾害。

黄河流域现状缺水严重,有 1000 多万亩有效灌溉面积得不到灌溉,有 4000 多万亩农田实际灌溉不充分,重点能源项目由于缺水而难以落地;未来缺水更加严重,据《黄河流域综合规划(2012—2030 年)》预测,2030 年黄河流域经济社会缺水量为 104 亿 m³;根据《新形势下黄河流域水资源供需形势深化研究》预测,2035 年经济社会缺水量为 133 亿 m³,其中工业生活缺水量超过 80 亿 m³。黄河流域水资源供需矛盾极为突出,亟待优化需水过程、缓解供水压力。但黄河流域鲜见多用水过程互馈作用与耦合机制研究,不利于解决缺水流域水资源供需矛盾。

4.2.2 用水竞争与协作关系定义

在缺水流域,不同的用水方式使得一些用水部门可以同时使用同一份水资源,而另一些用水部门需要同时竞争同一份水资源。本书通过定义供水、输沙、发电等用水部门间的协作与竞争关系,解析其内涵,为开展用水部门间互馈作用与耦合机制分析提供了新的研究思路。

用水协作关系指一份水资源同时被两个及以上的用水部门利用。当多个用水部门均属于非排他性用水部门,且部分需水在时间和空间上具有一致性时,就可以用同一份水资源满足多个用水部门间时空一致的需水,即形成协作关系。

用水协作关系仅存在于非排他性用水部门之间,而排他性用水部门无法与其他用水部门共享水资源。对于非排他性用水部门,t 时刻各部门中最大的需水量决定了总需水量 $D_{\mathrm{NET},t}$,如图 4-2(a)和图 4-2(b)所示,其中 $D_{\mathrm{NE},i,t}$ 为 t 时刻第 i 种非排他性用水部门的需水量,$i=1,2,3$;t 时刻各部门中第二大的需水量决定了具有协作潜力的需水量 $D_{\mathrm{CR},t}$,即在充足供水的情况下具有协作关系的用水量,如图 4-2(a)和图 4-2(c)所示。在水资源配置中,非排他性用水部门间的协作关系还取决于 t 时刻这些部门的可供水量 $M_{\mathrm{N},t}$,

如图 4-2（b）和图 4-2（c）所示，当 t 时刻具有协作潜力的需水量 $D_{\mathrm{CR},t}$ 超过可供水量 $M_{\mathrm{N},t}$ 时，超出部分由于得不到配水而无法发挥共享水资源的特征。

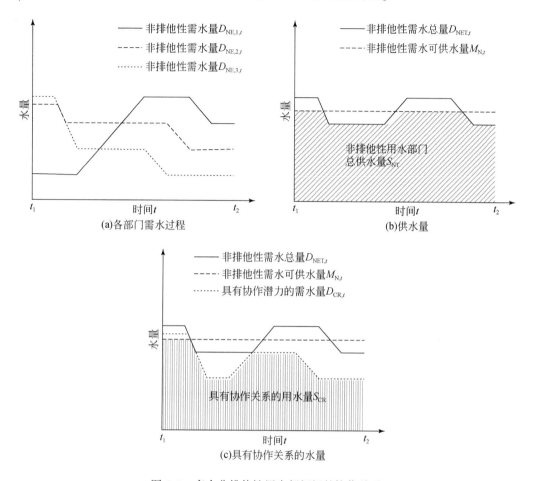

图 4-2 多个非排他性用水部门间的协作关系

在水资源供给中，当某一时刻总需水量超过可供水量时，不能共享水资源的用水部门间需要竞争有限的可供水量，这就形成了竞争关系。形成竞争关系的条件为可供水量不足且不同用水部门间无法形成协作关系。当可供水量充足时，不同用水部门间不需要竞争同一份水资源；具有协作关系的用水部门可以共享同一份水资源，彼此之间不需要进行竞争。图 4-3（a）中的用水部门间均无法形成协作关系；t 时刻的总需水量 $D_{\mathrm{T},t}$ 是所有部门需水量之和，如图 4-3（b）所示；$t_1 \sim t_2$ 时段的总供水量 S_{T} 小于总需水量 D_{T}，用水部门间形成了竞争关系，如图 4-3（c）所示。

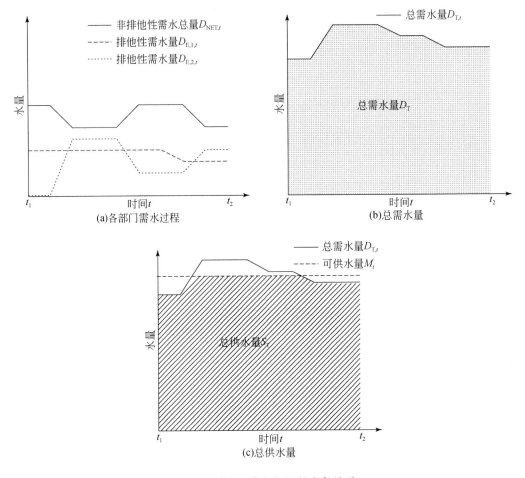

图4-3   多个用水部门间的竞争关系

4.2.3   协作关系度量方法

协作关系代表了不同用水部门间的"一水多用"。在某一时段内被多个用水部门共享的水量占比越大，意味着用水部门间的协作关系越强。相关研究中鲜见对用水部门协作关系的量化方法，因此本书提出用协作度来衡量不同用水部门间的协作关系。将 $t_1 \sim t_2$ 时段内各用水部门间的协作度 C_R 定义为被两个及以上的用水部门共享的供水量占总供水量的比例，即

$$C_{R} = \frac{S_{CR}}{S_{NT}} = \frac{\int_{t_1}^{t_2} \min(M_{N,t}, D_{NEMAX2,t}) \, dt}{\int_{t_1}^{t_2} \min[M_{N,t}, \max(D_{NE,1,t}, D_{NE,2,t}, \cdots D_{NE,n,t})] \, dt} \qquad (4-1)$$

式中，S_{NT} 是 $t_1 \sim t_2$ 时段内的非排他性用水部门的供水量，m^3，即图 4-2（b）中的阴影面积；S_{CR} 是 S_{NT} 中能够被多个用水部门共享的水量，m^3，即图 4-2（c）中的阴影面积；$M_{N,t}$ 是 t 时刻非排他性用水部门的可供水量，m^3/s；$D_{NE,i,t}$ 是 t 时刻第 i 种非排他性用水部门的需水量，m^3/s，$i = 1，2，\cdots，n$，如图 4-2（a）所示；$D_{NEMAX2,t}$ 是 t 时刻需水量第二大的非排他性用水部门的需水量，m^3/s。协作度 C_R 取值范围 $0 \sim 1$，且 C_R 越大，说明不同用水部门间的协作关系越强。

4.2.4 竞争关系度量方法

竞争关系代表了不同用水部门对不充足的水资源的争夺。在某一时段内需水量与可供水量之差越大，不同用水部门间对水资源的竞争也就越激烈。在进行竞争关系分析时，首先将所有能够形成协作关系的非排他性用水部门进行合并，以保证所有用水部门间均无法再形成协作关系。将 $t_1 \sim t_2$ 时段内各用水部门间的竞争度 C_P 定义为

$$C_P = \frac{D_T - S_T}{D_T} = \frac{\int_{t_1}^{t_2} D_{T,t}\,\mathrm{d}t - \int_{t_1}^{t_2} \min(M_t, D_{T,t})\,\mathrm{d}t}{\int_{t_1}^{t_2} D_{T,t}\,\mathrm{d}t} \tag{4-2}$$

$$D_{T,t} = D_{NET,t} + \sum_{j=1}^{m} D_{E,j,t} \tag{4-3}$$

式中，D_T 是 $t_1 \sim t_2$ 时段内的总需水量，m^3，即图 4-3（b）中的阴影面积；S_T 是 $t_1 \sim t_2$ 时段内的总供水量，m^3，即图 4-3（c）中的阴影面积；M_t 是 t 时刻的可供水量，m^3/s；$D_{T,t}$ 是 t 时刻的总需水量，m^3/s；$D_{NET,t}$ 是 t 时刻所有非排他性需水总量，m^3/s；$D_{E,j,t}$ 是 t 时刻第 j 个排他性用水部门的需水量，m^3/s，$j = 1，2，\cdots，m$，如图 4-3（a）所示。竞争度 C_P 取值范围 $0 \sim 1$，且 C_P 越大，说明不同用水部门间的竞争关系越强。

4.3 多过程间的协调度与优化方向

4.3.1 多过程协调水平度量方法

协作度与竞争度反映了多个用水过程间的互馈作用与耦合机制。通过加权求和法将协作度与竞争度合成一个指标，本书将该指标称为协调度。协调度反映了供水过程与可供水量间的协调程度，即水资源利用过程与资源间的协调程度。协调度越高，说明在给定的水资源可利用量下，水资源利用过程越有利于缓解水资源供需矛盾。

协调度 C_H 表达式如下：

$$C_H = \alpha C_R + (1-\alpha)(1-C_P) \tag{4-4}$$

式中，α 是协作度的权重，无量纲，$\alpha = 0 \sim 1$。

协作度的重要性受到竞争度的影响。对于一个流域/区域，用水部门间的竞争度越高，说明该流域/区域缺水越严重，也就越需要用水部门间加强协作关系，从而增强"一水多用"、减小总需水量；反之，竞争度越小，说明该流域/区域水资源供需矛盾越小，用水部门间进行协作的需求也就越小；当竞争度为 0 时，说明该区域水资源充足，用水部门间并没有进行协作的必要性，此时可以令 $\alpha = 0$。因此 α 与竞争度 C_P 之间存在正相关关系，令 $\alpha = C_P$，则式（4-4）转变为

$$C_H = C_P C_R + (1-C_P)^2 \tag{4-5}$$

式中，协调度 C_H 取值范围 $0 \sim 1$，C_H 取值越大，协调度越高。$C_H = 0$ 代表了无水可供的极端情况，此时 $C_P = 1$，$C_R = 0$；$C_H = 1$ 代表了不缺水的情况，此时 $C_P = 0$。

协调度 C_H 反映了水资源供需关系与水资源之间的匹配程度，并不是竞争度越小协调度 C_H 就越大。例如，在水资源极其短缺的流域/区域，通过强化用水部门间的协作关系仍然可以取得较大的协调度。

4.3.2 多过程的优化方向

在缺水流域为了减少不同用水部门间的用水矛盾，应以增加协作度、减少竞争度为目标，即

$$C_{RT} = \max\{C_R(M_{N,t}, D_{NE,i,t})\} \tag{4-6}$$

$$C_{PT} = \min\{C_P(M_t, D_{NET,t}, D_{E,i,t})\} \tag{4-7}$$

式中，C_{RT} 是协作度 C_R 的目标值，无量纲；C_{PT} 是竞争度 C_P 的目标值，无量纲。通过增加协作度，可以增加不同用水部门间共享的水资源量，从而减少总需水量、减轻供水压力；通过减少竞争度，可以使需水过程与供水能力更加匹配，减少部分时段的供水压力。

可以从两方面实现增加协作度、减少竞争度的目标：在供给侧，可通过调水工程、优化配置等手段增加可供水量、调整供水过程，使供水过程更加匹配需水过程；在需求侧，可通过抑制需求、优化需水过程等手段减少需水量、调整需水过程，使需水过程更加匹配供水过程。

跨流域调水、优化配置、节水等是缓解水资源供需矛盾的常用方法。缺水流域进行水资源优化配置和调度时，由于水资源供需矛盾大、资源性缺水、工程调蓄能力不足、供需关系复杂等，仅通过优化供水过程有时难以取得理想的配水结果。面对缺水流域存在的问题，以式（4-6）和式（4-7）为目标优化需水过程，缓解水资源供需矛盾，从而减轻水资

源优化配置和调度的难度，可被视为缺水流域水资源优化配置和调度的辅助措施。

协调度 C_H 是协作度 C_R 和竞争度 C_P 的函数。基于式（4-5），将式（4-6）和式（4-7）转化成单目标方程：

$$C_H = \max \{ C_H(C_R, C_P) \} \tag{4-8}$$

即在多过程优化时，需要调节水资源供需过程，增加协作度、减少竞争度，达到最大化协调度的目标。

4.4 黄河水沙电生态多过程耦合关系演变分析

4.4.1 方案设置

（1）全流域多过程耦合关系计算方案

河道外需水过程采用定额法计算，历年需水量如图 4-4 所示，1988～2016 年河道外年均需水量为 525 亿 m³。历年黄河流域地下水供水量和地表水供水量数据来自《黄河水资源公报》。河道外需水量减去地下水供水量作为河道外地表水需水量。地表水供水量减去流域外地表水供水量作为流域内地表水供水量。流域外地表水供水量取《黄河流域综合规划（2012—2030 年)》2030 年正常来水年份流域外供水量为 92.42 亿 m³。

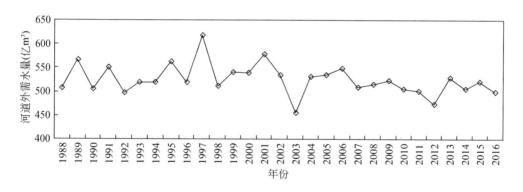

图 4-4　黄河流域历年河道外需水量

将利津断面作为输沙水量控制断面。鉴于近年来黄河下游来沙量显著减少，2000 年来中游（龙门、华县、河津、洑头）4 个断面年来沙量约为 2.7 亿 t，利津断面年输沙量仅约为 1.2 亿 t，但部分年份来沙量较大，如 2000～2004 年 4 个断面来沙量在 3.7 亿～6.3 亿 t、2013 年 4 个断面来沙量为 3.6 亿 t。本书设计 2 个输沙情景：下游输沙 3 亿 t 和 5 亿 t（利津断面输沙量）。根据利津断面水沙拟合关系，下游输沙 3 亿 t 时，利津断面处需要在

7~9 月提供 2000~4000m³/s 流量级水量 70 亿 m³；下游输沙 5 亿 t 时，利津断面处需要在 7~9 月提供 2000~4000m³/s 流量级水量 120 亿 m³。

将利津断面作为生态水量控制断面。以维护河流土著生物群落完整性为目标，将天然水文情势作为参照系统，结合栖息地模拟与水文参照系统特征值，得到河道内年生态需水量为 130 亿 m³，在 4~6 月至少提供 1 次高流量脉冲（尚文绣等，2020b）。综合考虑河道内输沙需水量和生态需水量，扣除两者的重复水量，得到下游输沙 3 亿 t 时，河道内需水量为 181.86 万 m³；下游输沙 5 亿 t 时，河道内需水量为 222.18 万 m³。

利津断面距离水电站较远，在全流域层面上不考虑发电用水与其他用水的耦合关系与协同演变轨迹。计算河道内生态用水与输沙用水间的协作关系、河道内用水与河道外用水间的竞争关系以及河道内生态用水、输沙用水和河道外用水间的协调度，分析各指标随时间的演变过程。

（2）发电用水与生态用水协作关系方案

选择水电站下游邻近断面分析河道内发电用水与生态用水的协作关系。选择小浪底水库下游的小浪底断面作为研究断面。小浪底水库 2001 年底竣工，本书研究时段定为 2002~2016 年。

小浪底水库以防洪（防凌）、减淤为主，兼顾供水、灌溉、发电。小浪底水库装有 6 台发电机组，额定流量为 1776m³/s。当水库下泄流量超过发电机组额定流量时，产生弃水。

小浪底断面处的河道内生态需水：在 4~6 月至少提供 1 次高流量脉冲，河道内年生态需水量为 129 亿 m³（Shang et al.，2021）。

4.4.2 黄河流域多过程耦合关系变化

1. 河道内生态用水与输沙用水的协作关系

（1）输沙 3 亿 t

下游输沙 3 亿 t 情景下，利津断面处河道内生态需水量为 130 亿 m³，输沙需水量为 70 亿 m³，河道内需水量为 182 亿 m³。如表 4-1 和图 4-5 所示，1988~2016 年，利津断面河道内年均供水量为 97.40 亿 m³，最大供水量为 165.79 亿 m³（2012 年），最小供水量仅为 15.19 亿 m³（1997 年）；利津断面河道内年缺水量在 16.06 亿~166.67 亿 m³，年均缺水量为 84.46 亿 m³。被同时作为生态用水和输沙用水使用的协作水量年均为 6.70 亿 m³，部分年份协作水量为 0，原因在于 7~9 月没有 2000~4000m³/s 的大流量发生，没有形成有效的输沙流量，导致河道内生态水量与输沙水量无法形成协作关系；部分年份协作水量较高，如 1989 年、2010 年、2012 年和 2013 年的 7~9 月大流量较多，形成了持续时间较长的输沙流量，部分输沙水量同时发挥了河道内生态水量的作用。

表 4-1 利津断面生态用水与输沙用水的协作关系

年份	生态供水量（亿 m³）	输沙供水量（亿 m³）	河道内供水量（亿 m³）	协作水量（亿 m³）	协作度
1988	82.43	31.39	105.36	8.46	0.08
1989	99.88	58.15	141.10	16.93	0.12
1990	114.65	22.78	130.78	6.65	0.05
1991	66.01	1.91	67.32	0.60	0.01
1992	71.30	32.91	94.53	9.68	0.10
1993	91.71	33.83	115.26	10.28	0.09
1994	89.83	43.16	120.89	12.10	0.10
1995	73.25	14.76	83.17	4.84	0.06
1997	15.19	0.00	15.19	0	0
1998	56.66	25.42	74.82	7.26	0.10
1999	56.80	1.75	57.94	0.60	0.01
2000	40.25	0	40.25	0	0
2001	38.50	0	38.50	0	0
2002	27.10	17.05	38.71	5.44	0.14
2003	61.68	32.44	84.44	9.68	0.11
2004	102.52	38.61	130.85	10.28	0.08
2005	100.60	11.48	109.05	3.03	0.03
2006	103.16	6.26	107.61	1.81	0.02
2007	109.45	36.31	137.90	7.86	0.06
2008	93.26	14.64	104.87	3.02	0.03
2009	88.14	12.99	98.11	3.02	0.03
2010	103.32	59.88	148.08	15.12	0.10
2011	84.59	36.05	110.96	9.68	0.09
2012	117.12	65.00	165.79	16.33	0.10
2013	102.16	65.46	153.10	14.52	0.09
2014	76.38	18.03	89.57	4.84	0.05
2015	78.58	18.89	92.02	5.45	0.06
2016	70.96	0	70.96	0	0

利津断面河道内生态用水与输沙用水的协作度的变化范围为 0~0.14，均值 0.06。由

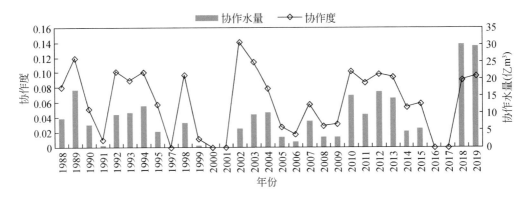

图 4-5   利津断面生态用水与输沙用水的协作关系演变过程

图 4-5 可知，协作度与协作水量间的关系并不完全一致，原因在于协作度不仅取决于协作水量，还取决于供水量。在需水过程固定的情况下，当能够产生协作关系的需水得到满足后，协作度会随着供水量的增加而减少。本研究中，当完全满足河道内生态需水和输沙需水时，协作度为 0.07 ~ 0.13。因此，不能仅通过协作度的大小来衡量不同用水过程间的耦合关系和协同水平。

（2）输沙 5 亿 t

下游输沙 5 亿 t 情景下，利津断面河道内生态需水量为 130 亿 m^3，输沙需水量为 120 亿 m^3，河道内需水量为 222 亿 m^3。根据表 4-1 可知，1988 ~ 2016 年利津断面每年 7 ~ 9 月 2000 ~ 4000m^3/s 流量级水量均低于 70 亿 m^3，因此输沙 5 亿 t 情景下输沙供水量与输沙 3 亿 t 情景相同，生态供水量、河道内供水量、协作水量和协作度也与输沙 3 亿 t 情景相同。

2. 河道内外用水的竞争关系

黄河流域逐年地表水供需水量见表 4-2。扣除地下水供水量后，黄河流域 1988 ~ 2016 年河道外地表水需水量在 321.67 亿 ~ 515.09 亿 m^3，年均为 399.37 亿 m^3；河道外地表水供水量在 203.62 亿 ~ 339.82 亿 m^3，年均为 279.04 亿 m^3；河道外缺水量在 50.22 亿 ~ 310.00 亿 m^3，年均缺水为 120.32 亿 m^3，河道外缺水严重的年份主要集中在来水偏枯的 20 世纪末至 21 世纪初，2010 ~ 2016 年河道外缺水量均值 70.21 亿 m^3。

（1）输沙 3 亿 t

下游输沙 3 亿 t 情景下，河道内外总缺水量为 58.60 亿 ~ 476.67 亿 m^3，均值为 204.78 亿 m^3，缺水量最多的年份是天然径流量仅为 373.4 亿 m^3 的 1997 年，缺水量最少的年份是天然径流量为 613.59 亿 m^3 的 2012 年；2010 年以来河道内外总缺水量显著减少，1988 ~ 2009 年河道内外总缺水量均值 228.57 亿 m^3，2010 ~ 2016 年河道内外总缺水量均值为 133.42 亿 m^3。

表 4-2 黄河流域河道内外用水的竞争关系

年份	河道外地表水需水量（亿 m^3）	河道内地表水供水量（亿 m^3）	河道外地表水供水量（亿 m^3）	缺水量 1[a]（亿 m^3）	缺水量 2[b]（亿 m^3）	竞争度 1[a]	竞争度 2[b]
1988	390.04	105.36	339.82	126.72	167.05	0.22	0.27
1989	455.81	141.10	333.97	162.60	202.92	0.25	0.30
1990	400.03	130.78	271.55	179.55	219.88	0.31	0.35
1991	431.65	67.32	288.71	257.48	297.80	0.42	0.46
1992	378.61	94.53	293.72	172.21	212.54	0.31	0.35
1993	396.50	115.26	285.43	177.66	217.99	0.31	0.35
1994	395.25	120.89	267.03	189.18	229.50	0.33	0.37
1995	435.51	83.17	274.92	259.27	299.59	0.42	0.46
1997	515.09	15.19	205.08	476.67	517.00	0.68	0.70
1998	383.81	74.82	277.55	213.29	253.62	0.38	0.42
1999	408.61	57.94	291.55	240.98	281.30	0.41	0.45
2000	404.29	40.25	253.68	292.21	332.53	0.50	0.53
2001	440.48	38.50	244.37	339.46	379.79	0.55	0.57
2002	400.61	38.71	267.08	276.68	317.00	0.48	0.51
2003	321.67	84.44	203.62	215.46	255.78	0.43	0.47
2004	398.52	130.85	219.60	229.92	270.25	0.40	0.44
2005	402.82	109.05	239.59	236.03	276.35	0.40	0.44
2006	411.04	107.61	282.50	202.79	243.12	0.34	0.38
2007	379.30	137.90	261.71	161.54	201.86	0.29	0.34
2008	387.72	104.87	270.69	194.02	234.34	0.34	0.38
2009	395.75	98.11	283.31	196.18	236.50	0.34	0.38
2010	378.25	148.08	292.42	119.60	159.92	0.21	0.27
2011	371.63	110.96	314.79	127.73	168.05	0.23	0.28
2012	343.09	165.79	300.55	58.60	98.93	0.11	0.18
2013	400.71	153.10	312.34	117.12	157.44	0.20	0.25
2014	380.24	89.57	318.11	154.41	194.74	0.27	0.32
2015	397.11	92.02	318.94	168.01	208.33	0.29	0.34
2016	378.08	70.96	300.47	188.50	228.82	0.34	0.38

a 表示下游输沙 3 亿 t；b 表示下游输沙 5 亿 t。

黄河流域河道内外用水的竞争度在 0.11～0.68，均值为 0.35。如图 4-6 所示，竞争度

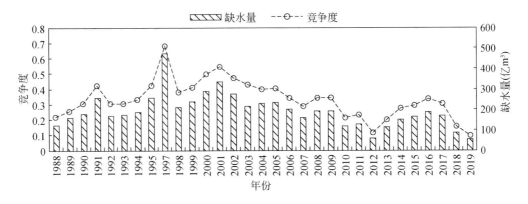

图 4-6　黄河流域河道内外用水的竞争关系演变过程（输沙 3 亿 t）

的变化趋势与缺水量基本一致，主要原因在于黄河流域河道内外需水相对稳定，受到来水年际变化的影响，缺水量变化幅度相对较大，成为竞争度的主要影响因素。竞争度最大的年份是黄河流域缺水最严重的 1997 年，竞争度最小的年份是来水偏丰的 2012 年。2001 ~ 2012 年黄河流域河道内外用水竞争度呈下降趋势，主要原因在于这一时段丰水年较多，2003 ~ 2012 年年均天然径流量为 501.31 亿 m³，而 20 世纪 90 年代年均天然径流量仅为 458.37 亿 m³；此外，由于实施水量统一调度，河道外需水无序增长的趋势得到控制，2001 ~ 2012 年河道外年均需水量比 20 世纪 90 年代减少 16.70 亿 m³。2013 ~ 2016 年竞争度再度增长，主要受来水偏枯的影响，2014 年、2015 年和 2016 年利津站天然年径流量分别比 1956 ~ 2000 年均值偏枯 10.0%、25.4% 和 23.1%。

（2）输沙 5 亿 t

下游输沙 5 亿 t 情景下，由于河道内需水量增加，河道内外总缺水量增加至 98.93 亿 ~ 517.00 亿 m³，均值为 245.11 亿 m³。2010 年以来河道内外总缺水量显著减少，1988 ~ 2009 年河道内外总缺水量均值为 268.89 亿 m³，2010 ~ 2016 年河道内外总缺水量均值为 173.75 亿 m³。

黄河流域河道内外用水的竞争度在 0.18 ~ 0.70，均值为 0.39。如图 4-7 所示，竞争度最大的年份是黄河流域缺水最严重的 1997 年，竞争度最小的年份是来水偏丰的 2012 年。2010 年以来黄河流域河道内外用水竞争度显著下降，1988 ~ 2009 年竞争度均值 0.43，2010 ~ 2016 年竞争度均值降至 0.29。

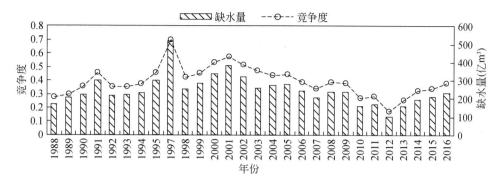

图 4-7 黄河流域河道内外用水的竞争关系演变过程（输沙 5 亿 t）

3. 黄河流域多过程协同演变轨迹

（1）输沙 3 亿 t

下游输沙 3 亿 t 情景下，黄河流域河道内生态用水、河道内输沙用水与河道外社会经济用水间的协调度演变过程如图 4-8 所示。1988 ~ 2016 年协调度变化范围在 0.10 ~ 0.80，均值为 0.46。1988 ~ 2001 年，协调度总体呈现下降趋势，从 1988 年的 0.62 减小到 2001 年的 0.21，对比图 4-9 可知，产生这一现象的原因主要在于竞争度的升高趋势。1997 年是评估时段协调度的最低值（0.10），这一年流域用水竞争度最高、协作度最低。2002 ~ 2012 年黄河流域用水协调度呈现出增加趋势，到 2012 年达到评价时段最大值（0.80）。2002 ~ 2012 年用水竞争度呈现出下降趋势，且 2010 ~ 2012 年河道内用水协作度较高，原因在于这一时段黄河实施水量统一调度，遏制了河道外用水的无序增长，重视河道内生态用水，且开始实施调水调沙。2013 ~ 2016 年黄河流域用水协调度又呈现出下降趋势，2016 年降至 0.44，产生这一现象的原因主要在于近几年来水偏枯导致竞争度较大，且 2014 ~ 2016 年 7 ~ 9 月缺少适宜输沙的高流量事件，导致协作度较小。

对比图 4-8 和图 4-9，可知在流域水资源利用过程中，比较理想的用水过程关系为竞争度低、协作度高的情况，如 2010 ~ 2013 年；需要避免的是竞争度高、协作度低的情况，如 1991 年、1997 年、2000 年和 2001 年。黄河流域部分年份竞争度高是天然来水决定的，如 1991 年、1997 年、2000 年和 2001 年均是枯水年，天然来水分别为 393.38 亿 m³、373.4 亿 m³、354.10 亿 m³ 和 290.05 亿 m³，远低于多年平均水平。在枯水年，用水竞争度大难以避免，就更需要加强用水间的协作关系，尽量缓解水资源供需矛盾。例如，2002 年天然来水仅为 246.16 亿 m³，是 1988 ~ 2016 年天然径流量最小的年份，但该年用水协作度较高，河道内总供水量为 38.71 亿 m³，其中 5.44 亿 m³ 同时被河道内生态和输沙利用，协作度为 0.14，协调度为 0.34。部分年份用水竞争度相对较低，如 2006 ~ 2009 年如果能

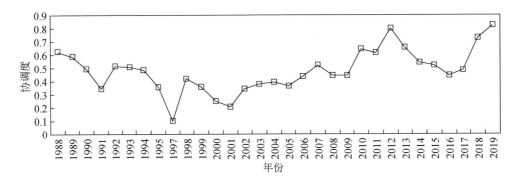

图 4-8　黄河流域用水协调度演变过程（输沙 3 亿 t）

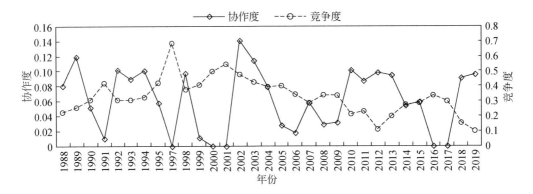

图 4-9　黄河流域用水协作与竞争关系演变过程（输沙 3 亿 t）

进一步提高河道内用水的协作关系，将使用水过程更加协调。

（2）输沙 5 亿 t

下游输沙 5 亿 t 情景下，黄河流域河道内生态用水、河道内输沙用水与河道外社会经济用水间的协调度演变过程如图 4-10 所示。与输沙 3 亿 t 情景相比，输沙 5 亿 t 情景下河道内生态用水和输沙用水间的协作度不变，河道内外用水间的竞争度增大，因此协调度有所降低，1988 ~ 2016 年协调度变化范围在 0.09 ~ 0.70，均值为 0.40。协调度变化趋势与输沙 3 亿 t 情景基本一致。

4.4.3　发电用水与生态用水协作关系

小浪底断面紧邻小浪底水库，可被视为小浪底水库的出库断面。黄河下游河道内年生态需水量 130 亿 m³，如表 4-3 所示，2002 ~ 2016 年年生态供水量在 92.57 亿 ~ 125.70 亿 m³，

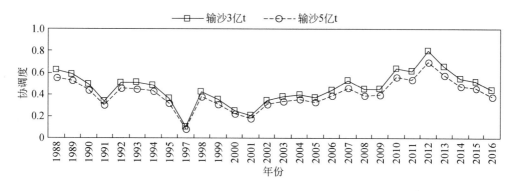

图 4-10 黄河流域用水协调度演变过程

年均生态供水量为 108.53 亿 m³；当下泄流量不超过水轮机组额定流量时均视为发电水量，2002～2016 年发电供水量在 162.44 亿～338.21 亿 m³，均值为 222.01 亿 m³。小浪底断面生态缺水量较小，2002～2016 年生态缺水量是 3.30 亿～36.43 亿 m³，均值为 20.48 亿 m³，远低于利津断面生态缺水量，原因在于小浪底至利津河段分布着大面积引黄灌区，灌溉引水量大，导致利津断面生态缺水量增大。小浪底水库下泄水量高于水轮机组额定流量的现象时有发生，年均弃水量为 19.55 亿 m³，2012 年和 2013 年弃水量大，分别达到 43.54 亿 m³ 和 43.06 亿 m³，而 2016 年没有弃水。

表 4-3　小浪底断面发电用水与生态用水协作关系

年份	生态供水量（亿 m³）	发电供水量（亿 m³）	河道内供水量（亿 m³）	协作水量（亿 m³）	协作度
2002	109.20	183.02	183.02	109.20	0.60
2003	92.57	198.28	198.28	92.57	0.47
2004	97.46	191.06	191.06	97.46	0.51
2005	102.53	201.55	201.68	102.39	0.51
2006	116.47	231.58	231.58	116.47	0.50
2007	115.32	223.61	223.61	115.32	0.52
2008	112.57	208.28	208.28	112.57	0.54
2009	105.72	194.85	194.85	105.72	0.54
2010	111.79	217.95	217.95	111.79	0.51
2011	107.93	234.83	234.83	107.93	0.46
2012	125.70	338.21	338.21	125.70	0.37
2013	125.32	302.97	302.97	125.32	0.41

续表

年份	生态供水量 （亿 m³）	发电供水量 （亿 m³）	河道内供水量 （亿 m³）	协作水量 （亿 m³）	协作度
2014	102.58	213.15	213.15	102.58	0.48
2015	100.74	228.30	228.30	100.74	0.44
2016	101.98	162.44	162.44	101.98	0.63

　　小浪底断面发电用水和生态用水间的协作关系较强（表4-3和图4-11）。由于除高流量脉冲以外的生态需水低于水轮机组额定流量，且大部分情况下高流量脉冲的流量也低于水轮机组额定流量，生态用水基本不会导致发电弃水，小浪底断面协作水量与河道内生态供水量基本一致，只有个别年份高流量脉冲峰值流量高于水轮机组额定流量，如2005年。小浪底断面发电用水和生态用水间的协作度在 0.37～0.63，均值为0.50。小浪底断面河道内供水量远超过生态需水量，因此来水较多的2012年和2013年协作度反而较低，但部分时段仍存在生态缺水的现象。小浪底断面一方面可以考虑利津断面生态需水和区间引水，适当提高生态需水量；另一方面需要进一步加强水库调度，减小生态缺水量。

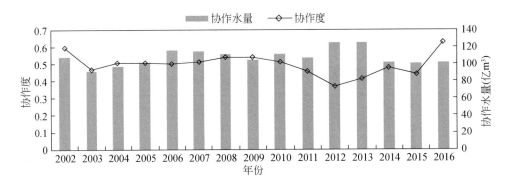

图 4-11　小浪底断面发电用水与生态用水协作关系演变过程

4.5　本章小结

　　缓解水资源供需矛盾是缺水流域水资源管理的重点与难点。本章旨在解析多过程间的互馈作用与耦合机制，量化不同用水部门间的竞争与协作关系，提出需水过程优化方向，使水资源供需过程更加匹配，达到降低需水总量、减轻供水压力的目的。

　　1）基于经济学理论和水资源利用特征分析了水资源的排他性和非排他性，定义了用水部门之间的竞争关系和协作关系，建立了协作度指标和竞争度指标量化不同过程间的耦合水平,并提出了增加协作度、减少竞争度的供需过程优化目标,引导需水过程和供水过程向更加匹配的方向发展。基于多过程间的互馈作用与耦合机制,提出了协调度指标表征梯级水库群水沙电生态多过程协调水平。

2)分析了黄河流域多过程耦合关系变化过程,结果显示,1988～2016 年,利津断面河道内生态用水与输沙用水的协作度相对较小,均值为 0.06,被河道内生态和输沙同时使用的水量年均为 6.70 亿 m³;黄河流域河道内外用水竞争度较大,下游输沙 3 亿 t 和下游输沙 5 亿 t 情景下均值分别为 0.35 和 0.39,河道内外总缺水量年均值分别为 204.78 亿 m³ 和 245.11 亿 m³;黄河流域供水、生态和输沙用水过程间的协调度在 1988～2001 年呈现下降趋势,由于实施水量统一调度、调水调沙等,2002～2012 年协调度呈增加趋势,2013～2016 年由于来水偏枯和缺少适宜输沙的高流量,协调度再度下降;下游输沙 3 亿 t 和下游输沙 5 亿 t 情景下均值分别为 0.46 和 0.40,最大值分别为 0.80 和 0.70(2012 年),最小值分别为 0.10 和 0.09(1997 年)。

3)分析了小浪底断面发电用水与生态用水间的协作关系,结果显示,小浪底断面发电用水和生态用水间的协作关系较强,2002～2016 年协作度均值为 0.50;主要原因在于小浪底水库水轮机组额定流量较大,河道内生态用水基本不会导致发电弃水,协作水量与河道内生态供水量基本一致。

第5章 梯级水库群水沙电生态多过程协同控制原理

5.1 基于协同学的梯级水库群多维协同调控原理

5.1.1 协同学原理概述

"协同学"是由德国科学家赫尔曼·哈肯（Harmann Haken）在20世纪70年代创建的一门跨越自然科学和社会科学新兴的交叉学科，它是研究系统通过内部的子系统间的协同作用从无序到有序结构转变的机理和规律的学科。其核心思想是实现整体内部各子系统之间的协同演化，使各子系统以最小的代价或成本实现自身在自然界（大系统）中的生存与利用。协同学主要原理可以概括为3个方面：

1) 协同效应，是协同作用而产生的效果，是指复杂开放系统中，各子系统通过相互非线性作用而产生的整体效应。

2) 伺服原理，研究的是快变量服从慢变量，序参量支配子系统的行为，它从系统内部稳定因素和不稳定因素间的相互作用方面描述了系统的自组织的过程。

3) 自组织原理，指系统内部子系统之间在没有外部指令的条件下，能够按照某种规律自发形成具有一定内在性和自生性特点的结构或功能。

协同学思想中整体系统的协同演进与否是由各子系统的有序度共同决定的，整体系统协同度（H）则是度量各目标子系统协同优化的总体程度。当认为各目标子系统对整体系统同等重要时，H 为各目标子系统有序度（h_i）的几何平均值。同时，各目标子系统有序度（h_i）反映的是子系统对整体系统协同度的贡献程度。子系统有序度可由该子系统各序参量有序度（d_{ij}）线性加权得到。序参量是决定子系统发展演化的主导因素，在子系统演化过程中从始至终都起作用，评价某一序参量对其所属子系统有序发展演化的贡献程度（即序参量有序度，取值范围为 [0, 1]），通常用功效函数进行量化。常见的功效函数有线性功效函数、指数型功效函数、对数型功效函数、幂函数型功效函数等。

5.1.2　梯级水库群多维协同调控总体原则

黄河梯级水库群水沙电生态多维协同调控总体原则为各用水子目标在协同合作的过程中，均有一些各自的关键利益的刚性需求，可视为各用水目标的基本保障需求层，梯级水库群的水沙电生态多维协同是建立在各目标保障各自关键利益不受损失的基础上，通过统筹协调甚至必要时适度牺牲各目标非关键利益来实现整体梯级水库多维调度系统的协同有序。关键利益，即各个用水目标在其用水过程中涉及特殊或具有重要价值的用水需求，并且一旦不能满足将对该用水目标造成严重不利影响的用水指标。非关键利益，即在用水过程中遭到适度破坏不会对用水目标子系统造成严重影响的弹性利益。

黄河流域水资源短缺，综合用水任务繁重。梯级水库群多维协同调控时：①应优先满足水沙电生态各目标的关键利益，尽可能同时提高各目标关键利益的保障程度；②当各目标关键利益无法共同提高、出现此消彼长的竞争关系时，依照黄河水资源利用的目标优先序共识，先生态、次供水、再输沙、后发电的顺序形成各目标关键利益保障梯队；③在确保各目标关键利益均达到基本满意值的基础上，可适度存在差异。

在保障关键利益的基础上对各目标非关键利益进行协同调控，非关键利益协同调控的宗旨是：①对非关键利益的调控不得有损于关键利益的保障；②当各目标非关键利益缺损程度差异较大时，优先对缺损程度大的利益进行调控，降低其缺损程度；③当各目标非关键利益缺损程度差异较小时，尽可能同时降低非关键利益的缺损程度，甚至消除某些非关键利益受损的情况；④当各目标间非关键利益缺损程度出现矛盾、竞争关系无法同时降低时，按照先生态、次供水、再输沙、后发电的顺序进行降损调控。

5.1.3　各用水目标关键利益识别

由于黄河上下游梯级水库群所需满足的供水、生态、输沙等综合用水特点不同，分别对黄河上游兰州断面和下游花园口断面依据各用水目标的需水特点划分关键利益与非关键利益，为实现梯级水库群水沙电生态多维协同调控提供基础。

1. 供水目标关键利益与非关键利益划分

沿黄河流域坐落有多个大中型城市群，因此保障工业、生活用水是供水目标的首要任务。而供水目标中，农业用水占据了供水需求的主要部分，其中灌溉用水又是农业用水的主要部分。黄河流域的农业灌溉用水时期主要发生在宁蒙灌区的 4～6 月（春灌期）与 9～10 月（夏灌期）；下游引黄灌区的 4～6 月（春灌期）、7～9 月（夏灌期）。农作物某些重要生育阶段的灌溉用水是非常关键的，直接影响农作物的产量。例如，玉米在抽雄期、开花期、播种期若出现灌水不足，将造成植株生长不良，导致产量减少。再如，抽穗—成熟期、拔节—抽穗期是小麦对水分的敏感期，此时作物生命力旺盛，需水强度大，确保这一时期的水分需求，对小麦的增产、增收十分重要。可见，农业灌溉时期的农作物生长关键时期（简称"农业关键期"）的灌溉用水满足程度关系区域农作物生长发育、粮食产量的安全与保障。农作物生长关键时期的灌溉用水称为灌溉定额水量，灌溉定额水量需求一旦不能满足，将对流域内灌区的农业经济产生较大影响。因此，黄河上下游灌溉期的灌溉定额水量及供水保证率是供水目标中的关键利益，而灌溉期的非灌溉定额水量（即农作物生长发育期中对水分不敏感时期所需要的水量）及其他时期（即非灌溉期）的供水量及供水保证率当与其他用水目标发生激烈竞争时，通过适度牺牲供水目标的非关键利益，为多目标的协同调控及有序运行创造条件。

因此，工业、生活用水的保证率及农业关键期缺水量、农业关键期最大缺水深度为黄河上下游供水目标的关键利益；而农业非关键期的供水保证率及非关键期缺水量为非关键利益。

2. 生态目标关键利益与非关键利益划分

生态目标中，水生生物繁殖、生长所需的持续流量及流量脉冲指标为生态目标的关键利益。4~6月是成鱼产卵、幼鱼生长的关键时期，此时鱼类对河道内产卵场的流量、流速、水温均有一定要求，并需要一定次数的流量脉冲来刺激鱼类繁殖与生长，如果这一时期的生态流量及流量脉冲不能满足条件，将抑制鱼类的繁殖、生长，给河道内生物种群的保持及生物多样性的维持带来不利影响。因此，每年4~6月至少满足一次特定流量及历时需求的高流量脉冲是满足水生生物生存的必要条件。除此之外，其他时期河道内满足适宜的生态流量是保护河道生态健康、保持河道内生物多样性、维持河道一定的纳污能力等多方面生态需求的必要条件。因此，各月生态基流的保障能力及每年至少一次的生态流量脉冲是河流生态目标不可缺损的关键利益，生态目标的非关键利益则是多次的高流量脉冲次数。

3. 发电目标关键利益与非关键利益划分

黄河上游龙羊峡至青铜峡河段是黄河河口镇以上地区水资源优化配置的源头，径流稳定，落差集中，水力资源丰富，淹没损失小，地质地形好，是我国主要的水电开发基地之一。目前，黄河干流龙羊峡至青铜峡河段共规划有25个梯级水库，其中已建成龙羊峡、李家峡、公伯峡、刘家峡、盐锅峡、八盘峡、青铜峡等10余座大中型水库，担负着向西北电网输送清洁能源的任务。然而，11月至次年3月黄河上游宁蒙河段进入凌汛期，刘家峡水库承担了宁蒙河段的防凌流量控制任务，在凌汛期该水库的放水过程需严格遵守防凌安全流量的限制，为宁蒙河段的凌汛安全提供保障。但防凌安全流量限制了上游梯级水库群的发电用水，引发了发电与防凌的矛盾。为此，凌汛期前刘家峡预腾防凌库容以存蓄凌汛期上游梯级水库群的发电用水是缓解这一矛盾的有效手段。

因此，对于发电目标而言，非枯水期（4～10月）的发电保证率、平均出力两项是发电目标的关键利益，是梯级水库群发电的刚性需求；11月至次年3月（上游凌汛期、下游枯水期）的梯级水库群发电保证率及平均出力两项指标是非关键利益。

4. 输沙目标关键利益与非关键利益划分

黄河上游宁蒙河段穿越我国四大沙漠（分别是河东沙地、腾格里沙漠、库布齐沙漠、乌兰布和沙漠），长约1237km。宁蒙河段地处兰州的下游，是典型的沙漠宽谷河段，也是黄河流域上游近3500km长河段里水沙关系变化最为复杂、河道形态演变最为剧烈的河段。近年来，由于社会和国民经济的迅速发展，极端气候多发，水资源供需矛盾日益突出等，宁蒙河段的河道泥沙不断淤积，河床持续抬高，最终形成了长达268km的地上悬河，河床高程比沿黄城市地面高出3～5m，减小了河道的过流能力，致使宁蒙河段容易"小水大灾"，严重危及下游河道及群众生命财产安全。黄河下游大部分河段也早已成为地上悬河，河床普遍高出背河地面4～6m，最高达12m，沿黄地区的城市地面均低于黄河河床，河南新乡市的地面比黄河河床低20m，开封市的地面比黄河河床低13m，济南市的地面比黄河河床低5m。

黄河淤积的根本原因在于水少沙多、水沙关系不协调。现阶段，应把对水沙关系的调节作为遏制黄河淤积的主要途径，而黄河干流上修建的大型水库为实施水沙关系调节提供了宝贵的工程条件。梯级水库群调水调沙是指利用水库对天然来水来沙进行合理调节控制，适时蓄存或泄放水沙，将天然状态下不协调的水沙关系塑造为协调的水沙关系，实现减轻和冲刷下游河床淤积的目的。

有研究表明，黄河上游宁蒙河段调水调沙的控制流量为下河沿断面2500～3000m³/s，一次调控历时至少15天，调控时机为主汛期7～9月，尤其是7月中旬至8月下旬最为适宜；黄河下游调水调沙的控制流量为花园口断面3500～4000m³/s，一次调控历时至少5～6天，调控时机为主汛期7～9月。满足上述调水调沙控制指标才能起到有效的输沙效果。因此，黄河梯级水库群调水调沙目标的关键利益是满足最低要求的调沙流量及调沙时长；非关键利益是长系列多年的调沙频率，调沙频率即黄河梯级水库群长系列运行中平均几年可以调一次沙，反映了梯级水库群调水调沙的潜力。

结合对上述供水、发电、生态、输沙4个目标的分析，黄河上下游各用水目标关键利益与非关键利益的划分见表5-1。

表 5-1　黄河上下游各用水目标关键利益与非关键利益的划分

目标	河段	关键利益	非关键利益
供水	上游	工业生活用水保证率、农业关键期缺水量及最大缺水深度	农业非关键期缺水量及供水保证率
	下游	工业生活用水保证率、农业关键期缺水量及最大缺水深度	农业非关键期缺水量及供水保证率
发电	上游	4~10月发电保障利益	凌汛期发电保障利益
	下游	4~10月发电保障利益	枯水期发电保障利益
生态	上游	生态基流及最低限高流量脉冲利益	多次高流量脉冲
	下游	生态基流及最低限高流量脉冲利益	多次高流量脉冲
输沙	上游	8月调沙控制流量及调沙历时	调沙频率
	下游	7月调沙控制流量及调沙历时	调沙频率

5.1.4　各用水目标序参量及阈值

1. 序参量选取

依据客观性原则、科学性原则、实用性原则、可操作性原则，并考虑资料的连续性和可得性，选择了描述各子系统有序度水平的序参量。

1）供水目标序参量：关键利益序参量包括工业生活用水保证率 α_w^1、农业关键期缺水量 W_s^1 和农业关键期最大缺水深度 D_w；非关键利益序参量包括农业非关键期供水保证率 α_w^2 和农业非关键期缺水量 W_s^2。

2）发电目标序参量：关键利益序参量包括非枯水期（非凌汛期，4~10月）的发电保证率 P_{ele}^1 和平均出力 $\bar{N}_{ele}^1$；非关键利益序参量包括枯水期（凌汛期）的发电保证率 P_{ele}^2 和平均出力 $\bar{N}_{ele}^2$。

3）生态目标序参量：关键利益序参量包括生态基流保证率 α_{eco}^1 和一次高流量脉冲 M_{eco}^1；非关键利益序参量包括多次高流量脉冲 M_{eco}^2。

4）调沙目标序参量：关键利益序参量包括调沙流量 Q_{sed} 和调沙历时 T_{sed}；非关键利益序参量包括调沙频率 F_{sed}。

2. 各用水目标序参量阈值确定

各序参量的临界阈值是多维协同调控的基础，只有确定了序参量的阈值，才能对序参量有序进行计算，从而对子系统的有序度进行判定。

（1）供水目标序参量阈值

关键利益序参量阈值：供水保证率指在调度期内供水状态满足需水要求的概率，由正常满足时段数除以总时段数得到。为发挥水资源的社会经济效益，保障工业有序生产、城镇居民生活用水的正常供应，工业生活供水需求应得到较高保障，综合考虑工业生活供水保证率 α_w^1 最大值应为 100%，最小值应为 90%。农业关键期缺水量 W_s^1 上限定为农业关键期总需水量的 20%，下限应为农业关键期不缺水，即 0。农业关键期最大缺水深度 D_w 代表的是农业关键期单一时段最大相对缺水量，用来衡量供水短缺的严重程度，其取值范围为 [0,1]，取值越大，代表缺水越严重。根据《黄河水量调度条例》和调度实践，供水破坏时段按正常供水量的 80% 供水，故农业关键期最大缺水深度 D_w 最大值取 0.2，最小值取 0。

非关键利益序参量阈值：按照黄河重要控制断面供水保证率 75% 的设计要求，农业非关键期供水保证率 α_w^2 上限应为 100%，下限应为 75%；农业非关键期缺水量 W_s^2 的上限为农业非关键期总需水量的 25%，下限应为不缺水，即 0。

（2）发电目标序参量阈值

关键利益序参量阈值：非凌汛期（非枯水期）的发电保证率 P_{ele}^1 上限为 100%，下限为 90%；非凌汛期（非枯水期）的平均出力 $\bar{N}_{ele}^1$ 下限为梯级保证出力，上限为梯级装机容量。

非关键利益序参量阈值：根据黄河梯级水库群的有关设计要求及实际运行情况，凌汛期（枯水期）的发电保证率 P_{ele}^2 上限为 100%，下限为 70%，凌汛期（枯水期）的平均出力 $\bar{N}_{ele}^2$ 下限为梯级保证出力的 80%，上限为梯级装机容量。

（3）生态目标序参量阈值

关键利益序参量阈值：为有效满足各月的生态基流需求，保障河流生态健康，生态基流保证率 α_{eco}^1 的上限取 100%，下限取 90%。一次高流量脉冲 M_{eco}^1 代表满足每年一次的基本高流量脉冲需求，其取值只有两种可能，4～6 月仅满足一次高流量脉冲，则取值为 1；4～6 月均未形成高流量脉冲，则取值为 0，故 M_{eco}^1 的上限为 1，下限为 0。

非关键利益序参量阈值：多次高流量脉冲 M_{eco}^2 代表除满足每年一次的基本高流量脉冲需求外，还可以额外满足的高流量脉冲次数，若未能额外增加高流量脉冲次数，则 M_{eco}^2 取值为 0，若额外增加了 n 次脉冲次数，则 M_{eco}^2 取值为 n。若高流量脉冲一次持续时长为 10 天左右，则 n 的最大值为 5。

（4）调沙目标序参量阈值

关键利益序参量阈值：调沙流量 Q_{sed} 指调沙时期输沙断面需保持的泥沙输移流量，根据相关研究，上游宁蒙河段下河沿断面的调沙控制流量为 2500～3000m³/s，下游花园口断面的调沙控制流量为 3500～4000m³/s，则上游调沙流量 Q_{sed} 的上限为 3000m³/s，下限为 2500m³/s；下游调沙流量 Q_{sed} 的上限为 4000m³/s，下限为 3500m³/s。调沙历时 T_{sed} 指调沙控制流量所持续的时间，一般以天为单位。经研究，黄河上游宁蒙河段一次调控历时至少15天，黄河下游河段一次调控历时至少5~6天，综合考虑黄河干流上下游水库的调节能力，调沙历时 T_{sed} 的阈值确定为上游最大值为30天，最小值为15天；下游最大值为10天，最小值为5天。

非关键利益序参量阈值：调沙频率 F_{sed} 指长系列运行中梯级水库群能够进行调水调沙的频率，代表梯级水库群平均可几年进行一次调沙，反映了黄河上下游梯级水库群的长系列调沙能力，以总调度年数除以总调沙年数求得。根据黄河下游调水调沙经验及相关研究，调沙频率 F_{sed} 的阈值确定为上游最大值为5a/次，最小值为1a/次；下游最大值为3a/次，最小值为1a/次。

5.2 梯级水库群多维协同描述方法与优化引导

5.2.1 各用水目标序参量有序度量化

本书选用线性功效函数对序参量的有序度进行计算，线性功效函数依据序参量的取值特性不同可进一步分为正指标功效函数、负指标功效函数、适度功效函数三类。正指标功效函数适用于序参量取值越大，子系统有序程度越高，其取值越小，子系统的有序程度越低的序参量有序度计算；负指标功效函数适用于序参量取值越小，子系统有序程度越高，其取值越大，子系统的有序程度越低的序参量有序度计算；适度功效函数适用于序参量变量取一定数值 c 时，系统有序程度最高，越远离这一数值时，系统有序程度越低的序参量有序度计算。正指标功效函数、负指标功效函数、适度功效函数的计算公式分别如式（5-1）、式（5-2）、式（5-3）所示：

$$d(e_{ji}) = \frac{e_{ji} - \min(e_{ji})}{\max(e_{ji}) - \min(e_{ji})} \tag{5-1}$$

$$d(e_{ji}) = \frac{\max(e_{ji}) - e_{ji}}{\max(e_{ji}) - \min(e_{ji})} \tag{5-2}$$

$$d(e_{ji}) = 1 - \frac{e_{ji} - c}{\max(e_{ji}) - \min(e_{ji})} \tag{5-3}$$

式中，e_{ji} 代表第 j 个子系统的第 i 个序参量，无量纲；$d(e_{ji})$ 代表第 j 个子系统的第 i 个序参量的有序度，无量纲；$\max(e_{ji})$ 及 $\min(e_{ji})$ 分别为第 j 个子系统的第 i 个序参量取值的最大值和最小值，无量纲。

5.2.2 梯级水库群多维协同描述方法

在黄河梯级水库群长系列水沙电生态多维协同控制过程中，每一个水文年的梯级水库群水沙电生态各子系统的有序度可以通过该水文年中各子系统序参量的有序度求线性加权和得到，该水文年中各子系统有序度的大小反映了子系统对该水文年梯级水库群调度系统的有序度贡献水平：

$$h_n(S_j) = \sum_{i=1}^{l} w_{ji} d_n(e_{ji}) \tag{5-4}$$

式中，$d_n(e_{ji})$ 为第 n 个水文年的第 j 个子系统的第 i 个序参量的有序度，无量纲；w_{ji} 为序参量 e_{ji} 的权重，无量纲；$h_n(S_j)$ 为第 n 个水文年的第 j 个子系统的有序度，无量纲。

将梯级水库群多维调度系统第 n 个水文年的协同度 H_n 表达为

$$H_n = \sqrt[1/4]{h_n(S_w) \times h_n(S_{ele}) \times h_n(S_{eco}) \times h_n(S_{sed})} \tag{5-5}$$

$$h_n(S_w) = w_1^1 d_n(\alpha_w^1) + w_1^2 d_n(W_s^1) + w_1^3 d_n(D_w) + w_1^4 d_n(\alpha_w^2) + w_1^5 d_n(W_s^2) \tag{5-6}$$

$$h_n(S_{ele}) = w_2^1 d_n(P_{ele}^1) + w_2^2 d_n(\overline{N_{ele}^1}) + w_2^3 d_n(P_{ele}^2) + w_2^4 d_n(\overline{N_{ele}^2}) \tag{5-7}$$

$$h_n(S_{eco}) = w_3^1 d_n(\alpha_{eco}^1) + w_3^2 d_n(M_{eco}^1) + w_3^3 d_n(M_{eco}^2) \tag{5-8}$$

$$h_n(S_{sed}) = w_4^1 d_n(Q_{sed}) + w_4^2 d_n(T_{sed}) + w_4^3 d_n(F_{sed}) \tag{5-9}$$

$$\sum_i^l w_j^i = 1, j = 1, 2, 3, 4 \tag{5-10}$$

式中，H_n 为第 n 个水文年的梯级水库群水沙电生态多维协同度，无量纲；$h_n(S_w)$、$h_n(S_{ele})$、$h_n(S_{eco})$、$h_n(S_{sed})$ 分别为第 n 个水文年的供水、发电、生态、输沙子系统的有序度，无量纲；w_j^i 为第 j 个子系统第 i 个序参量的权重，无量纲。

5.2.3 梯级水库群系统优化的方向引导参数

对于黄河梯级水库群水沙电生态多维协同控制必须从长系列多个水文年的多目标协同控制进行分析，寻求梯级水库群长系列总周期的水沙电生态多维协同度最大，即多个水文年的水沙电生态多维协同度之和最大，实现水沙电生态各目标在长系列梯级水库群联合调度过程中总体协同、有序控制：

$$S = \max H = \max\left(\sum_{n=1}^{N} H_n\right) \tag{5-11}$$

式中，S 为梯级水库群系统优化目标，无量纲；H 为梯级水库群多维调度系统长系列总协同度，无量纲。

5.3 梯级水库群水沙电生态多维协同检验与引导调控

在 5.2 节中,依据梯级水库群水沙电生态多维协同调控原理,构建了以长系列总协同度最大为寻优目标的黄河梯级水库群水沙电生态多维优化方向,通过水库群调度模型模拟和优化,可得到长系列梯级水库群调度下水沙电生态 4 个子系统总协同度最大的运行方案。在此基础上,还需要进一步检验水沙电生态多目标在逐时段内的利益满足程度是否合理,并评判梯级水库群水沙电生态多维协同控制系统的复杂程度和混沌程度,作为进一步引导多目标多维协同的依据。

5.3.1 基于满意度的逐时段多维协同检验与调控

5.2.3 节中以长系列水沙电生态多维协同度之和最大为梯级水库群系统优化方向,而各水文年子系统的有序度由序参量有序度线性加权和求得,因此优化算法在寻找最优解的过程中会向各子系统中权重系数较大的序参量(一般为关键利益)倾斜,以获得更大的总协同度,可能会造成权重系数较小的序参量(一般为非关键利益)的有序度较低,甚至超出合理范围,从而导致与非关键利益相关的少数时段的水沙电生态用水需求满足情况较差。为了保障逐时段梯级水库群的水沙电生态实现多维协同,即逐时段的水沙电生态利益均得到合理保障,在获得长系列梯级水库群水沙电生态总协同度最大的运行方案基础上,逐时段检验当前时段的水库群下泄流量能否均衡满足水沙电生态 4 个目标的利益需求控制在合理区间内,并对利益满足程度不在合理区间内的目标进行调控。

在年内逐时段水沙电生态多维协同检验与调控过程中,针对丰、平、枯不同来水年份,梯级水库群联合调度下力求控制的水沙电生态各目标利益满足程度应是有所差别的。若将某一时段的某一目标利益满足程度概化为 $[0,1]$ 的取值,其中 0 代表完全不满足,取值越接近 1 则代表满足程度越高;则在 $[0,1]$ 的取值范围内,不同来水频率下某一时段的水沙电生态各目标利益满足程度的合理取值区间应是不同的。本书中,将某一时段水沙电生态各目标利益满足程度称为该时段各目标的满意度。

满意度一般指目标的获得值与期望值的比值,是介于 0 ~ 1 的数值。如何确定不同来水年份下逐时段的水沙电生态各目标满意度的合理取值区间,则需要对梯级水库群水沙电生态单目标优化调度结果进行分析。建立梯级水库群单目标优化调度模型,将长系列历史径流资料输入模型中,可求解得到水沙电生态单目标优化下的梯级水库群长系列运行过程,并获得长系列单目标利益的逐时段变化过程。按来水频率小于 25% 为丰水年,来水频率在 25% ~ 75% 为平水年,来水频率大于 75% 为枯水年的划分标准对长系列水文年的来水情况进行划分。从长系列单目标优化结果中选取相同近来水频率下的多个水文年的年内单目标利益变化过程，统计在年内各时段的单目标利益落值区间，即年内各时段的供水利益（时段缺水量）、发电利益（梯级出力）、生态利益（生态流量）、输沙利益（输沙流量）的取值范围；再根据式（5-12）计算相应目标利益的满意度，得到丰、平、枯不同来水情况下逐时段的水沙电生态各目标利益满意度的合理取值区间，以作为逐时段水沙电生态多维协同检验的依据。

单目标利益满意度：

$$M(x_t) = \frac{x_t}{\max(x_t)} \tag{5-12}$$

式中，t 为时段；x_t 为 t 时段的目标利益值，无量纲，x_t 可由 W_t、E_t、Q_t^{eco}、Q_t^{sed} 替换，分别代表 t 时段供水目标的供水量、发电目标的梯级出力、生态目标的生态流量、输沙目标的输沙流量；$\max(x_t)$ 为 t 时段的目标利益期望值，无量纲，可由 $\max(W_t)$、$\max(E_t)$、$\max(Q_t^{\mathrm{eco}})$、$\max(Q_t^{\mathrm{sed}})$ 替换，分别代表 t 时段供水量的最大值、梯级出力最大值、生态流量最大值、输沙流量最大值；$M(x_t)$ 为 t 时段的目标满意度，无量纲，可由 $M(W_t)$、$M(E_t)$、$M(Q_t^{\mathrm{eco}})$、$M(Q_t^{\mathrm{sed}})$ 替换，分别代表 t 时段的供水满意度、发电满意度、生态满意度和输沙满意度。

以某一时段的水沙电生态多维协同检验与调控为例，图 5-1 显示了某一时段水沙电生态各目标满意度的合理取值区间，当对该时段的水沙电生态多维协同进行检验时，若发现

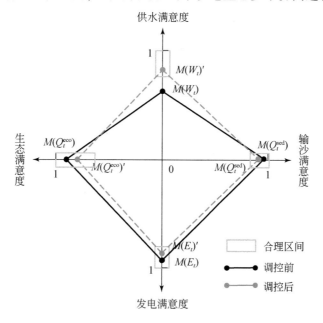

图 5-1 某一时段的水沙电生态多维协同检验与调控示意

原方案中某一目标（假设为供水目标）的满意度不在合理区间内，则对该目标进行调控，增加该目标利益的用水流量，使得其满意度取值在合理区间内；若当前时段不止一个目标的满意度不在合理区间内，则首先判断该时段 4 个目标中哪些目标属于子系统关键利益，哪些目标属于子系统非关键利益，优先对当前时段属于关键利益的目标进行调控，其次再对属于非关键利益的目标进行调控；重新计算调控后的水沙电生态各目标满意度，检验各目标满意度是否均在合理区间内，若是，则结束该时段调控；若不是，则对不满足要求的目标继续进行调控，直至所有目标的满意度均在合理范围内。

5.3.2　基于关联维数和 K 熵的多维协同调控措施评价

　　长系列梯级水库群水沙电生态多维协同控制过程中，由于调度系统具有动态开放、组织复杂等特性，其资源输入与规划、获取评价和共享集成等环节易受不确定因素的影响，梯级水库群水沙电生态多维协同控制系统具有非线性动态系统的特征。整个梯级水库群的长系列运行状态，实质是逐时段水沙电生态多目标利益满足状态时间序列的综合表现。由图 5-1 可以看出，单一时段中各个目标的满意度越高，各个目标的满意度值在平面坐标系中相互连线所形成的闭合菱形面积越大，体现了该时段水沙电生态多目标利益满足状态越好；各个目标满意度越低，则在平面坐标系中所形成的闭合菱形面积越小，反映出该时段水沙电生态多目标利益满足状态越差。因此，可由单一时段水沙电生态多目标满意度闭合面积来反映该时段的多目标利益满足状态。故长系列梯级水库群水沙电生态多维协同控制过程就可以用水沙电生态多目标满意度闭合面积的时间序列来表示，单一时段水沙电生态多目标满意度闭合面积计算公式如下：

$$U_t = \frac{1}{2}\left\{\left[M(W_t)+M(Q_t^{\text{sed}})\right]\times\left[M(E_t)+M(Q_t^{\text{eco}})\right]\right\} \tag{5-13}$$

式中，U_t 为 t 时段的多目标满意度闭合面积，无量纲；$M(W_t)$、$M(Q_t^{\text{sed}})$、$M(E_t)$、$M(Q_t^{\text{eco}})$ 分别是 t 时段的供水满意度、输沙满意度、发电满意度、生态满意度，无量纲。

　　水库群水沙电生态多维协同控制系统处于复杂的非线性动态环境中，在 5.3.1 节中以各目标满意度是否落在合理区间作为判断依据对逐时段的水沙电生态多维协同进行检验与调控，而如何识别与评价调控措施是否有利于降低水沙电生态多维协同控制系统的混沌特征和复杂程度，是否引导该非线性动态系统向有序方向演化，是进一步引导梯级水库群水沙电生态多维协同控制的重点。混沌理论中的分形维数是定量刻画非线性系统混沌特征的一个重要参数，广泛应用于系统非线性行为的定量描述中，而分形维数中的关联维数能够定量描述系统结构的复杂程度；熵理论中的 Kolmogorov 熵（以下简称 K 熵）作为刻画非线性动态系统的重要特征量，能有效度量系统的混沌程度。在不同类型的动力学系统中，K 熵的数值是不同的：在随机运动系统中，K 熵无界；而在规则运动系统中，K 熵为 0；

在混沌系统中，K 熵大于 0，且其取值越大表明系统混沌程度越大，系统越复杂。关联维数和 K 熵这一评价指标组合已在设备状态检测和故障诊断中得到广泛应用。

因此，在 5.3.1 节基于满意度的逐时段水沙电生态多维协同检验与调控后，通过引入关联维数和 K 熵两项评价指标来对水库群水沙电生态多维协同控制系统的复杂程度与混沌特征进行评价，提取长系列水沙电生态多目标满意度闭合面积时间序列 $\{U_1，U_2，\cdots，U_t\}$ 的特征，以判断调控措施是否有利于降低水库群水沙电生态多维协同控制系统的复杂程度和混沌程度。下面介绍关联维数和 K 熵的确定方法。

（1）关联维数的确定

关联维数由格拉斯贝格尔（Grassberger）和普罗卡恰（Procaccia）于 1983 年提出，可以通过单变量时间序列在重构相空间上计算关联积分 $C(m,r)$ 与距离 r 的关系来获取，该方法称为 G-P 算法。水沙电生态多目标满意度闭合面积时间序列的关联维数计算过程：对于长系列多目标满意度闭合面积时间序列 $\{U_1，U_2，\cdots，U_t\}$，t 为时段数，对其进行相空间重构，其中重构的相空间嵌入维数是 m，τ 为延迟时间，则可以得到 $M=n-(m-1)\tau$ 个点的 m 维空间：

$$X=\begin{bmatrix} U_1 & U_2 & \cdots & U_{n-(m-1)\tau} \\ U_{1+\tau} & U_{2+\tau} & \cdots & U_{n-(m-2)\tau} \\ \vdots & \vdots & \ddots & \vdots \\ U_{1+(m-1)\tau} & U_{2+(m-1)\tau} & \cdots & U_n \end{bmatrix} \tag{5-14}$$

记 $X=[X_1,X_2,\cdots,X_{n-(m-1)\tau}]$。对于 m 维相空间中的一对相点，如式（5-15）所示，假设两个相点之间的欧氏距离为 $r_{ij}(m)$，是相空间维数 m 的函数，如式（5-16）所示。

$$\begin{cases} X_i=(U_i,U_{i+\tau},\cdots,U_{i+(m-1)\tau}) \\ X_j=(U_j,U_{j+\tau},\cdots,U_{j+(m-1)\tau}) \end{cases} \tag{5-15}$$

$$r_{ij}(m)=\parallel X_i-X_j \parallel=\max|x_{i+k\tau},x_{j+k\tau}|,k=0,1,\cdots,m-1 \tag{5-16}$$

在 $\min(r_{ij}(m))$ 与 $\max(r_{ij}(m))$ 范围内选取合适的 r，对式（5-17）进行计算。

$$C(m,r)=\frac{1}{N(N-1)}\sum_{i=1}^{N}\sum_{j=1}^{N}\theta(r-r_{ij}(m)) \tag{5-17}$$

式中，$N=n-(m-1)$；$i\neq j$；$C(m,r)$ 为距离小于 r 的向量对在所有向量对中所占的比例，即关联积分；r 为吸引子自相似结构的无标度区；θ 为赫维赛德（Heaviside）函数，如式（5-18）所示。

$$\theta=\begin{cases} 1，& x\geqslant 0 \\ 0，& x<0 \end{cases} \tag{5-18}$$

另外，关联积分 $C(r)$ 在 r 的无标度区内满足 $C(m,r)=r^{D(m,r)}$。当 r 趋于 0 时，则可求得关联维数 D，式（5-19）所示：

$$D(m,r) = \lim_{r \to 0} \frac{\ln C(m,r)}{\ln r} \tag{5-19}$$

根据上述过程求得长系列梯级水库群水沙电生态多维协同控制系统的关联维数 D，D 值越小，表明该系统的层次越高，复杂度越低，趋势越显著；D 值越大，表明该系统的复杂度越高。

（2）K 熵的确定

采用关联积分法求解长系列梯级水库群水沙电生态多维协同控制系统的 K 熵。依据相空间重构技术，可求得水库群水沙电生态多目标满意度闭合面积时间序列产生的 m 维相点间的欧氏距离 $r_{ij}(m)$，并计算得到关联积分 $C(m, r_{ij}(m))$。不断减小 r_{ij} 的取值，当 $C(m, r_{ij}(m))$ 的大小不随 $r_{ij}(m)$ 的改变而发生变化时（即趋于稳定），得到 $C(m, r)$。在此基础上，改变相空间维数 m 的大小并计算 $C(m_x, r)$，m_x 在 m 的范围内变化，由式（5-20）计算一系列的 K_x 值，当 K_x 值不再随着 m 的增大而变化时，即为最终的 K 熵。

$$K(m,r) = \frac{1}{\tau} \ln \frac{C(m,r)}{C(m+1,r)} \tag{5-20}$$

减小关联维数 D 及 K 熵，即减少了系统的复杂程度和混沌程度，有利于动态系统的有序运行。因此，以梯级水库群水沙电生态多维协同控制系统的关联维数 D 及 K 熵是否减小来作为评判调控措施是否合理可行的依据，引导水沙电生态多维协同控制系统向有序方向演进。

5.3.3　梯级水库群多维协同调控流程

在获得长系列梯级水库群水沙电生态总协同度最大的运行方案的基础上，梯级水库群水沙电生态多维协同检验与调控步骤具体如下（图5-2）。

步骤1：以模型优化得到的长系列梯级水库群水沙电生态总协同度最大运行方案为初始方案。

步骤2：逐时段水沙电生态各目标满意度及满意度闭合面积计算。依据初始方案获取逐时段的水库群下泄流量，计算逐时段水沙电生态各目标利益满意度及多目标满意度闭合面积。

步骤3：计算初始方案水沙电生态多目标满意度闭合面积时间序列的关联维数 D 及 K 熵，分别记作 D_0、K_0。

步骤4：逐时段水沙电生态多维协同检验。从第一个时段开始，根据来水频率判断该水文年的来水情况（丰、平、枯水年），选择相应水平年的该时段水沙电生态各目标满意度合理区间。若当前时段的各目标满意度均在合理区间内，则进入下一时段判断；若当前

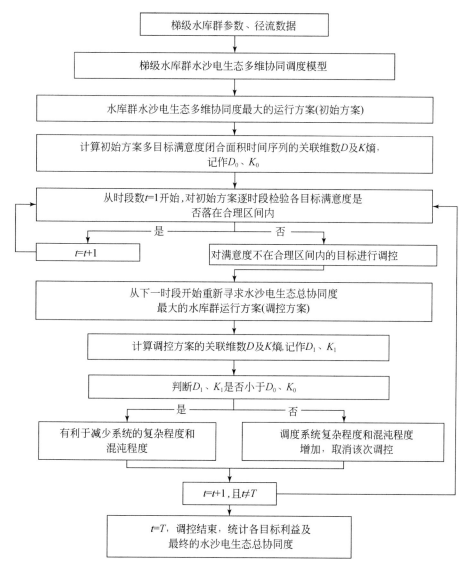

图 5-2　梯级水库群水沙电生态多维协同控制与混沌特征识别流程

时段中某些目标的满意度不在合理区间内，则针对该目标进行调控，直至调控后的水库下泄流量使得各目标满意度均在合理区间内。

步骤 5：步骤 4 中对当前时段水库群下泄流量进行了调控，导致原初始方案中当前时段之后的水库运行过程不再能确保长系列梯级水库群水沙电生态总协同度最大，则保持当前时段及之前所有时段的水库群运行过程不变，从下一时段开始重新寻求水沙电生态总协同度最大的水库群运行过程。计算调整后方案的水沙电生态多维协同控制系统的关联维数 D 及 K 熵，分别记作 D_1、K_1。

步骤6：判断 D_1、K_1 是否小于 D_0、K_0，若小于，则说明调控措施减少了系统的复杂程度和混沌程度，有利于水沙电生态多维协同控制系统的有序演进；若大于，则说明调控措施增加了系统的复杂程度及混沌程度，取消该次调控。

步骤7：进入下一时段，从步骤4开始下一时段的水沙电生态多维协同检验，直至最后一个时段的水沙电生态多维协同检验与调控完毕。

步骤8：获得新的梯级水库群水沙电生态多维协同运行过程，统计各目标利益及最终的水沙电生态总协同度。

5.4 本 章 小 结

为了对存在多目标竞争关系的缺水多沙河流进行梯级水库群水沙电生态多维协同控制，优先保障各目标的关键利益，使梯级水库群调度下水沙电生态多目标在时段间形成协同有序、在时段内达到利益均衡，并引导梯级水库群多目标调度系统向降低混沌特征的方向演进，本章研究了梯级水库群水沙电生态多过程协同控制原理。

1）基于协同学提出了梯级水库群水沙电生态多维协同控制原理，对多目标关键利益与非关键利益进行识别及序参量选取，阐释了水沙电生态多维协同控制的总体原则及关键利益与非关键利益之间的控制原则。

2）提出了以水沙电生态多维协同度最大为寻优目标的黄河梯级水库群优化方向；以线性功效函数求解序参量的有序度值，以加权法求得子系统的有序度，采用层次分析法获得序参量权重，通过模型模拟和方案优选获得长系列过程中多维协同度最大的运行方案，实现梯级水库群调度下多目标在时段间的协同有序。

3）提出了基于满意度合理区间的时段内多目标利益均衡检验方法，以合理的方式确定了水沙电生态多目标逐时段的满意度合理区间，以该区间为依据对长系列总协同度最大的运行方案进行检验，检验时段内多目标是否达到利益均衡，并对不在满意度合理区间内的目标进行调控；为了识别梯级水库群多目标调度系统的混沌特征，以水沙电生态多目标满意度闭合面积的时间序列作为分析调度系统混沌特征的混沌时间序列，通过对比分析多目标利益均衡检验前后混沌时间序列的关联维数 D 和 K 熵是否减少，来判断多目标利益均衡检验的调控措施是否有利益降低调度系统的混沌程度及复杂程度，从而引导水库群多目标调度系统向降低混沌特征的方向演进。

第6章 水沙电生态多维协同调度仿真模型与求解

6.1 模型要求

黄河梯级水库群多维协同调度是以水库出库水量过程优化为手段，协调供水、输沙、发电、生态等不同需求，实现流域整体效益的最优，要求能够反映水资源的开发利用、工程运用以及河流生态保护等情况。

1. 问题的提出

随着梯级水库群规模的不断扩大，梯级水库群之间的水力、电力联系日趋复杂化，不同调度需求、调度目标之间存在的相互制约与竞争关系日益明显，河流上下游供水、发电、输沙及生态用水冲突问题日趋凸显，如流域各用水户追求自身利益最大化和资源优化利用之间存在难以协调的矛盾，并行协同优化极为困难，水库无序调度可能严重影响流域和区域水资源分配，带来了一系列亟待解决的工程技术难题，流域大规模水库群调度问题日益突出。

黄河水资源调配不仅要考虑发电和供水，而且要考虑防洪、防淤，在非汛期还要考虑防凌，是一个典型的多目标问题。梯级水库群优化调度是一类高维、时变的大规模决策优化问题，并具有非线性、不确定性、多目标、多层次、多阶段等特征，一直是水利工程科学与系统工程科学交叉发展的前沿问题之一。传统优化调度的理论与方法已难以支撑复杂大规模梯级水库群调度决策的制定，且难以满足工程需求。因此，亟须研究新的优化理论与方法。和单库调度变量简单、调度主体单一不同，大规模水库群优化调度问题具有时间与空间多维、库群入流复杂、服务和调度主体非单一等诸多特点，且不同时段运行状态互相耦合，同时受枢纽运行状态和区域电力系统负荷需求等多种因素制约，是一类非线性、高维数、多约束优化问题，模型的构建和快速准确求解难度巨大。

2. 关键问题

目前黄河梯级水库群联合调度存在以下矛盾：

1）水库运行管理系统不完善，管理权限分散，缺乏流域整体管理系统和协调统筹，多头管理、多龙管水。例如，上游水库蓄水，造成汛期来水量减少，输沙水量不足，宁蒙河段淤积形成"新悬河"。

2）梯级水库群各水库运行之间缺乏有效协调。涉及单个水库调度目标与流域调度目标的矛盾，生活用水和生态用水的矛盾，上中下游水库不同地区及不同部门之间的矛盾。目前缺乏有效的协调机制，成为难以实现水库群联合调度的重大障碍。

3）梯级水库群中每一个水库运行调度过多注重自身经济效益和社会效益，缺乏对生态环境的考虑，影响河流生态健康。

3. 模型要求

由于黄河梯级水库群工程众多、流域水资源利用复杂，黄河梯级水库群多维协同调度仿真模型应具有以下特点：

1）全过程、动态性。黄河梯级水库群防洪、防淤，在非汛期还要考虑防凌，是一个典型的多目标问题，而且各目标间相互竞争、相互矛盾。不仅供需之间矛盾突出，而且防凌与发电之间存在矛盾，综合利用与泥沙淤积和防洪之间也存在矛盾。

2）黄河干流主要水利工程包含 5 个调节水库电站、6 个径流式电站，这些水库库容大小不一，调节性能各异，主要功能和承担的任务也不相同，水资源开发利用时必须考虑各个水库的性能和任务。

3）黄河水量利用还有一个特殊的限制因素，就是必须考虑泥沙问题，考虑河道的防淤。尤其是汛期，不仅要留有一定的冲沙水量，而且有一定的流量要求，避免出现"小水带大沙"的局面。

4）黄河流域水资源用水部门众多，各部门的责、权、利不同，导致其用水时间、用水特点也不同，在考虑水资源利用特点的基础上，兼顾各部门利益，对于有限的水资源在不同用水部门之间的分配方案有多种，调控对象模型的建立就是为了获得这些不同的水资源利用方案。同时，解决黄河水问题的关键也就是寻求水资源的合理分配，为了达到这一目的，本次调控研究中，把由调控对象模型求出的每一种水资源利用方案作为一个临界调控的备选方案，然后通过运行控制者模型对求出的备选方案实施调控。

鉴于黄河流域水资源利用的复杂性，考虑以下两个原因：①能最大限度地反映系统真实运行情况，增强模型的实用性；②实现对水资源利用合理调控的前提是调控方案必须是可行的，否则调控将没有意义，调控结果也不可实施。因此，本研究在前述水资源调配方法即模拟方法的基础上，建立仿真模型，研究在不同系统输入情况下的系统响应，以更有效地进行临界调控。同时，用户也可以参照调控结果或根据需要很容易地改变模型参数和约束条件，形成多个调控方案，作为备选方案集，为决策者提供决策参考。

6.2 模 型 建 立

6.2.1 模型目标函数

黄河梯级水库群担负着黄河重要的年际和年内水量调节、发电、防凌、生态供水、灌溉等任务，因此多维协同调度的目标函数如下：

1）综合缺水量最小目标。提高调度期供水效益，减少缺水，为流域内及相关供水区生活、生产提供稳定的水资源保障。

$$\min(f_1) = \min\left\{ \sum_{i=1}^{I} \sum_{t=1}^{T} \gamma(i,t) \left[Q_d(i,t) - Q_s(i,t) \right] \cdot \Delta t \right\} \tag{6-1}$$

2）河流输沙量最大目标。改善河道输水输沙能力和维持河道稳定，将尽可能多的泥沙输送入海，减少水库和河道的泥沙淤积。

$$\max(f_2) = \max\left[\sum_{j=1}^{J} \sum_{t=1}^{T} \eta Q_c{}^{\beta}(j,t) S^b(j,t) \cdot \Delta t \right] \tag{6-2}$$

3）梯级水库群发电量最大目标。梯级水库群调度周期内发尽可能多的电量，实现梯级水库群的经济效益。

$$\max(f_3) = \max\left\{ \sum_{m=1}^{M} \sum_{t=1}^{T} K Q_{RO}(m,t) \left[H_s(m,t) - H_0(m,t) \right] \Delta t \right\} \tag{6-3}$$

4）生态缺水量最小目标。保证水库下游维持河道基本功能的需水量、模拟贴近自然水文情势的水库泄流方式以及增强水系连通性调度。满足河道生态需水要求，维持和改善河流健康状况。

$$\min(f_4) = \min\left\{ \sum_{k=1}^{K} \sum_{t=1}^{T} \left[Q_e(k,t) - Q_c(k,t) \right] \cdot \Delta t \right\} \tag{6-4}$$

式中，$\gamma(i,t)$ 为 i 节点 t 时段缺水的重要性系数，无量纲；$Q_d(i,t)$、$Q_s(i,t)$ 分别为 i 节点 t 时段需水量和供水量，m^3/s；η、β、b 分别为待定系数和指数；$Q_c(j,t)$ 为 j 断面 t 时刻的流量，m^3/s；$S(j,t)$ 为 j 断面 t 时刻的含沙量，kg/m^3；$Q_{RO}(m,t)$ 为第 m 个水库 t 时刻的出库流量，m^3/s；K 为综合出力系数，无量纲；$H_s(m,t)$、$H_0(m,t)$ 分别为水库水头和发电尾水位，m；$Q_e(k,t)$、$Q_c(k,t)$ 分别为 k 断面的生态需水流量和断面下泄流量，m^3/s。

梯级水库群调度各目标之间存在竞争和制约，梯级水库群总发电量与下游河道生态水量均呈反比关系，提高经济目标则降低生态目标，反之亦然。同时，当来水越枯时，经济目标和生态目标的函数值分布范围越小，梯级水库缺乏足够的调控空间来均衡不同目标。根据流域水资源特征及生态调度实际需求，提出了面向河流生态健康的供水水库群联合调度模式，旨在协调缺水地区兴利、生态用水间的矛盾，以期能够为缺水地区生态调度研究提供理论支撑。

6.2.2　约束条件

设置水量模型约束条件，实现模拟环境和运行边界的仿真。

1）出库流量约束：

$$Q_{\text{ROmin}}(m,t) \leqslant Q_{\text{RO}}(m,t) \leqslant Q_{\text{ROmax}}(m,t) \tag{6-5}$$

式中，$Q_{\text{RO}}(m,t)$ 为 m 水库 t 时段出库流量，m^3/s；$Q_{\text{ROmax}}(m,t)$ 为 m 水库 t 时段最大出库流量，m^3/s，其值与防凌和最大过机流量有关；$Q_{\text{ROmin}}(m,t)$ 为 m 水库 t 时段最小出库流量，m^3/s，其值与生态流量有关。

2）供水能力约束，水源工程供水量不超过其供水能力：

$$Q_{\text{S}}(n,t) \leqslant Q_{\text{Pmax}}(n) \tag{6-6}$$

式中，$Q_{\text{S}}(n,t)$ 为 n 水源工程 t 时段的供水量，m^3/s；$Q_{\text{Pmax}}(m)$ 为 m 水源工程的供水能力，m^3/s。

3）出力约束，水库应满足系统出力要求：

$$N_{\min}(m,t) \leqslant N(m,t) \leqslant N_{\max}(m,t) \tag{6-7}$$

式中，$N(m,t)$ 为 m 水库 t 时段出力，kW；$N_{\max}(m,t)$ 为 m 水库装机容量，kW；$N_{\min}(m,t)$ 为 m 水库保证出力，kW。

4）工程安全约束，水库调度运行安全要求蓄水量和需水水位满足：

$$V_{\min}(m,t) \leqslant V(m,t) \leqslant V_{\max}(m,t) \tag{6-8}$$

$$Z_{\min}(m,t) \leqslant Z(m,t) \leqslant Z_{\max}(m,t) \tag{6-9}$$

式中，$V(m,t)$ 为 m 水库 t 时段的蓄水量，m^3；$Z(m,t)$ 为 m 水库 t 时段的水位，m；$V_{\max}(m,t)$ 为 m 水库 t 时段容许的最大蓄水量，m^3；$Z_{\max}(m,t)$ 为 m 水库 t 时段容许的最高水位，m；$V_{\min}(m,t)$ 为 m 水库 t 时段容许的最小蓄水量，一般为死库容，m^3；$Z_{\min}(m,t)$ 为 m 水库 t 时段容许的最低水位，一般为死水位，m。

5）防凌约束：即在凌汛期（11月至次年3月）需要控制刘家峡水库的出库流量，保证兰州断面的防凌要求。

$$Q_{RO}(m,t) \leq Q_F(m,t) \tag{6-10}$$

式中，$Q_F(m,t)$ 为 m 水库 t 时段的防凌安全限制流量，m^3/s。

6.2.3 模型框架

（1）多尺度嵌套

梯级水库群多维协同调度研究的尺度分为宏观尺度、中观尺度和微观调度，如图6-1所示。宏观尺度上，通过水库群长系列与年调度模型，优化水库中长期和年度的蓄泄过程并实现流域的水量分配，并作为中观尺度调度的边界条件，保证水库在多年运行期间的水量调度策略的科学性与合理性；中观尺度上，建立梯级水库群年内调度与河段配水模型，利用中长期调度结果作为边界条件，模拟水库群年内蓄泄过程及河流取用水过程，优化梯级水库群年内的蓄泄关系和河段/地区及不同时段的取水过程，输出的为月/旬时间尺度的水库出库和河流径流过程，作为微观尺度调度的边界条件，保证梯级水库群年内蓄泄过程和取水过程的科学性与合理性；微观尺度上，建立水库群调度的水流演进及水动力过程模型，旨在揭示水库群调度下水流演进及水动力过程演化的规律，营造适宜河流输沙和生态系统的水库实时人工生态洪水过程，保证水库在生态关键期的生态调度方案的科学性与合理性，输出的是日时间尺度的水库出库和河流径流过程。

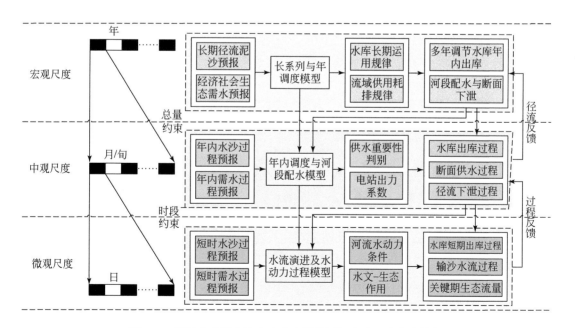

图6-1 梯级水库群水沙电生态多维协同调度多尺度嵌套结构

多尺度嵌套的梯级水库群水沙电生态协同调度技术实现：宏观尺度的调度策略可提供长系列及不同水文年水库年度可供水量以及水库年末控制水位，中观尺度的调度策略可提供梯级水库群年内各个月份可供水量及过程，微观尺度调度策略可营造适宜河流输沙及生态系统的水库实时人工生态洪水过程。因此，宏观尺度、中观尺度与微观尺度是相互嵌套结构，并存在互动和互馈机制。最终，评价调度效果好坏取决于对供水、输沙、发电、生态的系统协同程度，总效益最大化。将协同有序度效果反馈给宏观尺度、中观尺度与微观尺度的多维调度模型，然后进行不断修正、迭代求解获得水库群调度过程。

根据调控时间尺度的不同，水量调度可以分为年调度、月调度和日（实时）调度，如图 6-2 所示。模型河段划分如图 6-3 所示。在年尺度上，建立流域社会经济整体优化模型，生成各用水单元的年调度指标；在月、旬尺度上，根据优化的调度指标或国务院分水指标，建立"总量控制、动态反馈、过程优化"的自适应调度模型；日尺度上则需要建立基于水力学和河流动力学的实时调度模型。以国务院批准的"八七"分水方案指标为依据，该指标规定了特定来水频率下的流域各用水户的引水量。

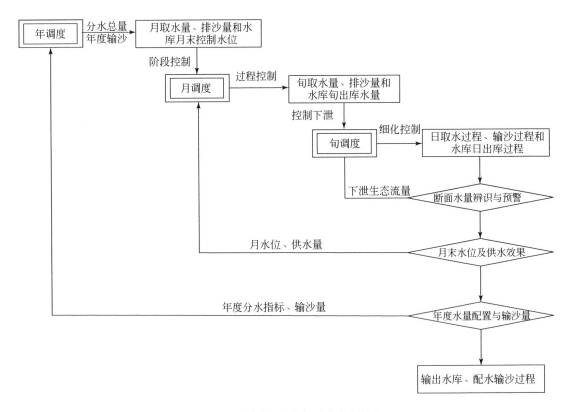

图 6-2　不同时间尺度的嵌套控制结构

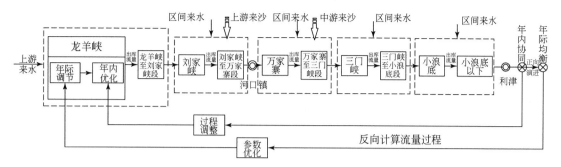

图 6-3　多维协同调度梯级水库群调度河段划分

年调度：利用年径流、入黄泥沙预报以及水库蓄水信息，结合长系列分析预测调度年度的可供水量，预分配年度分水指标，将水量分配到各用水单位，得到初步的用户引水过程；根据用户引水与河段引水口对应关系，将各用户引水过程分配到各引水节点，通过状态估计，对系统控制参数进行测量，当出现不满足控制条件时，系统自动反馈辨识，调整水库下泄流量或减少各省（自治区）用水，直到所有调度时段条件均满足后，得到一组可行解，作为调度预案。模型参数包括各河段河道的传播时间、水量损失、槽蓄变量、水库运行控制流量、水库水位约束、不断流和防凌要求的断面控制流量等，边界条件包括非汛期各月来水预报、汛末水库蓄水量、汛期各省（自治区）实际引水量、控制断面的初始流量以及各省（自治区）用水申请等。

月调度：年度水量分配的总量作为控制条件，结合各个月的径流及需水情况，重新计算年可供水量及余留调度期的可供水量；再利用河段配水模型重新分配各省（自治区）用户引水总量，扣除前期已引走水量，得出各河段剩余水量，以断面流量为基本约束，按等比折减的原则，利用自适应调度模型，得到未来各月水库调度出库流量过程和各月河段配水方案，并将剩余水量分配至余留调度期各月，并对状态进行估计。

日调度：在月方案的基础上，根据日径流、泥沙预报，结合水库蓄水和需水等边界条件进行滚动修正，进行日调度，实现逐时段校正，直到最后一个调度时段结束。调度模型每个旬运行一次，或当来水预报有变化时实时运行，每过一个旬，时间缩短一个旬。水库调度与水流演进模型逐日运行，滚动预报，每逢月末向月调度模型提供当月末实际调度结果，作为新的月调度基础，每逢旬末向旬调度模型提供当旬末实际调度结果，作为新的旬调度基础，长短嵌套，实现月、旬、日模型的滚动修正。

（2）多过程耦合

梯级水库群水沙电生态多维协同调度多过程耦合结构如图 6-4 所示。梯级水库群发电过程优化是根据水库调度规程，按照梯级发电出力约束要求，以梯级系统发电量最大为目标、综合考虑供水、生态和河道输沙需求，合理安排梯级水库群中长期和年度的蓄泄秩序，优化出库过程作为其他过程优化的基础；河段配水优化是在流域供用耗排水规律基础上，以综合缺水量最小为目标，安排各个时段和各个取水口的取水量过程，并向水库反馈需水满足程度；河流生态过程优化是基于水库出库过程、断面取水过程，考虑水流演进核算断面生态流量的满足程度。水沙电生态四大过程以水库下泄流量和断面流量为纽带相互关联，通过动态反馈输出满意的水库下泄流量过程。

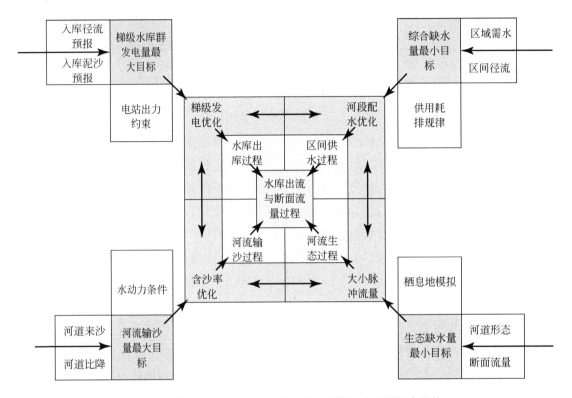

图6-4 梯级水库群水沙电生态多维协同调度多过程耦合结构

从图6-4中的4个目标来看，相互关联项为水库或河道下泄的流量，而流量的实现以水库出库过程优化为基础。梯级水库群协同调度就是优化控制水库下泄水量，控制断面取水过程，实现河流水沙电生态四大过程的协同。

6.2.4 流域调度节点概化

黄河流域水资源系统在物理上由各种元素（如供水水源、用水户、水库工程及它们之间的输水连线等）组成，建立仿真模型的目的就是要用计算机算法来表示原型系统的物理功能和它的经济效果，因此模型建立的第一步需要把实际的流域系统概化为由节点和连线组成的网络系统，该系统应该能够反映实际系统的主要特征及各组成部分之间的相互联系，也便于使用数学语言对系统中各种变量、参数之间的关系进行表述。

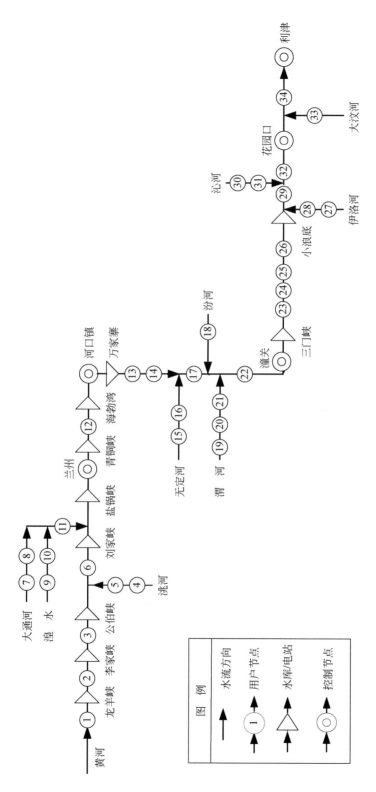

图6-5 黄河流域概化节点图

黄河流域地域广阔，研究中依据自然地理情况，结合河段开发条件和行政区划，将全流域划分为上游、中游、下游 3 个分区。各地区经济发展水平、生产结构和水资源开发利用目标不同，对黄河水资源利用的影响也不同，因此每个分区又分为若干个子区。将河段计算分区、主要工程节点、控制节点以及供用耗排等系统元素，采用概化的"点""线"元素表达，绘制描述流域水力联系的系统网络节点图，并以此作为模拟计算的基础。为保证模型模拟精度，河段概化和节点划分遵循 5 条原则：①反映河段产流、产污特性；②反映水力联系及运动转化过程；③反映供用耗排规律；④反映河段工程条件；⑤反映河段水量、流量要求。根据黄河流域行政区划和水系分布，并考虑主要断面控制要求和工程情况，将全流域共划分为 240 个计算单元，按流域水系连接起来，形成流域概化节点图（图 6-5）。

6.3 过程协调与控制实现

6.3.1 总体思路

梯级水库群协同调度就是优化控制水库下泄水量，控制断面取水过程，实现河流供水、输沙、发电和生态四大过程的协同。本书建立的黄河梯级水库群水沙电生态多维协同调度仿真模型通过优化出库控制和河段配水来实现四大过程的协同，如图 6-6 所示。

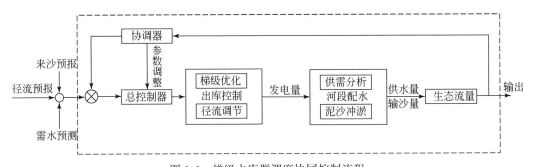

图 6-6 梯级水库群调度协同控制流程

黄河梯级水库群水沙电生态多维协同调度仿真模型采用双层架构，上层为多目标协同控制优化模型，以关联维数和 K 熵最小为目标控制优化出库水量过程。下层采用具有合作博弈功能的模型，协调河段之间以及河段内供水、生态等多种用水的行为选择，真实地描述在有限水量条件下的不同用水需求的选择行为。合作博弈强调的是总效益，参与联盟的每个博弈者效益是总效益的一个分配。无论效益在联盟成员之间如何转移分配，总效益不变。合作博弈不考虑联盟如何形成、能否被执行及如何执行等。河流生态环境问题的出现很大程度是由水资源调配中的利益相关主体间利益分配不合理造成的，利益相关者关注自身利益最大化，而河流流域的管理者则更关注如何使全流域的利益最大，负面影响最小。合作博弈是一种"非零和"博弈，只有当联盟能产生额外收益时合作博弈理论才适用。所有博弈者全部合作形成大联盟的必要条件是每一个博弈者参与大联盟的收益比其不联盟或者参与局部小联盟的收益都高。合作博弈假定存在有约束力的合作协议，博弈参与者通过合作联盟能够共同创造价值。

梯级水库群调度中，水库与河道的互馈关系如图 6-7 所示。出库控制模型的输入参数为河流的径流预报、下游需下泄流量，其中下游需下泄流量由河段配水模型通过平衡输沙、断面控制流量求得；出库控制模型的决策变量即梯级水库群的出库流量过程，通过水流演进形成河流主要断面的径流过程，与下游需水、河流来沙过程形成河段配水模型的决策输入参数，河段配水模型采用合作博弈，按照最大化河流总效益作出河道外供水和河流输沙的水量分配，与河段流量控制相比较反馈下游需下泄的流量过程，进而进一步影响出库控制。两个模型之间的参数传递构成了迭代过程。

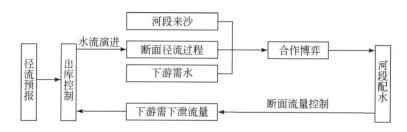

图 6-7　梯级水库群调度水库与河道的互馈关系

出库控制模型是在下游下泄需求和径流预报的基础上，以式（6-3）为目标输出出库径流过程。河段配水模型采用合作博弈方法，将径流量在输沙、河道外供水之间做决策，并在河段不同用户之间分配，假定所有决策者有限理性并拥有完全信息，决策的目标是实现总效益的最大化，即式（6-1）和式（6-2）。

6.3.2　供需自适应与供水过程控制

概化全河、河段水力联系，建立以网络技术为核心的河段配水模型，模拟河道水流演进和节点水量供用耗排关系，以控制节点取水为基础，实现河流断面下泄水量目标。

（1）节点水量平衡

河流存在供用耗排过程的水量平衡，河段水量供用耗排的平衡关系为

$$Q_C(i,t) = Q_C(i-1,t) + Q_{IN}(i,t) - Q_S(i,t) - Q_L(i,t) + Q_T(i,t) \tag{6-11}$$

式中，$Q_C(i,t)$、$Q_C(i-1,t)$ 分别为 t 时段第 i 节点和第 $i-1$ 节点的断面流量，m^3/s；$Q_{IN}(i,t)$ 为 t 时段第 i 河段（第 i 节点和第 $i-1$ 节点之间的河段）的区间来水，m^3/s；

$Q_{\mathrm{S}}(i,t)$ 为 t 时段第 i 节点的供水，m^3/s；$Q_{\mathrm{L}}(i,t)$ 为 t 时段第 i 河段的水量损失，m^3/s；$Q_{\mathrm{T}}(i,t)$ 为 t 时段第 i 河段的退水，m^3/s。

（2）供需自适应控制

河段配水就是进行水量的空间配置，将经过水库调节的水量按照一定的原则分配给不同省份或者河段，确定各河段的供水计划，当水量不足时，控制河段取水保证控制断面的水量下泄，以一定规则同比例压减河段用水。

河段配水的基本原则如下：优先满足城镇生活用水和断面最小流量要求，确保黄河不断流，实行总量管理、分级调度、省际断面控制和动态调整。考虑地区公平性，实行省际和河段的总量控制，河段增减用水尽可能保持总量比例一致；以省际配水为主，各省内配水自行分配，模型提供分河段的指导性配水意见；考虑各个地区降水、作物种植结构和作物需水期、土壤墒情的差别，实施动态配水，并在逐月、逐旬、逐日的滚动调度中更新调整。供水期后期的供水打折系数大于其前期的供水打折系数，以保证供水期后期供水安全和不断流。

年内配水系数的确定：在长系列调算中，通过径流的长期预测，以及多年水库调节，实现水量年际分配，全年可分配水量包括当年水库可使用的库存水量和年度径流总量，当水量不足时，按照年内配水系数打折，如式（6-12）所示。

$$K(y) = \frac{\sum_{m=1}^{M} \sum_{t=1}^{12} V_{\mathrm{SMAX}}(m,t) + \sum_{i=1}^{I} \sum_{t}^{12} Q_{\mathrm{R}}(i,t) \Delta t}{\sum_{i=1}^{I} \sum_{t=1}^{12} (Q_{\mathrm{d}}(i,t)) \Delta t} \tag{6-12}$$

式中，$K(y)$ 为 y 年度供水打折系数，无量纲；$V_{\mathrm{SMAX}}(m,t)$ 为 m 水库 t 时段可提供的库存水量，m^3；$Q_{\mathrm{R}}(i,t)$ 为第 i 河段 t 时段的区间来水，m^3/s；Δt 为时段长，s；$Q_{\mathrm{d}}(i,t)$ 为第 i 河段 t 时段的需水量，m^3/s。

河段配水系数的确定：由于水库调节逐时段下泄水量变化，河段可分配水量应为进入河段水量扣除必要的下泄水量，确定各时段河段配水系数，如式（6-13）所示。

$$k(i,t) = \frac{Q_{\mathrm{C}}(i-1,t) + Q_{\mathrm{R}}(i,t) - Q_{\mathrm{OUT}}(i,t) - Q_{\mathrm{L}}(i,t) + Q_{\mathrm{T}}(i,t)}{Q_{\mathrm{d}}(i,t)} \tag{6-13}$$

式中，$k(i,t)$ 为第 i 河段 t 时段的河段配水系数，无量纲；$Q_{\mathrm{OUT}}(i,t)$ 为第 i 河段 t 时段必要流出的径流量，m^3/s。

6.3.3 输沙过程控制

以河流水动力学、水库-河道耦合输沙模拟为基础，以水库-河道耦合输沙能力最大为控制目标，建立以水库排沙和河道输沙为核心的模型，模拟不同径流条件、来水情景下的河流输沙效应。

（1）水库排沙

水库排沙从大类上可分为壅水排沙、降水溯源冲刷和敞泄排沙三类。在水库运用初期，水库水位不断抬升，此时壅水排沙情形较多出现；在库区淤积较严重而来水较丰的条件下，水库多采取降水溯源冲刷方式排沙；在水库达到冲淤平衡转入正常运用期后，则多采用敞泄排沙方式排沙。

三种情况下，敞泄排沙的计算最为简单，即水库基本不拦沙，三门峡水库汛期多采用此种方式，存在：

$$Q_{RO}(m,t) = Q_{RI}(m,t) \tag{6-14}$$

$$W_{SRO}(m,t) = W_{SRI}(m,t) \tag{6-15}$$

式中，$Q_{RO}(m,t)$ 和 $Q_{RI}(m,t)$ 分别为 m 水库 t 时段的出库流量和入库流量，m^3/s；$W_{SRO}(m,t)$ 和 $W_{SRI}(m,t)$ 分别为 m 水库 t 时段的出库沙量和入库沙量，kg。

当坝前水位较高，库区水深满足异重流潜入水深时，水库的排沙主要是壅水异重流排沙，泥沙沿程淤积，出库沙量一般小于入库沙量；当坝前水位较低，库区水深不满足异重流潜入水深时，水库的排沙主要是沿程冲刷、异重流排沙相结合或沿程冲刷、降水溯源冲刷、异重流排沙相结合。其中，沿程冲刷采用式（6-16）计算：

$$G = \psi \frac{Q_{RO}(m,t)^{1.6} J^{1.2}}{B^{0.5}} \times 10^6 \tag{6-16}$$

式中，G 为沿程输沙率，kg/s；J 为库区内水面比降；B 为库区内河道宽度，m；ψ 为表征库区河床抗冲性能的系数，$\psi = 650$ 表示河床质的抗冲性能最小，$\psi = 300$ 表示中等抗冲性能，$\psi = 180$ 表示抗冲性能最大。

异重流排沙采用式（6-17）计算：

$$S = S_0 \sum_{l=1}^{n} P_l e^{-\frac{\alpha \omega_l L}{q}} \tag{6-17}$$

式中，S 为库区异重流输移到坝前下泄的含沙量，kg/m^3；S_0 为异重流潜入时的含沙量，kg/m^3；P_l 为异重流潜入断面级配百分数；α 为饱和系数；l 为粒径组号；ω_l 为第 l 组粒径沉速，m/s；L 为异重流推进距离，m；q 为异重流演进时库区内的单宽流量，m^2/s。

上述公式在计算 2008 年小浪底水库异重流排沙时得到了理想的计算结果，验证了公式的合理性与适用性。根据上游来沙情况，在满足水库本身以及下游防洪安全的前提下，使出库排沙比最大，如式（6-18）所示。

$$\max \eta_s = \max \left(\frac{\sum_{t=1}^{T} \left(Q_{RO}(m,t) S(m,t) + Q_{RO}(m,t-1) S(m,t-1) \right) \Delta t}{2 W_{SRI}(m,t)} \right) \tag{6-18}$$

式中，$Q_{RO}(m,t)$、$Q_{RO}(m,t-1)$ 分别为 m 水库 t 时段和 $t-1$ 时段的出库流量，m^3/s；$S(m,t)$、

$S(m,t-1)$ 分别为 m 水库 t 时段和 $t-1$ 时段坝址含沙量，kg/m^3；Δt 为时段长，s；$W_{SRI}(m,t)$ 为 m 水库 t 时段入库沙量，kg；η_s 为排沙比，无量纲。

（2）河道输沙

黄河为悬移质泥沙输移为主的河道，河道输沙一般具有如下关系：

$$T_{SD} = kQ^a T_{SU}^b \tag{6-19}$$

式中，T_{SD} 为下断面输沙率，kg/s；Q 为下断面流量，m^3/s；T_{SU} 为上断面输沙率，kg/s；k 为系数，a、b 为指数，通过实测资料分析率定。

以平滩流量作为下游河道排洪能力的表征，采用吴保生等（2008）提出的滞后响应模型计算平滩流量的年际调整过程，在黄河下游的河床演变中取得了较好的应用成果，因此选为河道响应模块的核心计算公式。

$$Q_{bf} = K(1 - e^{-\beta \Delta t_1}) \sum_{i=1}^{n} e^{-(n-i)\beta \Delta t_1} \xi_{fi}^b Q_{fi}^c + K e^{-n\beta \Delta t_1} \xi_{f0}^b Q_{f0}^c \tag{6-20}$$

式中，Q_{bf} 为选定研究断面当年的平滩流量，m^3/s；Δt_1 为滞后时间，a；n 为由当前年份向前倒推的滞后总年数；ξ_{fi} 为向前倒推 i 年的汛期平均来沙系数，$(kg \cdot s)/m^6$；Q_{fi} 为向前倒推 i 年的汛期平均流量，m^3/s；ξ_{f0} 为当年的汛期平均来沙系数，$(kg \cdot s)/m^6$；Q_{f0} 为当年的汛期平均流量，m^3/s；K、β、b、c 为待定系数，无量纲。

用下游河道沿程监测水文横断面的平滩流量来表征其排洪能力，表达式为

$$\min\{Q_{1,bf}, Q_{2,bf}, \cdots, Q_{n,bf}\} \geqslant Q_{ebf} \tag{6-21}$$

式中，$Q_{i,bf}$ 为第 i 个断面点的平滩流量，m^3/s；Q_{ebf} 为水库下游河道主槽预期维持的平滩流量，m^3/s。

（3）自适应的输沙控制

判断 m 水库连续 Δn 年的淤积量状态，以控制 Δn 年的淤积量不超过给定初始值 $\Delta W_s(m,0)$，对水库运用方式进行调整，以汛期排沙水位为调节控制关键点。

当 $\sum_{t=n}^{n+\Delta n} \Delta W_s(m,n) < \Delta W_s(m,0)$ 时，水库以发电、供水等综合利用任务为主，坝前水位以发电、供水、输沙等调节计算水位 H_{bx} 为控制；

当 $\sum_{t=n}^{n+\Delta n} \Delta W_s(m,n) \geqslant \Delta W_s(m,0)$ 时，水库以冲刷泥沙、恢复库容为主，主汛期降低坝前水位，以最低排沙水位 H_{bmin} 为控制，直至水库连续 Δn 年的淤积量接近 0。

6.3.4 水库出水量与发电过程

（1）水库水量平衡

$$V(m,t+1) = V(m,t) + (Q_{RI}(m,t) - Q_{RO}(m,t))\Delta t - W_L(m,t) \tag{6-22}$$

式中，$V(m,t)$ 和 $V(m,t+1)$ 分别为 m 水库 t 时段和 $t+1$ 时段的蓄水量，m^3；$Q_{RI}(m,t)$ 和 $Q_{RO}(m,t)$ 分别为 m 水库 t 时段的入库流量和出库流量，m^3/s；Δt 为时段长，s；$W_L(m,t)$ 为 m 水库 t 时段的蒸发渗漏损失，m^3。

（2）发电过程与梯级蓄泄控制

传统的流域梯级水库群统一联合调度多采用 K 值判别式法来确定上下游水库蓄放水次序，进而指导梯级水库群联合运行。K 值判别式法以梯级水库群的调度期内整体水能损失最小为基本原则，从而推求上下游各水库的蓄水、供水次序。作为目前较成熟的梯级水库群联合调蓄策略，K 值判别式法具有明确的物理意义，与常规调度相比，其判别条件简单，可充分满足发电、防洪、航运等综合利用需求。在梯级水库群联合蓄水调度中各水库 K 值判别式法如式（6-23）所示：

$$K_m = \frac{W_m + \sum_{m=1}^{M_1} V_m}{\kappa \sum_{m=2}^{M_2} H_m} \tag{6-23}$$

式中，W_m 为梯级水库群中 m 水库的入库总水量，m^3；H_m 为 m 水库及其所有下游水库的总水头，m，共计 M_1 个水库；V_i 为 m 水库及其所有上游梯级各水库可供发电的总蓄水量，m^3，共计 M_2 个水库，$M_1 + M_2 - 1 = M$，M 是水库总数；κ 为待定系数，m^2。

式（6-23）反映了梯级水库群中第 m 个水库增加单位发电量所引起的梯级能量损失，K 值大的水库应优先蓄水。

流域水库群蓄水原则：

1）在同一流域中，单库蓄水方案需服从所属梯级库群联合蓄水方案，而梯级库群蓄水必须服从流域整体水库群蓄水规划方案。

2）在流域水库群蓄水调度方案制定中，应遵循流域上游水库优先蓄水、下游水库后蓄水的原则，同样由于流域支流水库运行的影响多为局部性的，而干流水库运行影响则是全局性的，应遵循流域支流水库优先蓄水、干流水库后蓄水的原则。

3）为保证流域防洪安全，应遵循未预留防洪库容或不具有防洪任务的水库优先蓄水、防洪库容较大的流域控制性水库后蓄水的原则，将汛末来水主要供给防洪库容较大、防洪任务重的大型控制性水库，错开与其他水库的蓄水时间，利于流域大规模水库群汛末统一蓄水调配。

4）多年调节和年调节水库所具有的兴利库容占河道年径流的比例较大，大多分布在流域来水较少的支流上，若规划在来水较枯的汛末进行蓄水，需要较长时间，所以此类水库可以优先蓄水，而季调节水库多分布在流域干流上，可以考虑后蓄水。

流域水库群蓄水策略。K 值判别式法反映了单位电能所引起的能量损失，与常规调度相比，在联合调度时，能够充分考虑当前时段梯级库群各水库的水位、库容和径流状态，选择水能利用效率最高的方式运行，使流域梯级补偿效益最大化。然而，K 值判别式法也存在不可忽视的缺点：①K 值判别式法未能兼顾水库是否承担流域防洪、供水、航运任务，并忽略了上下梯级之间的水力、电力补偿关系，仅仅对系统总蓄水电能进行优化并不能有效缓解流域汛末竞争性蓄水问题。②K 值判别式法忽略了各水库有限库容量及汛末蓄水任务等因素，容易导致一部分水库蓄满后弃水，而其他水库汛末无法蓄满的问题，如 K 值较小的水库因过多承担放水任务，致使可能无法完成汛末蓄水任务，降低水库汛末蓄满率；而 K 值较大的水库因过多承担蓄水储能任务，导致汛期水库可能提前达到正常蓄水位，产生弃水。

6.3.5　生态流量过程控制

（1）断面生态流量控制

将生态需水划分为最小生态需水及适宜生态需水两级，要求在枯水时按照最小生态需水 $Q_{emin}(j,t)$ 要求供水，保证下游生态不退化；丰水时按照适宜生态需水 $Q_{efit}(j,t)$ 要求供水，为下游提供良好生境。将生态需水分为两级（最小、适宜），要求在水量充沛的时期按照适宜生态需水过程进行控泄，为下游提供良好生境；在平水期及枯水期按照最小生态需水进行控泄，为下游提供基本生境条件。

黄河干流生态供水的断面主要包括兰州、河口镇、花园口和利津 4 个断面，时段的生态供水按照式（6-24）控制：

$$Q_{es}(j,t) = Q_{emin}(j,t) + \alpha Q_{efit}(j,t) \tag{6-24}$$

式中，$Q_{es}(j,t)$ 为 j 断面 t 时段的生态供水量，m³/s；α 为当年的径流丰枯程度系数，无量纲。

（2）河流径流的改变控制

采用基于 IHA 的变化范围法（range of variability approach，RVA），在梯级水库群优化调度中控制尽可能减少对河川径流的改变，从而减少对河流生态系统的扰动。IHA 含义与计算方法详见 3.4.1 节。为了定量描述各个 IHA 受人类活动影响后的改变程度，通过对水库运行前后河道日流量数据进行分析研究，量化各水文要素变化的程度，通常把受影响前各指标发生频率的 25% 及 75% 作为满足河流生态需求的变动范围，即 RVA 阈值（Richter et al.，1998；张飒等，2016；段唯鑫等，2016）。若受影响后的流量特征值大部分落在 RVA 阈值内，则说明河流水文情势受人类活动的影响不大，是在可以接受的范围之内；反之，若受影响后的流量特征值大部分落在 RVA 阈值外，则说明河流水文改变度受建坝等人类活动的影响较大，将会对河流的生态环境产生严重的负面影响。用水文改变度来量化：

$$D_i = \left| \frac{N_i - N_e}{N_e} \right| \times 100\% \qquad (6\text{-}25)$$

式中，D_i 为第 i 个指标的水文改变度，无量纲；N_i 为第 i 个指标受影响后仍落在 RVA 阈值范围内的年数，a；N_e 为指标受影响后预期落在 RVA 阈值范围内的年数，a。规定 $0 \leqslant |D_i| \leqslant 33\%$ 为无或低度改变；$33\% < |D_i| \leqslant 67\%$ 为中度改变；$67\% < |D_i| \leqslant 100\%$ 为高度改变。

将各水文指标的改变度以权重平均的方式来计算水文情势的整体水文改变度 D_0，分为以下三种情况计算（Shiau and Wu，2006）。

1）如果各指标的水文改变度均 $\leqslant 33\%$，则整体水文改变度为 33 个 D_i 值的平均值：

$$D_0 = \frac{1}{33} \sum_{i=1}^{33} D_i \qquad (6\text{-}26)$$

式中，$0 \leqslant D_0 \leqslant 33\%$，整体水文改变度属于低度改变。

2）如果 33 个 IHA 的水文改变度均 $\leqslant 67\%$，且至少含有一个改变值 $>33\%$，则整体水文改变度按式（6-27）来计算：

$$D_0 = 33\% + \frac{1}{33} \sum_{i=1}^{N_m} D_i \qquad (6\text{-}27)$$

式中，N_m 为 D_i 属于中度改变的个数，无量纲。式（6-27）中 $33\% < D_0 \leqslant 67\%$，整体水文改变度属于中度改变。

3）如果 33 个 IHA 的水文改变度中至少含有一个水文改变度 $>67\%$，则整体水文改变度按式（6-28）来计算：

$$D_0 = 67\% + \frac{1}{33} \sum_{i=1}^{N_h} D_i \qquad (6\text{-}28)$$

式中，N_h 为 D_i 属于高度改变的个数，无量纲。式（6-28）中 $D_0 > 67\%$，整体水文改变度属于高度改变。

调度过程中，在为共同生态供水区域联合供水时，应充分利用各水库调节能力上的差异，实施各成员水库间的补偿调节。在不同时段、来水条件及蓄水状态下，采用不同的供水组合满足下游生态供水目标。

6.3.6　日调度枯水流量演进模型算法

黄河梯级水库群水沙电生态多维协同调度仿真模型采用日时间步长，精准的水量演进是仿真模拟的基础。日调度枯水流量演进模型的基本原理仍然是水量平衡，即上断面入流、下断面出流及河段内水量变化的水量平衡问题。实测资料分析表明，只要河段流量传播时间在 1 天以上，则河段下断面当日的流量变化将受到上断面 1 天以上来水和河道槽蓄水量的影响，且关系复杂。因此，河段日流量变化不能简单概化为上下断面当日流量与传播时间的线性关系。在本次日调度枯水流量演进模型开发中，根据黄河下游水流传播的特点，从水文学方法的角度提出了下游河道枯水流量日传播演进方程，即枯水期河段槽蓄水量可表示为上断面多日流量的线性组合。

日调度枯水流量演进模型水量平衡方程表示为

$$Q_C(i,t) = \sum_{j=0}^{n} \alpha(i,j)\left(Q_C(i-1,t-j) + Q_{IN}(i,t) - Q_S(i,t) - Q_L(i,t) + Q_T(i,t)\right) \quad (6\text{-}29)$$

$$\sum_{j=0}^{n} \alpha(i,j) = 1 \quad (6\text{-}30)$$

式中，$Q_C(i,t)$ 为 t 时段第 i 节点的断面流量，m^3/s；$Q_C(i-1,t-j)$ 为 $t-j$ 时段第 $i-1$ 节点的断面流量，m^3/s；$Q_{IN}(i,t)$ 为 t 时段第 i 河段的区间来水，m^3/s；$Q_S(i,t)$ 为 t 时段第 i 节点的供水（即第 i 河段的区间供水），m^3/s；$Q_L(i,t)$ 为 t 时段第 i 河段的水量损失，m^3/s；$Q_T(i,t)$ 为 t 时段第 i 河段的退水，m^3/s；$\alpha(i,j)$ 为上断面流量线性组合参数，无量纲，它体现了传播时间的物理意义，表现为上断面某日流量对下断面当日流量的贡献；$n+1$ 为河段演进方程系数的个数；式（6-30）保证了河段内的水量平衡。

6.4　多维协同求解方法

水库群调度模型具有复杂高维、多目标、动态、多阶段、非线性等特点，此类模型的求解是目前研究的热点和难点问题。水库群调度模型常用的求解方法包括常规法、模拟法、优化法和模拟优化法。针对本书具体问题，采用实数编码方法。取水库各时段的下泄流量所组成的向量为决策变量，每个向量表示问题的一个解。根据向量和具体的约束条件即可确定目标函数中各目标的值。

（1）求解流程

本书建立的水库群调度模型的求解技术是，首先采用主次目标法处理多目标，然后基于大系统协调思路将水库群分解为单库优化调度模型，采用较成熟的非线性优化算法求解单库优化调度模型，再通过协调各水库的水量平衡方程等，经过多轮迭代求解水库群多目标调度模型的技术。

按照水资源综合利用、"一水多用"的原则和供水优先顺序，采用粒子群优化算法求解模型。黄河梯级水库群水沙电生态多维协同调度仿真模型求解思路为：输入基本水沙资料，包括径流系列，黄河来沙系列，各水库、生态断面资料，水资源综合利用资料等。设定水库水位初始值，随机生成各水库出库流量，当河段可供水量不足时，按照上述供水顺序依次为各用水户供水。水库运行过程计算，得到各水库时段末的入库、出库、水位、库容、弃水、出力等值，以及各配水区域水量配置情况。水文年末时段各水库水位、库容值情况将作为下一年的输入初始值，进入下一年水库运行计算，如此得到长系列运行过程、各配水区域实际供水情况及水库发电量、出力过程以及河流主要断面流量。模型输出结果判断条件，当各用水部门满足约束、系统有序程度不断提高直至收敛时，认为水库运行过程合理，作为输出结果。

（2）求解算法步骤

将水库出库流量作为决策变量进行实数编码，种群中每个个体的编码为

$$X_Q = \{Q_{RO}(m,1), Q_{RO}(m,2), \cdots, Q_{RO}(m,t), \cdots, Q_{RO}(m,T)\} \tag{6-31}$$

式中，$Q_{RO}(m,t)$ 为 m 水库 t 时刻的出库流量，m^3/s。

步骤 1：根据梯级水库群随机模拟调度模型得到满足各项水库调度约束条件的初始方案集，记为 $A = \{A_1, A_2, A_3, \cdots, A_m\}$，该初始方案集可通过进化算法的初始种群生成功能实现。

步骤 2：对初始方案集中各目标关键利益及非关键利益序参量的有序度值进行计算，若序参量的有序度不完全在 [0，1] 范围内，则需要进行调节，转入步骤 3；若序参量的有序度均在 [0，1] 范围内，则是合理的，转入步骤 4。

步骤 3：根据黄河水资源利用的生产实际及众多研究对各目标优先等级所达成的共识，在满足防洪防凌的前提下，调控目标的优先次序依次为生态、供水、输沙、发电。依据该优先次序，首先对初始方案各目标的关键利益序参量进行调控，直至各目标关键利益序参量的有序度在合理范围之内；再依次对各目标非关键利益中不符合阈值要求的序参量进行调控。

步骤 4：将各目标序参量阈值均在合理范围内的方案集称为有序方案集，记为 $A' = \{A_1', A_2', A_3', \cdots, A_m'\}$，对每一个有序方案 $A_n'(n = 1, 2, \cdots, m)$ 的供水、发电、生态、输沙子系统有序度进行计算，并进一步计算方案 A_n' 的梯级水库群调度系统的协同度。

步骤 5：结合粒子群优化算法，将每一个有序方案视为一个粒子，有序方案 A_n' 的梯级水库群多维调度系统的有序度 H_n 作为该粒子的适应度评价值。

步骤 6：对每个粒子，将其当前适应值与其经历过的最好位置进行比较，如果好于经历过的最好位置，就将当前适应值替换成最好位置 p_{best}。

步骤 7：获得变化粒子的速度和位置。

步骤 8：判断是否达到结束条件（通常为足够好的适应值或达到一个预设最大代数 G_{max}），则输出结果；如果未达到结束条件，则返回步骤 5。

6.5 本 章 小 结

水库运行过程中需要综合协调供水、泥沙淤积、水力发电和合理生态之间的矛盾关

系。本章对水库水沙电生态多目标优化调度进行了研究，建立了黄河梯级水库群水沙电生态多维协同调度仿真模型，并研究了控制策略和模型求解方法。

1）以流域供水量、河道输沙量、梯级系统发电量以及河流生态水量等综合效益最大化为调控目标，融合流域供用耗排、水库河道泥沙冲淤、电站电力电量、断面水量下泄等过程，建立具有多时空尺度嵌套和多过程耦合的黄河梯级水库群水沙电生态多维协同调度仿真模型。

2）考虑当前的和历史的来水来沙条件、水库蓄水状态、上下游水量关联关系等多方面的影响，以水库出库流量控制为基础，建立自适应控制的方法，提出水库自适应控制运用模式。

3）研究梯级水库群优化调度的粒子群优化算法，并提出优化求解流程和实现步骤。

第7章 梯级水库群水沙电生态多维协同调度结果

7.1 基础数据

7.1.1 黄河径流量

黄河流域梯级调度采用1956~2016年长系列，利津断面多年平均天然河川径流量为490.0亿 m³，黄河干支流主要水文站监测断面河川天然径流量主要特征值见表7-1和图7-1。

表7-1 黄河干流主要水文站监测断面河川天然径流量主要特征值

水文站监测断面	多年平均		C_v	C_s/C_v	不同频率年径流量（亿 m³）			
	径流量（亿 m³）	径流深（mm）			20%	50%	75%	95%
唐乃亥	200.2	164.1	0.26	3.0	246.21	198.52	167.15	131.76
兰州	324.0	145.6	0.22	3.0	387.55	321.94	277.55	225.51
河口镇	307.4	79.7	0.22	3.0	390.17	323.63	278.67	226.06
龙门	339.0	68.1	0.21	3.0	441.95	370.98	322.48	264.88
三门峡	435.4	63.2	0.22	3.0	567.39	471.00	405.83	329.48
花园口	484.2	66.3	0.24	3.0	631.64	518.18	442.30	354.75
利津	490.0	65.1	0.23	3.0	636.74	519.25	441.15	351.67

注：C_v 是变差系数；C_s 是偏差系数。

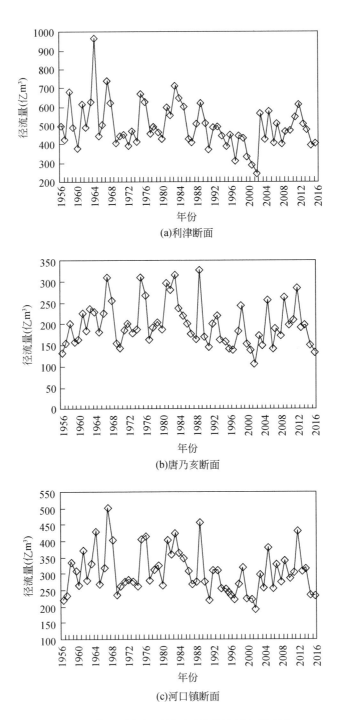

(a)利津断面

(b)唐乃亥断面

(c)河口镇断面

图 7-1 黄河干流主要断面天然径流量年际变化

黄河流域分区地表水资源主要集中于汛期（7~10月），占年径流量的58%左右。最小月径流量多发生在1月，仅占年径流量的2.4%左右；最大月径流量多发生在7、8月，占年径流量的14%~16%。受降水等因素影响，黄河流域地表水资源量年际变化较大，C_v值一般在0.20以上，个别支流达到0.70以上。最大与最小年径流量之比一般在2.5以上，个别支流达到了18.0以上。

7.1.2　入河泥沙

黄河流域的泥沙主要来自黄土高原，多年平均输沙量和含沙量在世界大江大河中居第一位。据1956~2016年统计，黄河龙门、华县、河津、洑头四站合计平均实测输沙量12.5亿t。黄河主要断面实测径流量、输沙量和含沙量见表7-2和图7-2。

表7-2　黄河主要断面实测径流量、输沙量和含沙量

水系	断面	项目	1956~1979年	1980~2000年	2001~2016年	1956~2016年
黄河	河口镇	实测径流量（亿m³）	245.50	195.10	162.78	206.38
		实测输沙量（亿t）	1.46	0.67	0.42	0.93
		含沙量（kg/m³）	5.95	3.43	2.58	4.51
黄河	河口镇至龙门	实测径流量（亿m³）	61.80	38.20	21.34	42.79
		实测输沙量（亿t）	9.14	4.10	0.98	5.24
		含沙量（kg/m³）	147.90	107.33	45.92	122.46
黄河	龙门	实测径流量（亿m³）	307.30	233.30	184.12	249.17
		实测输沙量（亿t）	10.60	4.77	1.40	6.17
		含沙量（kg/m³）	34.49	20.45	7.60	24.76
黄河	潼关	实测径流量（亿m³）	405.70	303.00	231.00	323.34
		实测输沙量（亿t）	15.52	7.64	2.41	9.10
		含沙量（kg/m³）	38.25	25.21	10.43	28.14

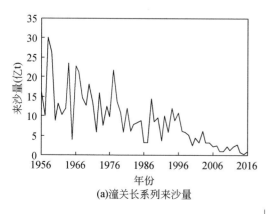

(a)潼关长系列来沙量

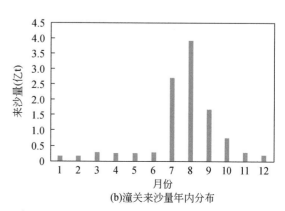

(b)潼关来沙量年内分布

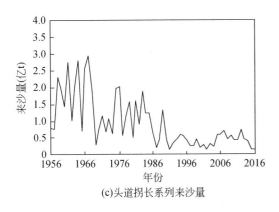

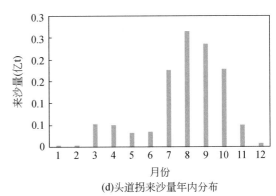

(c)头道拐长系列来沙量　　　　　　　(d)头道拐来沙量年内分布

图 7-2　黄河主要断面来沙情况

黄河流域产沙时间集中，年内分配不均。黄河上游干流站多年平均连续最大 4 个月输沙量多出现在 6～9 月，中游干流站均出现在 7～l0 月，连续最大 4 个月输沙量占全年输沙量的 80% 以上。黄河各支流站多年平均连续最大 4 个月输沙量出现在 6～9 月，连续最大 4 个月输沙量占全年输沙量的 90% 以上。7～8 月黄河流域降水量占年降水量的 40% 以上，而输沙量干流站占年输沙量的 60% 左右，水沙关系不协调是多目标调度面临的复杂难题。

黄河输沙量主要集中在河口镇和潼关两个断面，1956～2000 年，河口镇实测输沙量 1.09 亿 t，其中汛期（7～10 月）输沙量占 78%，8 月最大 0.264 亿 t，占 24%。1959～2016 年，潼关站实测输沙量 10.95 亿 t，其中汛期（7～10 月）输沙量占 82.6%，8 月最大 3.91 亿 t，占 36%。

7.1.3　流域需水

预测 2030 年水平，黄河流域多年平均河道外总需水量为 534.72 亿 m^3，其中农业用水量为 334.33 亿 m^3，占 62.5%，是第一用水大户，农业用水受降水影响年际变化呈现波动态势（表 7-3）。

表 7-3　黄河流域分行业需水量预测表　　　　　　　　（单位：亿 m^3）

二级区	生活	建筑业和第三产业	工业	农业	生态环境	2030 年
龙羊峡以上	0.21	0.15	0.10	1.51	1.44	3.41
龙羊峡至兰州	3.97	2.63	15.90	25.23	3.40	51.13
兰州至河口镇	7.49	2.42	24.50	147.13	13.79	195.33
河口镇至龙门	3.14	2.38	12.00	14.39	1.60	33.51

二级区	生活	建筑业和第三产业	工业	农业	生态环境	2030 年
龙门至三门峡	22.47	4.98	35.00	90.94	2.00	155.39
三门峡至花园口	6.25	2.25	13.70	18.88	0.52	41.60
花园口以下	5.14	1.39	8.60	32.90	0.30	48.33
内流区	0.23	0.12	0.70	3.35	1.62	6.02
黄河流域	48.90	16.32	110.50	334.33	24.67	534.72

目前黄河向流域外供水的地区主要包括甘肃景泰扬水至石羊河流域以及黄河下游的河南、山东、河北、天津等。据统计，1980～2000 年黄河三门峡断面以下河段年均向流域外供水 108.32 亿 m³，其中河南 19.36 亿 m³，山东 88.20 亿 m³，河北、天津 0.76 亿 m³。

7.2　多维协同调度结果

对第 5 章设置的不同水沙情景开展水沙电生态多维协同调度，黄河梯级水库群水沙电生态协同调度就是在关联维数和 K 熵的引导下，优化控制水库下泄水量，控制断面取水过程，实现河流供水、输沙、发电和生态四大过程的协同。以下分析不同来沙情景方案的调度结果。

7.2.1　来沙 6 亿 t 情景

(1) 多年平均结果分析

黄河多年平均来沙 6 亿 t 情景下优化结果见表 7-4。通过优化水库流量控制、河段配水过程等优化，多年平均地表水供水量为 357.29 亿 m³，入海水量为 169.38 亿 m³，其中汛期输沙水量为 115.38 亿 m³，非汛期生态水量为 54.0 亿 m³，满足不同时段水生态的用水过程需求；河道多年平均输沙量为 5.03 亿 t，水库拦沙量为 0.71 亿 t，下游河道泥沙淤积量为 0.26 亿 t，有效控制水库淤积和下游河道的抬高速度。

表 7-4　黄河来沙 6 亿 t 梯级水库群水沙电生态协同调度结果

项目	多年平均	丰水年	平水年	枯水年	特殊枯水年	连续枯水段
水库拦沙量（亿 t）	0.71	-2.29	-0.68	2.23	3.61	2.99
河道输沙量（亿 t）	5.03	6.75	6.29	4.06	2.69	2.87
发电量（亿 kW·h）	622.00	765.06	608.32	497.60	396.18	444.29

续表

项目	多年平均	丰水年	平水年	枯水年	特殊枯水年	连续枯水段
地表水供水量（亿 m³）	357.29	390.19	355.34	329.60	298.68	305.25
入海水量（亿 m³）	169.38	193.47	165.06	152.22	129.58	135.49
汛期输沙水量（亿 m³）	115.38	136.43	105.15	100.64	82.01	85.64
非汛期生态水量（亿 m³）	54.00	57.04	59.91	51.58	47.57	49.85

在长系列调度中，优化水库出库过程实现水沙电生态的多过程的协同。从水量调节过程来看，丰水年（1968 年）龙羊峡水库跨年度蓄丰补枯蓄水量为 69.60 亿 m³，平水年（1992 年）龙羊峡水库蓄水 9.34 亿 m³，枯水年和特殊枯水年龙羊峡水库补水量分别为 26.24 亿 m³ 和 47.38 亿 m³；流域多年平均地表水供水量为 357.29 亿 m³，丰水年为 390.19 亿 m³，平水年、枯水年（1980 年）分别为 355.34 亿 m³、329.60 亿 m³。从河流输沙过程来看，丰水年小浪底水库汛期塑造大洪水排沙，小浪底水库实现年排沙 2.29 亿 t，枯水年小浪底水库蓄水拦沙，年拦沙量为 2.23 亿 t，通过水库–河道的耦合塑造有利于输沙的洪水过程，将泥沙推送入海。从梯级水库群发电量来看，通过优化水库出库过程实现系统发电量最大化、年内均匀化，梯级水库群多年平均发电量为 622.00 亿 kW·h，丰水年达到 765.06 亿 kW·h，平水年为 608.32 亿 kW·h，枯水年为 497.60 亿 kW·h。

（2）丰水年结果分析

丰水年（1968 年），黄河天然径流量为 647.03 亿 m³，流域全年降水量为 473.7mm，流域需水总量为 651.80 亿 m³，全年开采地下水量为 125.29 亿 m³。优化得到的丰水年水库出库流量及水位变化、断面下泄流量过程、河段供水情况、水库及河道泥沙累积淤积过程和水库发电量过程，如图 7-3 ～图 7-7 所示。

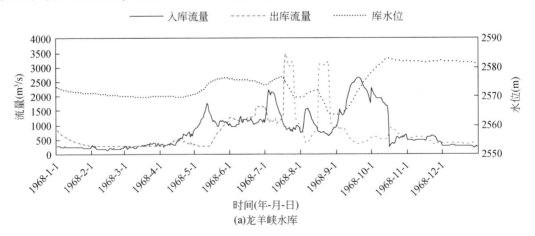

(a)龙羊峡水库

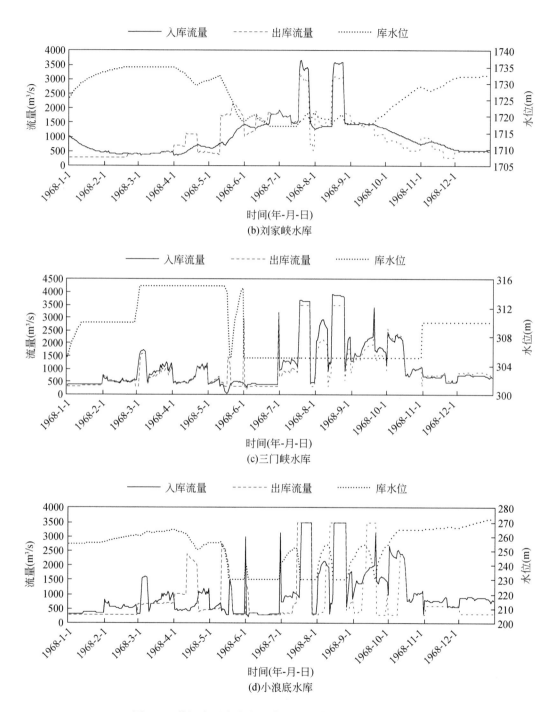

图 7-3　黄河主要水库出入库流量及水位变化（1968 年）

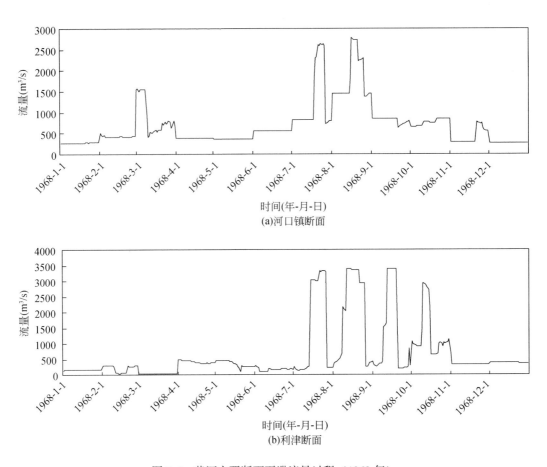

(a)河口镇断面

(b)利津断面

图 7-4 黄河主要断面下泄流量过程（1968 年）

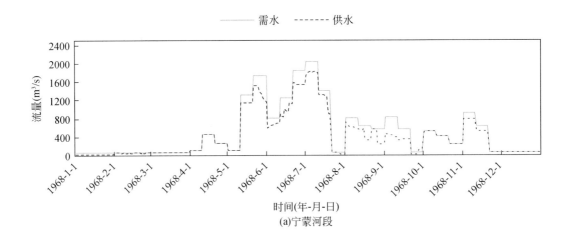

(a)宁蒙河段

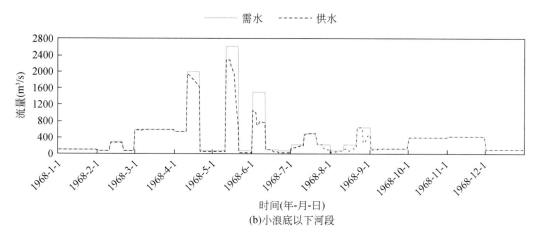

图 7-5　黄河主要河段需水与供水情况（1968 年）

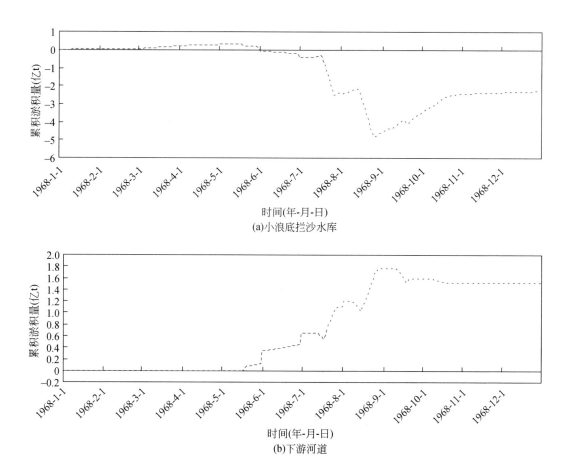

图 7-6　黄河水库及河道泥沙累积淤积过程（1968 年）

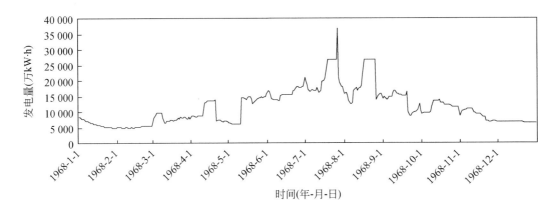

图 7-7　黄河主要水库发电量过程变化（1968 年）

上游龙羊峡水库起调水位为 2575m。1～3 月主要保障发电流量、满足防凌流量控制。4～6 月满足宁蒙河段春灌需求，首先由刘家峡水库下泄流量，龙羊峡水库为其提供后续流量补给。6 月龙羊峡水库下泄大流量为刘家峡补水，为灌溉高峰提供水量。7～10 月龙羊峡水库、刘家峡水库协同调度保障河口镇断面下泄生态水量，并通过梯级水库调度为小浪底水库提供后续动力。11～12 月龙羊峡水库控制下泄过程，逐步抬高水位，刘家峡水库控泄满足防凌流量以及河口镇断面下泄水量需求。龙羊峡水库全年蓄水量 33.20 亿 m³，刘家峡水库全年基本蓄泄平衡。

下游三门峡水库非汛期根据需水调节径流过程，3 月达到正常蓄水位 318m，5 月为小浪底水库补水以满足高流量脉冲过程，6 月之后进入汛期按照汛限水位控制敞泄至 10 月底，1 月、2 月、11 月、12 月调节非汛期径流。小浪底水库 255m 水位起调，1～3 月调节径流，水库水位逐步抬升；4～5 月下泄水量满足下游脉冲流量过程，4 月连续 20 天下泄流量超过 1000m³/s，水库水位下降；6 月小浪底水库连续 7 天下泄流量超过 2000m³/s 以保障下游引黄灌溉需求；7～10 月小浪底水库根据入库径流的含沙量（将连续 5 日径流含沙量≥50kg/m³ 作为启动调水调沙的触发条件），下泄 3 次 3500m³/s 大流量，每次历时 7～10 天，利用大洪水冲刷库区泥沙，实现全年冲沙 2.29 亿 t；11～12 月小浪底水库汛后蓄水。

通过龙羊峡、刘家峡两水库联合调节优化宁蒙河段的取水量和年度的供水量，全年宁蒙河段缺水量为 21.23 亿 m³，缺水率为 14.56%；三门峡、小浪底两水库联合调节黄河下游取水过程，下游全年缺水量为 18.71 亿 m³，缺水率为 14.7%；通过水库群优化调度实现了黄河流域缺水的空间均衡、年内均匀。

从生态流量的满足程度来看，利津断面非汛期 1～3 月生态流量控制在 100～300m³/s，4～6 月生态流量控制在 300～500m³/s，7～10 月结合来水情况实施了 3 次 3500m³/s 大流量调沙过程和 1 次大流量过程，11～12 月下泄流量控制在 300～400m³/s。

（3）平水年结果分析

平水年（1992 年），黄河天然径流量为 513.04 亿 m³，流域全年降水量为 473.5mm，流域需水总量为 640.87 亿 m³，全年开采地下水量为 125.29 亿 m³。优化得到的平水年水库出库流量及水位变化、断面下泄流量过程、河段供水情况、水库及河道泥沙累积淤积过程和水库发电量过程，如图 7-8 ~ 图 7-12 所示。

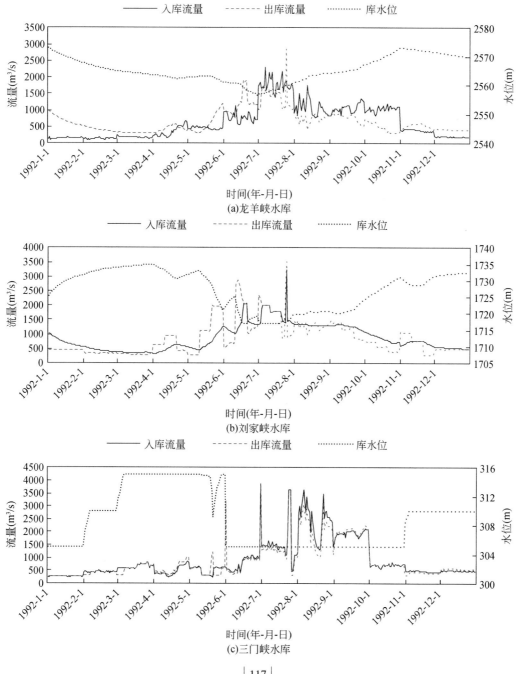

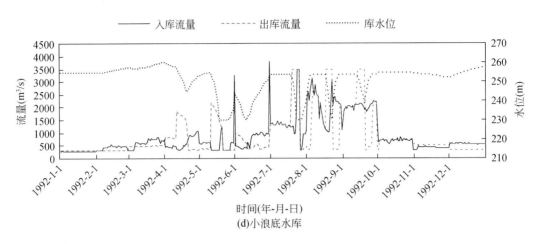

(d)小浪底水库

图 7-8　黄河主要水库出入库流量及水位变化（1992 年）

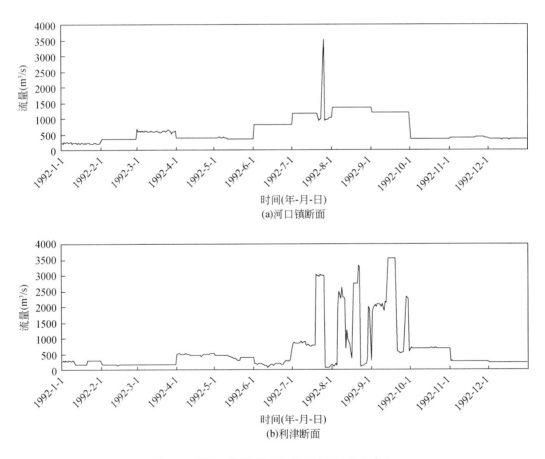

(a)河口镇断面

(b)利津断面

图 7-9　黄河主要断面下泄流量过程（1992 年）

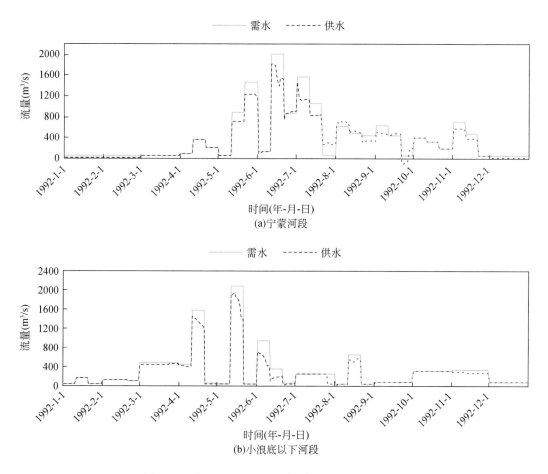

图 7-10　黄河主要河段需水与供水情况（1992 年）

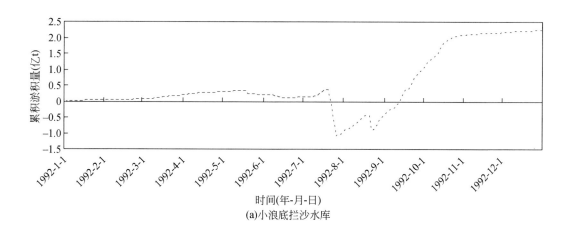

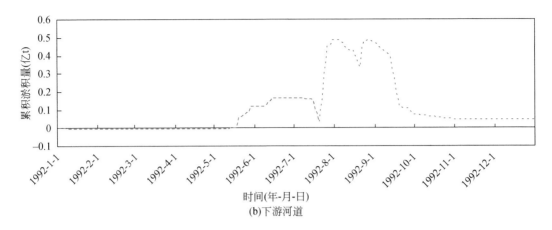

(b)下游河道

图7-11 黄河水库及河道泥沙累积淤积过程（1992年）

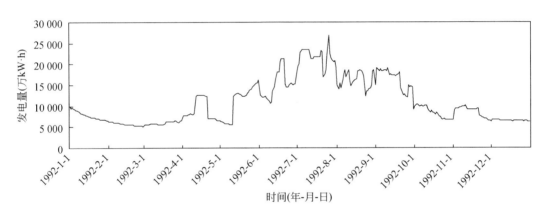

图7-12 黄河主要水库发电量过程变化（1992年）

龙羊峡水库起调水位为2573m，非汛期1~4月为刘家峡水库补水，5~6月与刘家峡水库承担宁蒙河段灌溉供水任务，7~10月为刘家峡水库补水以保障河口镇下泄流量要求。平水年小浪底水库结合入库径流含沙量条件实施了3次调水调沙过程，每次历时7天。全年宁蒙河段缺水量为29.36亿m^3，缺水率为17.96%；下游河段缺水量为16.59亿m^3，缺水率为16.26%。利津断面非汛期1~3月流量为100~300m^3/s，4~5月脉冲流量为400~500m^3/s，11~12月流量为200~300m^3/s。全年水库蓄水量为9.34亿m^3，梯级水库群发电量为608亿kW·h。

（4）枯水年结果分析

枯水年（1980年），黄河天然径流量为452.09亿m^3，较多年平均偏少为15.6%，流域全年降水量为408.0mm，流域需水总量为667.59亿m^3，全年开采地下水量为125.29亿m^3。优化得到的枯水年水库出库流量及水位变化、断面下泄流量过程、河段供水情况、水库及河道泥沙累积淤积过程和水库发电量过程，如图 7-13 ~ 图 7-17 所示。

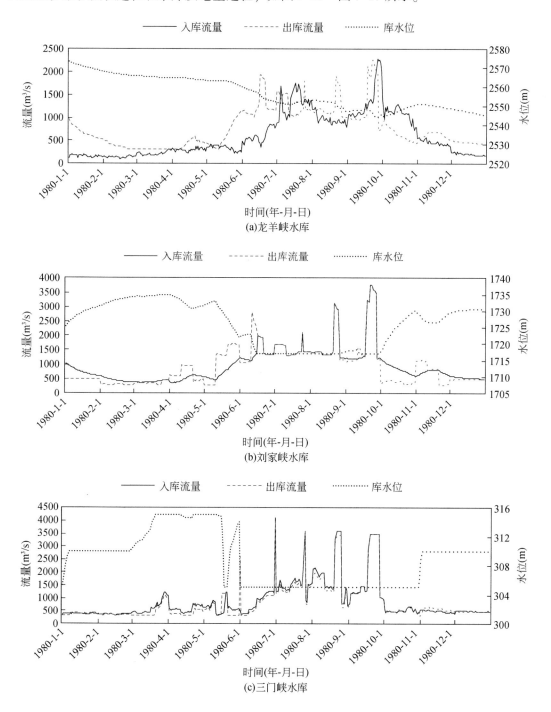

(a)龙羊峡水库

(b)刘家峡水库

(c)三门峡水库

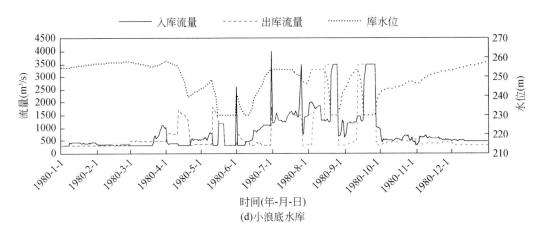

(d)小浪底水库

图 7-13　黄河主要水库出入库流量及水位变化（1980 年）

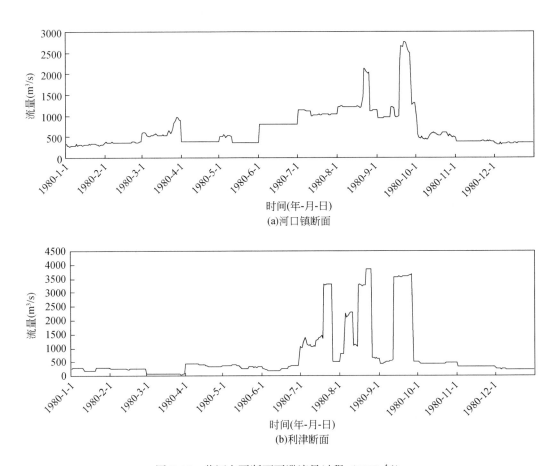

(a)河口镇断面

(b)利津断面

图 7-14　黄河主要断面下泄流量过程（1980 年）

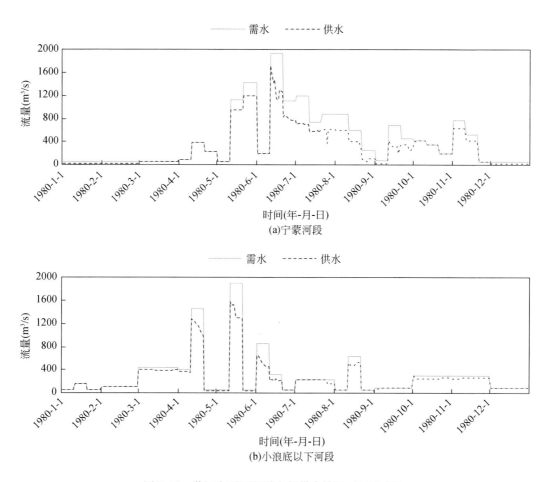

图 7-15　黄河主要河段需水与供水情况（1980 年）

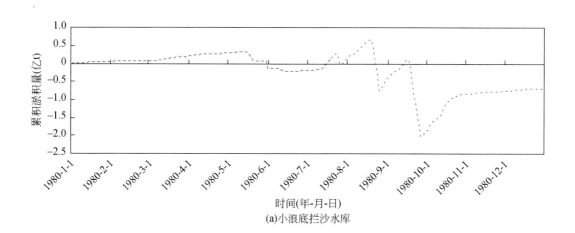

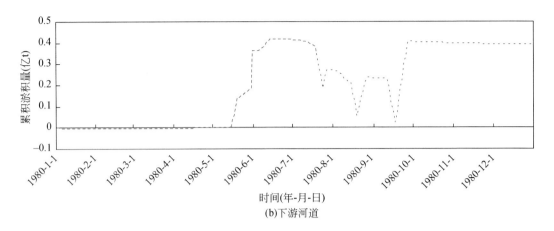

(b)下游河道

图 7-16　黄河水库及河道泥沙累积淤积过程

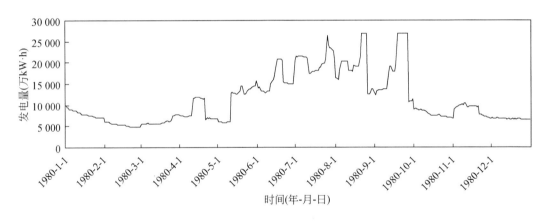

图 7-17　黄河主要水库发电量过程变化（1980 年）

龙羊峡水库起调水位为 2573m，非汛期 1～4 月为刘家峡水库补水，5～6 月与刘家峡水库承担宁蒙河段灌溉供水任务，7～10 月为刘家峡水库补水以保障河口镇下泄流量要求。枯水年小浪底水库结合入库径流含沙量条件实施了 2 次调水调沙过程，每次历时 7 天。全年宁蒙河段缺水量为 34.48 亿 m³，缺水率为 25.56%；下游河段缺水量为 17.84 亿 m³，缺水率为 17.63%。利津断面非汛期 1～3 月流量为 100～300m³/s，4～5 月脉冲流量为 400～500m³/s，11～12 月流量为 200～300m³/s。全年水库补水量为 26.34 亿 m³，梯级发电量为 497.6 亿 kW·h。

7.2.2　其他来沙情景

（1）来沙 2 亿 t 情景

黄河多年平均来沙 2 亿 t 情景下优化结果见表 7-5。通过优化水库流量控制、河段配水过程等优化，多年平均地表水供水量为 405.55 亿 m³，入海水量为 126.65 亿 m³，其中汛期输沙水量为 69.47 亿 m³，非汛期生态水量为 56.78 亿 m³，满足不同时段水生态的用水过程需求；河道多年平均输沙量为 2.05 亿 t，水库排沙量为 0.32 亿 t，下游河道泥沙淤积量为 0.27 亿 t，有效控制水库淤积和下游河道的抬高速度。

表 7-5　黄河来沙 2 亿 t 梯级水库群水沙电生态协同调度结果

项目	多年平均	丰水年	平水年	枯水年	特殊枯水年	连续枯水段
水库拦沙量（亿 t）	−0.32	−2.88	−1.37	0.41	0.72	0.59
河道输沙量（亿 t）	2.05	3.27	1.90	0.99	0.30	0.50
发电（亿 kW·h）	682.59	839.58	674.39	546.07	434.77	487.56
地表水供水量（亿 m³）	405.55	422.80	376.85	353.84	328.44	336.93
入海水量（亿 m³）	126.25	146.71	123.05	107.06	92.36	96.97
汛期输沙水量（亿 m³）	69.47	85.81	69.02	58.03	49.79	52.12
非汛期生态水量（亿 m³）	56.78	60.90	54.03	49.03	42.57	44.85

（2）来沙 3 亿 t 情景

黄河多年平均来沙 3 亿 t 情景下优化结果见表 7-6。通过优化水库流量控制、河段配水过程等优化，多年平均地表水供水量为 391.71 亿 m³，入海水量为 136.56 亿 m³，其中汛期输沙水量为 80.82 亿 m³，非汛期生态水量为 55.74 亿 m³，满足不同时段水生态的用水过程需求；河道多年平均输沙量为 2.83 亿 t，水库排沙量为 0.11 亿 t，下游河道泥沙淤积量为 0.28 亿 t，有效控制水库淤积和下游河道的抬高速度。

表 7-6　黄河来沙 3 亿 t 梯级水库群水沙电生态协同调度结果

项目	多年平均	丰水年	平水年	枯水年	特殊枯水年	连续枯水段
水库拦沙量（亿 t）	−0.11	−2.76	−1.24	0.66	1.03	0.79
河道输沙量（亿 t）	2.83	4.38	2.72	1.33	0.42	0.67
发电（亿 kW·h）	670.52	824.73	662.47	536.41	427.08	478.94
地表水供水量（亿 m³）	391.71	410.72	369.59	347.78	325.35	334.81
入海水量（亿 m³）	136.56	159.15	133.12	110.96	93.91	99.13
汛期输沙水量（亿 m³）	80.82	100.07	79.43	62.33	51.34	54.28
非汛期生态水量（亿 m³）	55.74	59.08	53.69	48.63	42.57	44.85

（3）来沙 8 亿 t 情景

黄河多年平均来沙 8 亿 t 情景下优化结果见表 7-7。通过优化水库流量控制、河段配水过程等优化，多年平均地表水供水量为 337.62 亿 m³，入海水量为 187.85 亿 m³，其中汛期输沙水量为 136.36 亿 m³，非汛期生态水量为 51.49 亿 m³，满足不同时段水生态的用水过程需求；河道多年平均输沙量为 6.20 亿 t，水库拦沙量为 1.34 亿 t，下游河道泥沙淤积量为 0.46 亿 t，有效控制水库淤积和下游河道的抬高速度。

表 7-7 黄河来沙 8 亿 t 梯级水库群水沙电生态协同调度结果

项目	多年平均	丰水年	平水年	枯水年	特殊枯水年	连续枯水段
水库拦沙量（亿 t）	1.34	−0.06	1.01	1.96	3.42	2.03
河道输沙量（亿 t）	6.20	11.68	8.12	4.7	1.88	2.88
发电（亿 kW·h）	606.45	745.93	597.96	485.16	386.27	433.18
地表水供水量（亿 m³）	337.62	384.57	338.57	323.21	297.38	301.42
入海水量（亿 m³）	187.85	246.82	197.80	151.22	112.38	127.06
汛期输沙水量（亿 m³）	136.36	192.78	148.20	105.19	69.81	82.21
非汛期生态水量（亿 m³）	51.49	54.04	49.6	46.03	42.57	44.85

（4）来沙 10 亿 t 情景

黄河多年平均来沙 10 亿 t 情景下优化结果见表 7-8。通过优化水库流量控制、河段配水过程等优化，多年平均地表水供水量为 323.54 亿 m³，入海水量为 210.93 亿 m³，其中汛期输沙水量为 160.72 亿 m³，非汛期生态水量为 50.21 亿 m³，满足不同时段水生态的用水过程需求；河道多年平均输沙量为 6.96 亿 t，水库拦沙量为 2.01 亿 t，下游河道泥沙淤积量为 1.03 亿 t，有效控制水库淤积和下游河道的抬高速度。

表 7-8 黄河来沙 10 亿 t 梯级水库群水沙电生态协同调度结果

项目	多年平均	丰水年	平水年	枯水年	特殊枯水年	连续枯水段
水库拦沙量（亿 t）	2.01	0.13	1.49	2.72	3.68	2.95
河道输沙量（亿 t）	6.96	13.5	8.92	5.49	2.49	3.56
发电（亿 kW·h）	588.86	724.3	580.03	471.09	375.07	420.62
地表水供水量（亿 m³）	323.54	359.21	323.43	315.82	296.15	302.45
入海水量（亿 m³）	210.93	288.77	221.60	171.80	126.50	143.48
汛期输沙水量（亿 m³）	160.72	236.21	172.74	125.29	83.93	98.63
非汛期生态水量（亿 m³）	50.21	52.56	48.86	46.51	42.57	44.85

7.3 效果分析

水库群生态调度模型具有复杂高维、多目标、动态、多阶段、非线性等特点，梯级水库群水沙电生态多维协同调度仿真模型求解是目前研究的热点和难点问题，常用的求解方法包括常规法、模拟法、优化法和模拟优化法，本书采用关联维数和 K 熵引导系统收敛，实现了供水、发电、输沙和生态综合效益的最大化。

7.3.1 水库调度效果

梯级水库群长系列调度通过优化出库过程，改变径流时空分布，调整流域配水格局、提高输沙能力、优化梯级系统发电过程和主要控制断面生态流量过程。以 1986~1995 年为例，分析长系列调度过程及其效果，主要水库出库过程如图 7-18 所示。龙羊峡水库在长系列调度中，发挥多年调节作用，蓄丰补枯，在 1998 年丰水年，龙羊峡水库蓄水，水库处于高水位运行，为之后的枯水年和平水年补水。小浪底水库通过年内调节，为下游河段和利津断面提供水量保障。

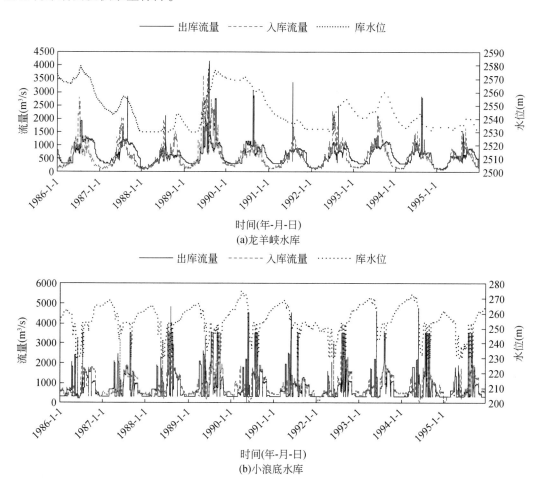

图 7-18 黄河主要水库长系列出入库流量及水位变化

7.3.2 供水效果

（1）调节不同河段的供需均衡

水库通过年内和年际的径流调节，优化了流域水资源配置格局，从而保障了流域供水的时空均衡。从优化后的宁蒙河段和下游引黄灌区长系列的供需水情况来看（图7-19），优化调度实现了缺水量的空间均衡，从长系列来看年际上也相对均衡。

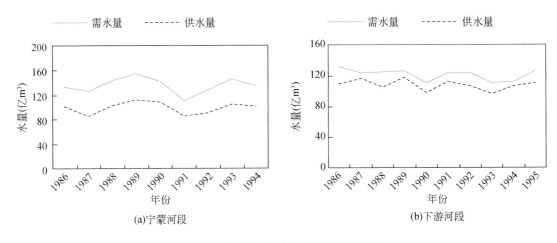

图 7-19 黄河主要河段长系列年供需水量

（2）供水河段年内年际过程优化

优化后的黄河宁蒙河段及下游河段长系列供需水过程如图7-20所示。水库通过日尺度的调节基本保障了流域关键期的用水需求，包括宁蒙河段春灌和秋浇用水，以及下游引黄灌区的夏秋季关键期用水，避免了大面积集中缺水问题。

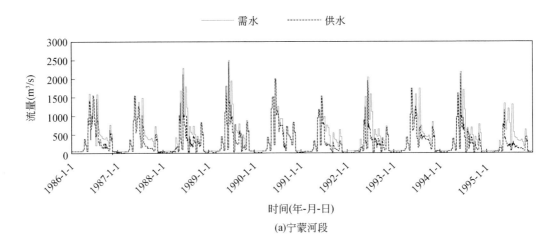

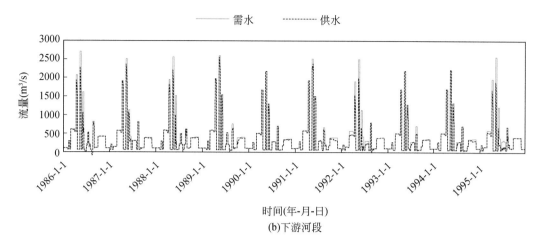

图 7-20 黄河主要河段长系列供需水过程

7.3.3 河流输沙效果

优化调度后黄河下游河道泥沙淤积过程如图 7-21 所示。下游河道非汛期年均淤积量为 0.20 亿 t，汛期年均冲刷量为 0.43 亿 t，全年年均冲刷量为 0.23 亿 t。

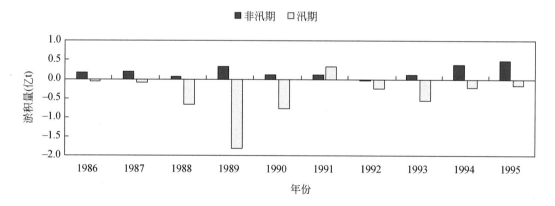

图 7-21 黄河下游河道泥沙淤积过程

7.3.4 梯级发电效果

优化调度后黄河主要水库长系列发电量过程如图 7-22 所示。通过日尺度调节优化出库流量过程，在保障流域供水输沙的同时，保障梯级水库群系统发电量年际平衡。

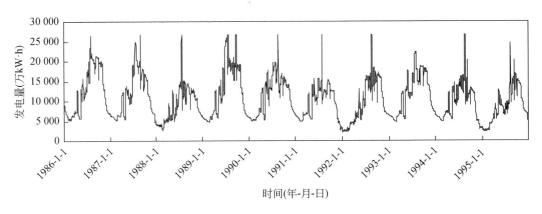

图 7-22 黄河主要水库长系列发电量过程

7.3.5 河道内生态效果

水库通过日尺度调节优化出库过程，保障了主要断面的河道内生态环境水量过程（图 7-23）。从河口镇断面来看，汛期水量约为 120 亿 m^3，非汛期水量约为 70 亿 m^3。利津断面 1～3 月生态基流得到保障，4～6 月脉冲水量得到满足，7～10 月根据径流含沙量合理安排了适宜水库输沙的流量过程并塑造了大流量推送泥沙入海，长系列中每年根据径流含沙量条件相机决策，实施 2～3 次大于 3500m^3/s 的大流量调沙过程。

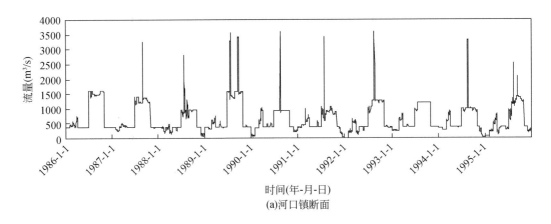

(a)河口镇断面

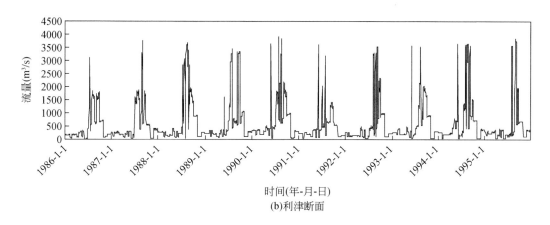

时间(年-月-日)

(b)利津断面

图 7-23 黄河主要断面下泄流量过程

7.4 本 章 小 结

本章采用黄河梯级水库群水沙电生态多维协同调度仿真模型优化了黄河梯级水库群调度方案。

1)开展了 1956~2000 年长系列的水库群优化调度,以关联维数和 K 熵为引导,实现了梯级水库群出库过程的优化。

2)针对黄河来沙量 2 亿 t、3 亿 t、6 亿 t、8 亿 t、10 亿 t 等不同情景,开展了丰、平、枯和连续枯水的水库群多维协同调度,结果表明,在不同来沙情景下,流域供水、河流输沙、梯级发电和断面生态等目标可在水库出库径流过程优化的调节下得到有效的协同。

第 8 章 黄河梯级水库群协同调度规则

8.1 现状水库群调度规则

8.1.1 水库群调度规则的研究进展

调度规则作为指导库群系统联合调度的重要工具，一般是以当前时段的水文状况（如各水库的蓄水状态、水位、面临时段入流等）为依据，对当前时段水库的下泄水量、出力负荷等做出合理决策，以期获得长期水库（群）运行的理想效果。有别于已知长系列所有来水情况下运用数学方法获得的库群系统最优决策过程及最优效益值（以动态规划方法为代表），调度规则仅需对未来较近时段下（如下一时段）的径流进行准确预测后做出实时的调度决策，这在当前水文预报技术条件下是有可能实现的；运用调度规则指导库群运行的效益一般劣于最优效益值，但是天然径流的不确定性使得已知长系列来水下所得的最优运行过程并不能够具体地指导实际调度，合理的调度规则对于库群操作以取得长系列稳定的较大效益具有更为实际的指导意义。

黄河梯级系统作为具有调节性能的工程措施，承担流域防洪防凌、供水、发电、灌溉等任务，同时还要实现黄河上游宁蒙河段及下游河道的泥沙冲淤和保障河流生态安全，任务矛盾突出。径流的显著减少与水资源需求量的急剧增加使得现行的水库调度规则已满足不了黄河流域的基本需求，因此，针对环境变化下，径流减少和用水需求增加的黄河流域现状，研究梯级水库群的调度规则有重要的意义。

1. 调度规则的表现形式

调度图和调度函数是水库群联合调度中最常用的两种调度规则形式。调度图是指导库群调度运行的常用方法，它以时间（月或旬等）为横坐标，以水位、蓄水量或蓄能等为纵坐标，由一些控制水库决策量的调度线将相应的水库的水位范围、兴利库容、蓄能空间等划分为不同区域，各区域内有相应的调度决策。目前调度图应用于水库群系统的研究可分为两类：一是单库或聚合水库调度图的研究，如适用于多用水户的多目标限制供水调度图和决策发电库群系统总负荷的蓄能调度图；二是水库群联合调度图，共同确定库群系统的总供水或总出力。

当水库群联合调度时，对当前时段的总出力或总供水量的决策，不应以某一水库的蓄水或蓄能状态为决策参考，而应从水库群系统整体蓄水或蓄能的角度出发，综合考虑各水库的蓄水或蓄能状态制定出力或供水决策。从这一角度来看，聚合水库思想在库群中的应用更为合适，适用范围也较广泛。

调度函数是将已有的径流序列通过优化方法得到的最优运行轨迹以及决策序列作为水库运行要素的观测数据，通过回归分析等方式，获得调度决策与相关要素（如水位、入流等）的函数关系。调度函数多是水库决策变量（供水量、负荷值等）与水库群系统水文要素（蓄水量、入流等）之间的函数关系，不仅可用于决策水库群系统总供水量或总负荷值，也可以决策各水库的独立供水量或负荷值，在水库群联合调度中得到了应用与发展。

水库调度函数有多种表现形式，具有代表性的如标准运行规则（standard operation policy，SOP）和限制供水规则（hedging rule，HR）。标准运行规则认为若当前时段内没有充足的水量满足目标需水时，水库将放掉所有可用水量至空库，即最大限度地满足当前需水量而不考虑后续时段的影响；相对应地，限制供水规则是为了避免干旱后期出现深度的供水短缺而在前期适当减少供水量。限制供水规则又分为连续型限制供水规则和离散型限制供水规则。目前对于限制供水规则的研究主要集中在其最优性条件的确定上。

实际上调度图或调度函数可以是相同调度规则的不同表现形式，在一定条件下具有互通性。例如，水库群系统依据当前时段的蓄水状态决策供水量的大小时，常运用的是离散型限制供水规则，即供水调度图实际上是限制供水规则（调度函数）的图形表示。

2. 调度规则的研究方法

基于调度规则的库群系统数学建模研究重点经历了从早期模拟模型，到后期优化模型，至近些年来模拟–优化模型配套使用的演变。

①模拟模型主要以计算机语言为工具，分析所研究的系统，将其物理特性与行为重新加以诠释，以符合实际的调度操作情况，是一种模仿实际系统行为的演算程序。优点在于对解决具有多变量、多约束等非线性特征的水库群调度问题尤为适用，但其缺点在于只能测试和评价既定调度规则的有效性，而无法直接求得系统操作的最优解或合理的调度规则。②优化模型是以系统化的数学分析方法，求得目标函数的最优解及系统的决策过程。与模拟模型所不同，优化模型可以直接求解当前目标函数下最优或接近最优的调度规则表现形式，也可以求解调度水库群系统的最优运行过程。根据是否考虑水文径流的随机性，

可分为确定性模型和随机性模型。优化模型寻优能力强,但是对复杂系统的数学建模相当困难,且求解长系列调度时易陷入"维数灾"。③模拟–优化模型的优缺点形成了较好的互补性,近些年来,基于模拟–优化模型的水库群联合调度得到了初步研究,大致有两个研究方向的应用。一方面针对不同水库群系统特征的调度规则研究;另一方面则主要侧重于对最优解获取的优化方法的研究。

水库群优化调度规则的研究方法也是多种多样,基于相关调度规则和数学建模理论的研究,尤其是大量智能优化方法的兴起,使得复杂水库群系统的联合调度规则得到了更深入的探讨,相关研究方法可分为两类:一是优化—拟合—修正的研究方法(图8-1),二是预定义规则+(模拟)优化模型的研究方法(图8-2)。

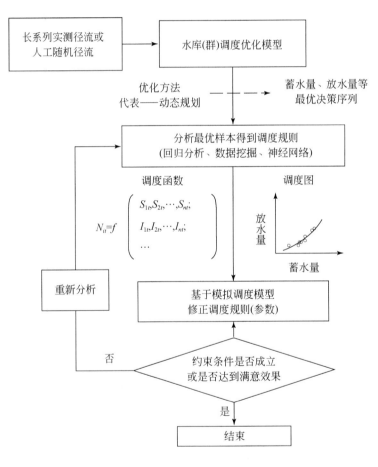

图 8-1　水库群优化调度规则研究方法 I

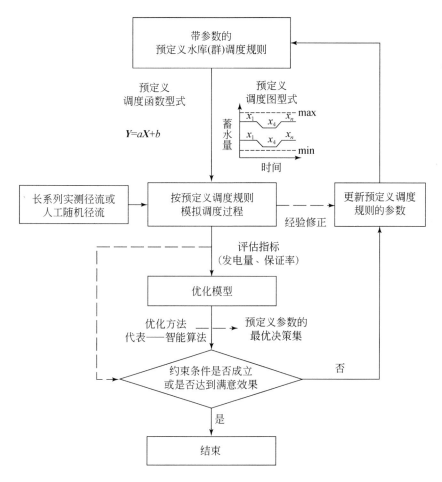

图 8-2　水库群优化调度规则研究方法 Ⅱ

第一类方法通过优化模型直接仿真和优化具有长系列径流资料的水库群调度过程，得到长系列最优的蓄、放水量的决策序列；以此为样本，通过回归分析、数据挖掘等方法，形成特定的调度规则表达形式；然后通过模拟调度对调度规则进行检验，并进行适当的修正。该研究方法原理相对简单，但缺点在于对最优样本的分析可能失效，无法获得可行的调度规则形式，且随着水库数目的增加优化模型易陷入"维数灾"。关于此方法的研究重点主要包括两方面，一是调度规则提取方法；二是采用优化方法，一般为数学规划方法及其改进，求解长系列最优的运行策略，为训练样本的有效性提供保障。

第二类方法首先基于已有的调度经验，预先拟定含待定参数的水库群优化调度规则形式，给定初始参数，按照此预定义的调度规则模拟长系列的调度过程。一方面可以通过模拟调度的结果对预定义调度规则的参数进行经验修正，迭代计算至满意为止（图 8-2 中虚线所示），这是早期模拟模型研究对预定义调度规则研究方法的贡献，但是仅能对有限的调度规则效果进行评价和经验性的修正，不能保证预定义调度规则参数取值的最优性；另一方面可以将模拟调度的结果传递给优化模型，通过优化方法求解得到预定义参数的最优决策集，往往需要在模拟模型和优化模型间多次传递，此方法结合了模拟模型能较好地描述复杂水库群系统特征和优化模型寻优能力强的优点，称为基于模拟-优化模型的库群联合调度规则求解方法。第二类方法规避了第一类方法面临的"维数灾"问题，但潜在的风险是对复杂水库群系统的认识不够全面，预定义调度规则形式的合理性受到质疑。目前常用的预定义调度规则形式的待优化参数包括调度线位置、调度函数的系数、特定规则的参数，以及它们之间的组合等。另有一类预定义调度规则是基于边际效益方程的理论研究，这对于预定义调度规则形式的合理性是较好的诠释。

3. 调度规则的提取方法

水库群联合调度增加了优化问题的复杂性，随着大型流域水利工程的修建，优化问题的求解面临着越来越大的挑战。水库群调度问题并没有标准化的优化建模和求解方法，不同优化方法可以达到相同的优化效果。从早期传统的数学规划方法到近代的启发式算法，水库群联合调度的优化方法得到了长足的发展和改进。将应用于水库群调度问题的优化方法划分为传统数学规划方法、智能优化算法和其他方法三大类，如图 8-3 所示。近年来，智能优化算法的发展呈现出相互融合的趋势，它们之间的相互补充可增强彼此解决实际问题的寻优能力。

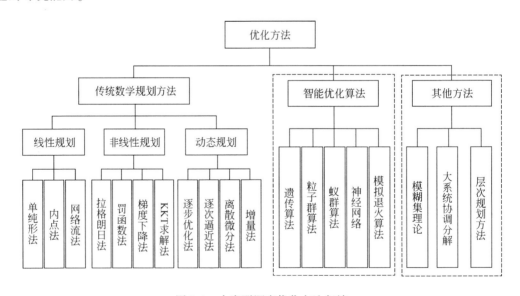

图 8-3　水库群调度优化方法归纳

8.1.2 已建骨干水库现状运用方式

1. 龙羊峡、刘家峡水库运用方式

龙羊峡、刘家峡水库联合对黄河水量进行多年调节，蓄存丰水年和丰水期水量，补充枯水年和枯水期水量，年内汛期最大蓄水量达 121 亿 m³，非汛期补水量最大达 64 亿 m³，对于满足流域生活和基本生产用水、保障流域枯水年的供水安全、保证特枯水年黄河不断流起到了关键作用，同时提高了上游梯级电站保证出力。现状工程条件下龙羊峡、刘家峡两水库联合运用方式如下。

1）7~9 月为汛期，控制水库水位不高于汛限水位。在汛期，当水库水位及来水过程达到防洪运用条件时，转入防洪运用。龙羊峡水库设计汛限水位为 2594m，水库建成后，汛限水位逐步抬高，目前汛限水位已达到 2594m。刘家峡水库设计汛限水位为 1726m。

龙羊峡、刘家峡两水库联合调度共同承担下游兰州河段及已建成的盐锅峡水库、八盘峡水库的防洪任务，设计运用方式为：①对于刘家峡水库，当发生 100 年一遇及以下的洪水时，水库控制下泄流量不大于 4290m³/s；当发生大于 100 年一遇小于等于 1000 年一遇洪水时，水库控制下泄流量不大于 4510m³/s；当发生大于 1000 年一遇小于等于 2000 年一遇洪水时，水库控制下泄流量不大于 7260m³/s；当发生 2000 年一遇以上洪水时，刘家峡水库按敞泄运用。②对于龙羊峡水库，当发生小于等于 1000 年一遇的洪水时，水库按最大下泄流量不超过 4000m³/s 运用；当入库洪水大于 1000 年一遇时，水库下泄流量逐步加大到 6000m³/s。

现状运用时利用龙羊峡汛限水位 2588m 至设计汛限水位 2594m 之间的库容兼顾宁蒙河段防洪要求。现状运用方式为：①对于刘家峡水库，当发生 10 年一遇及以下洪水时，刘家峡水库控制下泄流量不大于 2500m³/s，当发生 10 年一遇以上洪水时按设计方式运用；②对于龙羊峡水库，与刘家峡水库按一定蓄洪比例拦洪泄流，各量级洪水的控制流量与设计方式一致。

2）10 月水库一般蓄水运用。由于该时段刘家峡水库以下用水减少，梯级水库群发电任务主要由龙羊峡至刘家峡区间的水电站承担。10 月底，龙羊峡水库最高水位允许达到正常蓄水位。刘家峡水库考虑到 11 月底需要腾出库容满足防凌要求，按满足防凌库容的要求控泄 10~11 月流量。

3）11 月至次年 3 月为凌汛期和枯水季节，刘家峡水库以下用水量较小，刘家峡水库按防凌运用要求的流量下泄，龙羊峡水库补水以满足梯级水库群发电出力要求。这一时段内，龙羊峡水库水位消落，而刘家峡水库蓄水，3 月底允许刘家峡水库蓄至正常蓄水位。刘家峡水库在凌汛期的防凌运用方式为根据宁蒙河段引黄灌区的引退水规律及流凌、封

河、开河的特点，对下泄流量进行控制。凌汛前，刘家峡水库预留一定的防凌库容并预蓄适当水量；11 月上旬流凌前，刘家峡水库大流量下泄所蓄水量，以满足宁蒙河段引水需求；至 11 月中下旬封河前，刘家峡水库下泄流量由大到小逐步减小，以对宁蒙河段引黄灌区退水流量进行反调节，从而推迟封河时间、塑造较为合理的封河流量，且在封河前预留一定的防凌库容；封河期，刘家峡水库平均下泄流量基本保持 500m³/s 并控制过程平稳，从而减小宁蒙河段槽蓄水增量并降低流量波动对防凌的不利影响；开河期，刘家峡水库进一步压减下泄流量，以减小宁蒙河段凌洪流量，避免形成"武开河"。龙羊峡水库主要根据刘家峡水库的下泄流量、库内蓄水量、上游来水量和电网发电需求，配合刘家峡水库防凌运用，并进行发电补偿调节。流凌期，龙羊峡水库根据来水、刘家峡水库蓄水和泄流情况等下泄水量；封河期，龙羊峡水库根据刘家峡水库出库流量和电网发电要求下泄水量，并控制封河期总出库水量与刘家峡水库基本一致；开河期，龙羊峡水库视刘家峡水库蓄水情况按照加大泄量或保持一定流量控制运用，下泄库内蓄水。

4）4~6 月为宁夏和内蒙古的主灌溉期，由于天然来水量不足，需自下而上由水库补水。补水次序为刘家峡水库先补水，如不足再由龙羊峡水库补水。此时，刘家峡水库大量供水发电，而龙羊峡至刘家峡区间水电站的发电流量较小，控制龙羊峡水库发电流量满足梯级水电站保证出力要求。6 月底龙羊峡、刘家峡两水库水位降至汛限水位。

5）设计调度图。龙羊峡、刘家峡两水库联合的梯级设计调度图由西北勘测设计研究院于 1998 年编制，采用黄河贵德、循化、上诠、兰州、安宁渡 5 个断面 1919 年 5 月 ~ 1990 年 4 月逐月天然平均径流资料。图 8-4 是龙羊峡、刘家峡两水库联合运行时的梯级设计调度图。工作时，龙羊峡水库水位在哪一调度区，梯级发电和供水就根据该区的要求进行控制。由于近年来黄河流域径流骤减及水利工程条件发生变化，设计调度图在现状龙羊峡、刘家峡水库调度中仅发挥一定的参考作用。

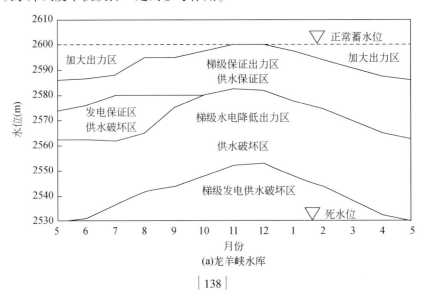

(a)龙羊峡水库

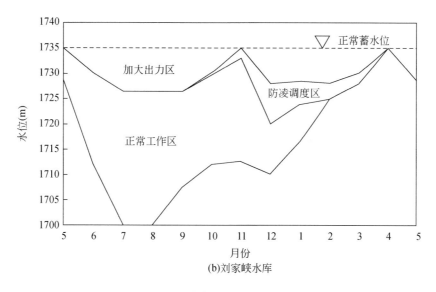

(b)刘家峡水库

图8-4　水库梯级设计调度图

2. 三门峡水库现状运用方式

三门峡水库1960年9月建成投入运用后，针对出现的泥沙淤积问题，工程经过改建、增建，运用方式也多次调整。2003～2005年，针对新形势下三门峡水库运行中存在的问题，水利部黄河水利委员会与国内多家知名科研单位合作，完成了"潼关高程控制及三门峡水库运用方式研究"，提出了三门峡水库调度运用方式，即非汛期最高运用水位不超过318m，平均水位不超过315m；汛期敞泄。如果遇到严重凌情、特大洪水和特殊情况，不受此调度运用方式限制。

3. 小浪底水库运用方式

小浪底水库运用阶段分为拦沙初期、拦沙后期和正常运用期。拦沙初期是小浪底水库累积淤积量达到21亿～22亿 m³ 的时期；拦沙后期为拦沙初期结束后至库区高滩深槽形成的时期，这一时期坝前滩面高程不超过254m，相应淤积量不超过75.5亿 m³；拦沙后期结束后即转入正常运用期。

虽然近些年对小浪底水库调度运用方式进行了各种研究与探索，但是由于黄河水沙条件、边界条件和经济社会条件不断改变以及人类认识自然规律的不断深化，小浪底水库调度方式的研究还需要在实践中总结经验，不断优化。

根据2013年汛前小浪底水库淤积测验资料，库区已累积淤积泥沙27.2亿 m³，水库已经进入拦沙后期。根据水利部批复的《小浪底水库拦沙后期（第一阶段）运用调度规程》，当预报花园口断面流量小于编号洪峰流量4000m³/s时，水库适时调节水沙，按控制花园口断面流量不大于下游主槽平滩流量的原则泄洪。当预报花园口断面洪峰流量在4000～8000m³/s时，需根据中期天气预报和潼关站含沙量情况，取不同的泄洪方式：①如果预报黄河中游有强降水天气或潼关断面有实测含沙量大于等于200kg/m³的洪水，原则上按进出库平衡方式运用；②如果预报黄河中游没有强降水天气且潼关断面实测含沙量小于200kg/m³，当小浪底至花园口区间来水洪峰流量小于下游主槽平滩流量时，原则上按控制花园口站流量不大于下游主槽平滩流量，当小浪底至花园口区间来水洪峰流量大于等于下游主槽平滩流量时，可视洪水情况控制运用，控制水库最高运用水位不超过正常运用期汛限水位254m。当预报花园口断面洪峰流量在8000～10 000m³/s时，如果入库流量不大于水库相应泄洪能力，原则上按进出库平衡方式运用；如果入库流量大于水库相应泄洪能力，则按敞泄滞洪运用。当预报花园口断面流量大于10 000m³/s时，如果预报小浪底至花园口区间流量小于等于9000m³/s，按控制花园口断面流量10 000m³/s运用；如果预报小浪底至花园口区间流量大于9000m³/s，则按流量不大于1000m³/s下泄；当预报花园口断面流量回落至10 000m³/s以下时，按控制花园口断面流量不大于10 000m³/s泄洪，直到小浪底库水位降至汛限水位以下。当危及水库安全时，应加大出库流量泄洪。

每年10月至次年6月为蓄水调节期，小浪底水库蓄水调节径流，进行防凌、供水、灌溉、发电等综合运用。控制每年10月至次年6月水库水位不高于275m。

凌汛期（12月至次年2月），小浪底水库的防凌运用方式为：凌汛前，预蓄适当水量；封河前，控制小浪底水库出库流量，凑泄花园口断面流量达到封河流量，同时控制封河时水库水位不高于267.3m，预留20亿m³防凌库容；封河后，控制小浪底水库出库流量，使得考虑区间加水和用水后，花园口断面流量达到封河期控泄流量；开河时，控制小浪底水库出库流量，保障花园口站流量不大于开河流量；开河后，视来水和下游用水情况逐步加大出库流量，泄放水库蓄水量。

8.2 多目标调度的蓄泄关系及影响因子分析

8.2.1 敏感性分析

(1) 针对曲面关系拟合函数

图8-5～图8-7为基于优化方法进行梯级水库群多维协同调度仿真模型求解时丰水年、平水年和枯水年多目标优化的帕累托前沿。x、y、z坐标分别表示河道外供水量（亿m³）、泥沙冲淤量（亿t）和发电量（亿kW·h）。对于归一化（表8-1）后的变量，采用多面函

数拟合法，确定与曲面符合度较高的函数型为

$$z = \left(1 - \frac{x^{\alpha} + y^{\beta}}{2}\right) \tag{8-1}$$

式中，x、y、z 分别为供水目标 X、输沙目标 Y 和发电目标 Z 的归一化后的变量（x、y、$z \in [0, 1]$）；α、β 为对应 x、y 变量的指数。α 越小，则 X 的变化对其他变量的影响越大，β 取值越小，则 Y 的变化对其他变量的影响越大。α 小于 β 表明同条件下 X 对 Z 的影响大于 Y 对 Z 的影响，α 大于 β 表明同条件下 Y 对 Z 的影响大于 X 对 Z 的影响。

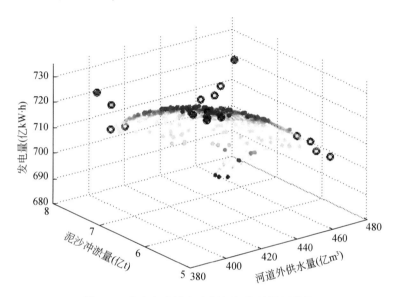

图 8-5　丰水年水沙电多目标解集帕累托前沿

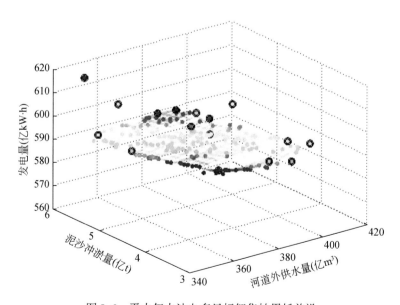

图 8-6　平水年水沙电多目标解集帕累托前沿

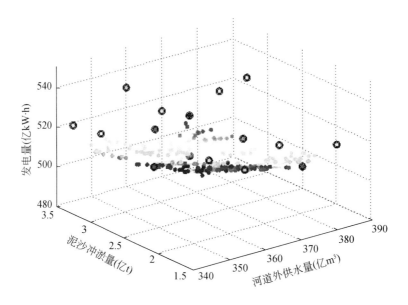

图 8-7　枯水年水沙电多目标解集帕累托前沿

表 8-1　不同典型年的边界条件及归一化

目标变量		X	Y	Z
代表目标		河道外供水量（亿 m³）	泥沙冲淤量（亿 t）	发电量（亿 kW·h）
丰水年	最大值	461	7.5	735
	最小值	392	5.1	680
平水年	最大值	410	5.8	620
	最小值	350	3.8	560
枯水年	最大值	386	3.5	551
	最小值	345	1.8	480
归一化后	归一化变量	x	y	z
	最大值	1	1	1
	最小值	0	0	0

（2）曲面分段特性及阈值分析

采用最小二乘法，确定丰平枯典型年三段式阈值空间鞍点及相应域内的 α、β 取值，不同典型年指数 α 和 β 的取值相对关系平面图如图 8-8 所示，越向极大值方向，参数取值越小，但存在分段特性，分段阈值在丰平枯表现不同；随着典型年径流减少，分段特性逐渐趋于空间分布上的均匀化。

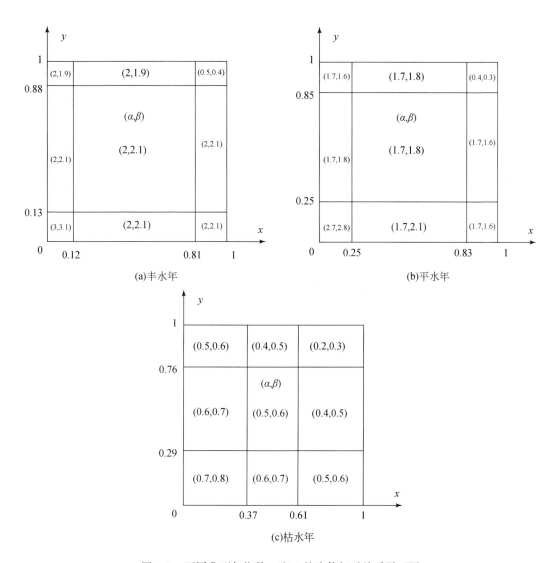

图 8-8 不同典型年指数 α 和 β 的取值相对关系平面图

典型年内，指数 α、β 在分段空间取值不同，即 X、Y 相对 Z 的敏感度发生变化。越向极大值方向，指数取值越小，对其他变量影响越大；但存在分段特性，分段阈值在丰平枯表现不同。丰、平、枯水年下，指数 α、β 递减，X、Y 敏感度越来越大，曲面表现为越来越聚合。

指数 α、β 在分段空间内大部分时段相对关系（$\alpha<\beta$）保持一致，唯独在接近极值区域，相对关系发生反转（$\beta<\alpha$）。以丰水年为例，一般情况下供水和发电竞争关系强于供水和输沙竞争关系，但超过某阈值后，供水和输沙竞争关系性更强。在丰水年此阈值为冲于极大值的 0.88 倍，平水年为 0.85 倍，枯水年为 0.76 倍。

由此，针对多目标解集及调度策略，通过数据挖掘确定关联调度规则时，需要对多目标解集进行归类分析，尤其对竞争关系发生反转的阈值空间，应单独研究调度规则的变化，最后集成到调度规则策略集中。

8.2.2 单目标优化下的蓄泄关系

采用单目标水库群优化调度模型，通过对比分析不同典型年黄河上下游水沙电生态4个用水目标各自最优的水库群运行过程，明确黄河上下游各用水目标的特点及差异，分析多目标之间在不同来水年份不同时期所存在的蓄泄规律，从而为寻求多目标协同调度规则提供依据。

1. 丰水年黄河上游

(1) 汛期：7~10月

由图8-9可知，丰水年汛期黄河上游水沙电生态4个单目标优化下，兰州断面流量过程总体呈现供水、生态两个目标协调统一，发电、输沙两个目标的流量过程不一致的特点。汛期输沙目标下的流量过程变幅剧烈，7月输沙目标下的兰州断面流量大于3000m³/s，远远高于其他3个目标的流量；8~10月输沙目标下的流量较其余目标减小，平均流量为1110m³/s，且呈逐月下降趋势。汛期供水与生态两个目标下的流量变化过程相近，均呈现先增后减的波动型减小规律，且流量差值平均为70m³/s，两个目标表现出高度的协调统一。汛期发电目标下的流量过程变幅较小，平均流量为1550m³/s，且整体呈现波动上升趋势，与其余3个目标的变化规律不一致；10月发电目标下的流量明显高于其余3个目标。

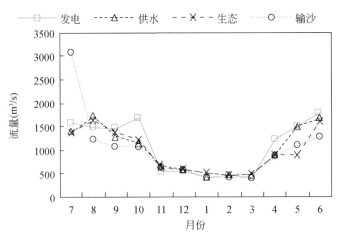

图8-9 水沙电生态单目标优化下丰水年兰州断面流量过程

对汛期梯级水库各目标水位变化过程的协作–竞争关系进行分析（图 8-10），水沙电生态 4 个单目标优化下的龙羊峡水库汛期水位过程均呈现上升趋势；其中生态、发电、供水 3 个目标下的蓄水过程较统一，由起调水位蓄至高水位，发挥了龙羊峡水库的蓄丰作用；输沙目标下，龙羊峡水库受调沙流量影响，汛期水位的上涨能力明显减弱，大幅削弱了龙羊峡水库这一多年调节水库的蓄水能力，对后期可能出现的枯水年和连续枯水年的补水作用减弱，体现出输沙目标与其余 3 个目标在水资源利用中的竞争关系。水沙电生态 4 个单目标优化下的刘家峡水库汛期水位过程存在较大的差异性，水位变幅最大的是输沙目标，7 月刘家峡水库利用自身库容补充输沙流量，水位降至 1696m，接近死水位，后续月

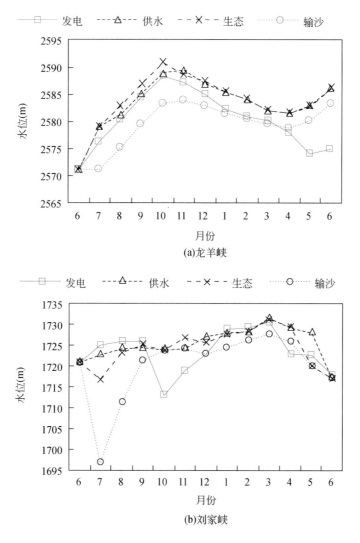

(a)龙羊峡

(b)刘家峡

图 8-10 水沙电生态单目标优化下丰水年龙羊峡、刘家峡两水库水位变化过程

份通过存蓄龙羊峡水库下泄水量水位逐渐回升至较高水位运行，反映出输沙目标对刘家峡水库汛期的蓄水功能无破坏性影响；水位变幅较小的是生态、供水两个目标，汛期水位由起调水位波动上涨至1724m，实现汛期小幅蓄水；发电目标下，7~9月刘家峡水库水位呈上升趋势，但为了实现自身发电利益的最大化，10月水库加大发电引用流量，使汛末水位下拉至较低水位运行，与其他3个目标的蓄水规律不一致，体现了发电目标在汛期与水沙生态目标的竞争关系。

汛期水沙电生态关系：鉴于过大的调水调沙控制流量对上游梯级水库群的丰水年汛期蓄水能力影响较大，7月在保障防洪安全的前提下，上游梯级水库群可遵循宁蒙河段调水调沙的控制流量范围适当减小调沙流量以达到适宜的调沙效果，并降低汛期输沙与其他目标的竞争关系；8~9月供水、生态两个目标下的流量过程较一致，且与发电目标下的流量过程相差不大，因此8~9月上游梯级水库群按照供水、生态两个目标下的流量过程进行下泄能够实现多目标的统一；10月刘家峡水库为了追寻更大发电利益而加大下泄流量，减小了汛末刘家峡水库的蓄水量，与其他目标汛末蓄水的规律相矛盾。此时4个目标的关系是：汛末结束后即将进入凌汛期，黄河上游特殊的凌汛期安全流量限制导致凌汛期供水目标势必受到破坏，因此在无法提高供水的前提下，尽可能增大凌汛期发电效益是更为明智的选择，这就需要刘家峡水库在10月预腾足够的防凌库容，为后期存蓄龙羊峡发电流量提供保障。因此，10月刘家峡适度加大下泄流量，预腾防凌库容，拉低水库水位是合理可行的，且增大下泄水量对于供水、生态目标更有利。

（2）凌汛期：11月至次年3月

由图8-9可知，丰水年水沙电生态4个单目标优化下，兰州断面流量过程表现出了高度的一致性，这主要是受凌汛期防凌安全流量限制的影响，各目标下的流量过程均严格遵循防凌流量过程，使得该时期的供水、发电目标受到影响。

凌汛期水沙电生态4个单目标优化下，龙羊峡水库凌汛期水位均呈下降趋势，供水、生态两个目标下的变化过程较一致，凌汛期水位整体下降6~7m；输沙目标下的水位下降幅度较小，仅下降了4.2m；发电目标下的水位下降幅度进一步增大，整体下降7.2m。4个单目标优化下，刘家峡水库凌汛期水位变化过程总体呈现上升趋势，主要是由于其出库流量严格受到防凌安全流量限制，出库流量较小；其中发电目标下的水位增幅最大，凌汛期水位增幅18m，而供水、生态、输沙目标下的水位增幅较小，仅为5~7m，说明这3个目标未能充分利用防凌库容。

凌汛期水沙电生态关系：刘家峡水库严格按照防凌安全流量下泄，水沙电生态4个单目标优化下兰州断面流量过程高度耦合；在满足防凌安全的前提下，充分利用刘家峡水库的防凌库容，尽量提高龙羊峡水库的下泄流量，增加梯级水库群发电效益；凌汛期末刘家峡水库在保障宁蒙河段防凌流量平稳过渡的前提下尽量抬高水位，为随后的供水期存蓄水量。

（3）供水期：4~6 月

丰水年水沙电生态 4 个单目标优化下，兰州断面流量过程呈现不同幅度的增加，其中发电目标下的流量最大，流量变化范围为 1220~1770m³/s；其次是供水目标，流量变化范围为 900~1650m³/s；生态目标下 4~5 月按照适宜生态流量下泄，流量过程保持平稳，6 月为了高流量脉冲需求而加大流量，达到 1610m³/s；输沙目标下除调水调沙月份外，其余月份尽可能满足生态流量需求，但未考虑高流量脉冲，因此 6 月的兰州断面流量较其他目标减小。

由图 8-10 可知，丰水年水沙电生态 4 个单目标优化下，龙羊峡水库水位变化过程表现出不一致的上升、下降规律。其中，供水、输沙、生态 3 个目标下的龙羊峡水库水位呈上升趋势，除满足供水、生态流量外水库蓄水，发挥了龙羊峡水库的蓄丰作用，为补充枯水年流量提供了有利条件；发电目标下的龙羊峡水库水位呈下降趋势，与其他 3 个目标的蓄水规律相矛盾，暴露了发电目标下龙羊峡水库"只重当前利益，忽视长远利益"的弊端，与供水、输沙、生态目标形成竞争关系。供水期 4 个单目标优化下，刘家峡水库水位变化过程均呈现下降，发电、生态、供水 3 个目标下的供水期水位降幅较一致，为 14m 左右，而输沙目标下的水位过程由于不考虑供水、发电等经济利益，下游流量需求相对较小，刘家峡水位下降 10.7m。

供水期水沙电生态关系：丰水年供水期在满足生态、供水目标的前提下，弱化发电效益，龙羊峡水库不可一味地加大发电流量，而应该利用丰水年来水多的有利条件尽可能提高水库蓄水量；刘家峡水库供水期以满足下游兰州断面综合流量需求为主，此时生态流量需求相对较小，容易满足，且 6 月供水目标所需要的流量过程远高于上游高流量脉冲需求。因此，供水期刘家峡水库尽可能按照供水目标的优化过程进行调控。

2. 丰水年黄河下游

（1）汛期：7~10 月

由图 8-11 可知，水沙电生态 4 个单目标优化下，花园口断面流量变化过程呈现明显的差异性，除 7 月 4 个目标的流量相接近外（其中供水目标下流量稍低），其余月份各目标流量值均呈现较大差异。汛期花园口断面流量过程变幅最大的是输沙目标，丰水年 8 月黄河下游可进行持续时间为一个月的调水调沙，此后 9~10 月降至 1000m³/s 左右。发电、供水两个目标的汛期流量均呈现先增加后减小的变化规律，两个目标汛期流量总体呈增长趋势，但增长过程不一致，供水目标要求 8 月的流量较大，而发电目标则要求 9 月的流量较大，最终两个目标在 10 月的流量均回落至 1500m³/s 左右。生态目标下汛期流量呈稳步上升规律，增幅较供水、发电两个目标减小。

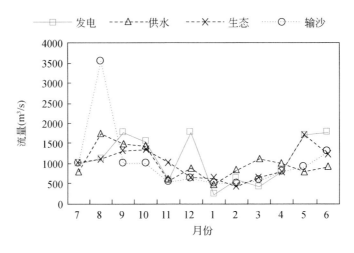

图8-11 水沙电生态单目标优化下丰水年花园口断面流量过程

由图8-12可知，输沙目标下的小浪底水库水位变化过程与发电、供水、生态3个目标下的水位变化过程表现出明显的不一致性；发电、供水、生态3个目标下的汛期水位变化规律表现为"整体相似，局部差异"，汛前期（7~9月）3个目标下的水库均先蓄水，抬高汛期水位，10月发电目标下的汛末水位继续提高，而供水、生态目标下的汛末水位有所下降；输沙目标下的小浪底水库汛期水位在7月大幅提高，为8月的调水调沙储备水量，8月调沙后水库水位降至死水位，9~10月水位波动上涨至239m，可见丰水年追求最大的调沙利益将导致小浪底水库汛末蓄水量过小，与其余3个目标形成竞争流量，不利于保障随后枯水期的综合流量。

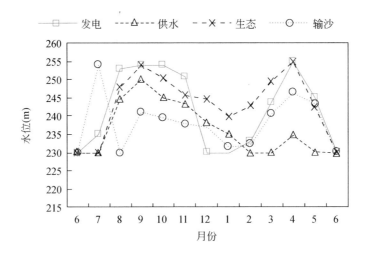

图8-12 水沙电生态单目标优化下丰水年小浪底水库水位变化过程

汛期黄河下游水沙电生态关系：丰水年水库调水调沙是减轻下游河道泥沙淤积，增大下游河道平滩流量，保障行洪安全的必然选择，因此7月小浪底水库在保障防洪安全及满足下游生态、供水需求的基础上，应尽可能地蓄水抬高水位，为8月调水调沙储蓄水量；为了缓解丰水年8月最大力度调水调沙所带来的水库汛末蓄水不足问题，建议在保障调沙控制流量的基础上，适度缩短调沙历时，为汛末蓄水节约水量，缓解调沙与其他目标的竞争关系；9~10月供水、生态目标下的流量较为接近，为保障枯水期综合流量，建议水库采取"以水定电"的运行方式，为汛末蓄水提供有利条件。

（2）枯水期：11月至次年3月

水沙电生态4个目标的花园口断面流量变化过程呈现供水、生态、输沙3个目标下的流量变化相对较平稳，发电目标下的流量变化较剧烈的特点。输沙与生态两个目标下的流量过程基本一致，这主要是由于输沙目标下除了调沙月份外其余时段所追求的利益与生态目标一致。供水目标下枯水期的流量总体呈增长趋势，由11月的536m³/s增加到次年3月的1200m³/s，但3月花园口断面流量远高于供水需求，不利于水资源在全年的更合理分配。发电目标下的流量变幅最为剧烈，最大值出现在12月，达到1770m³/s，最小值出现在1月，仅220m³/s，其余月份流量保持在500~600m³/s。

供水、输沙、生态3个目标下枯水期小浪底水库水位呈现平稳下降，再逐步回升或持平的变化过程。生态目标下的枯水期水位始终高于供水、输沙两个目标，这主要是由于该时期生态目标仅满足生态基流，流量需求较小，因而水位保持较高水平。供水目标下的枯水期水位11月至次年2月持续下降至死水位，3月保持死水位不变，说明丰水年年内径流分配不均，枯水期来水少，小浪底水库为了满足下游供水需求，而持续利用自身存蓄水量补水，直至降至死水位。发电目标下的枯水期水位变幅最剧烈，11~12月水库为了获得更多发电利益而加大下泄流量，水位由11月的250.7m急剧下降至死水位，次年2~3月逐渐蓄水提高水位，发电目标变化剧烈的流量方式与供水、生态平稳的流量方式形成反差，引起不同目标对水库蓄泄策略要求的矛盾竞争关系。

枯水期黄河下游水沙电生态关系：枯水期保障下游供水需求及生态基流是该时期的主要任务，适度弱化发电效益，水库采取"以水定电"的方式运行，同时避免了发电单目标优化下所带来的水位、下泄流量变幅剧烈的影响；供水单目标优化的运行方式中，3月小浪底水库的下泄流量远高于下游需水，使水库水位过低，不利于4~6月的综合利用，可适度减小3月的下泄水量，使水库水位适度提高。

（3）供水期：4~6月

供水目标下的流量过程较为平稳，总体呈现小幅度减小趋势，供水期平均流量为900m³/s。输沙目标下由于只考虑了生态基流需求，并未考虑高流量脉冲，供水期流量逐月增加，且4~6月的流量与生态目标一致。生态目标下在5月保障了高流量脉冲需求，且持续时间为 1 个月，故 5 月流量为 1700m³/s。发电目标下的流量呈现逐渐增大的趋势，5~6 月均高于其余 3 个目标下的流量。

4 个目标下的丰水年枯水期小浪底水位变化过程均呈现逐步减小的趋势，最终 6 月底降至死水位，结束丰水年的径流调控。发电、生态目标下的水位变化过程高度统一，输沙目标下的水位过程除 4 月外，也与发电、生态两个目标统一；发电、生态目标由于前期（2~4 月）水库蓄水使 4 月末水位较高，达到 255m，6 月末降至死水位，整个供水期水位降幅 25m。供水目标下，由于枯水期水库持续放水，供水期小浪底水库的水位始终保持在低水位或死水位上运行。

供水期黄河下游水沙电生态关系：为避免过长时间的高流量脉冲对保障供水期黄河下游供水需求产生不利影响，适度缩短高流量脉冲持续时间，以满足供水节约水资源；供水单目标优化下的供水期花园口断面流量均高于该时期的适宜生态流量需求，因此小浪底水库尽可能按照供水优化目标的下泄流量过程运行就能同时满足供水、生态两个目标利益需求；6 月在水库存蓄水量允许的情况下，可加大下泄流量增加发电效益。

3. 平水年黄河上游

（1）汛期：7~10 月

由图 8-13 可知，平水年汛期黄河上游水沙电生态 4 个单目标优化下，兰州断面流量过程总体呈现供水、输沙两个目标的流量过程基本相同，发电、生态两个目标下的流量过程整体变化趋势相近，局部略有差异的特点。汛期输沙目标下的流量过程变幅剧烈，7 月输沙目标下的兰州断面流量大于 3000m³/s，远高于其他 3 个目标下的流量；8~10 月输沙目标下的流量过程有小幅度的上下波动，但总体呈现逐月下降趋势，平均流量为 1040m³/s。供水目标下的流量过程的变化趋势与输沙目标基本一致，但整个汛期供水目标下的流量明显小于输沙目标，8~10 月供水目标下的流量过程也均小于发电、生态两个目标。7 月发电目标下的流量过程呈上升趋势，生态目标下的流量与其变化趋势相反，两个目标下的流量相差 256m³/s；8~10 月两个目标下的流量均呈现下降趋势，波动幅度变小，发电目标下的流量略微高于生态目标下的流量。

由图 8-14 可知，生态、输沙两个目标下的龙羊峡水库汛期水位呈现上升趋势，表现为持续的蓄水过程，发挥了龙羊峡水库的蓄丰作用；而发电、供水两个目标下的龙羊峡水库汛期水位过程完全保持一致，呈现波动式上升趋势，但 8 月两个目标下的龙羊峡水库水位下降，出现放水过程，与其余两个目标形成竞争关系。输沙目标下的龙羊峡水库受调沙流量影响，汛期水位的上涨能力明显减弱，大幅削弱了龙羊峡水库这一多年调节水库的蓄水能力，对后期可能出现的枯水年甚至连续枯水年的补水作用减弱，体现出输沙目标与其余 3 个目标在水资源利用中的竞争关系。7~9 月，发电、生态两个目标下的刘家峡水库汛

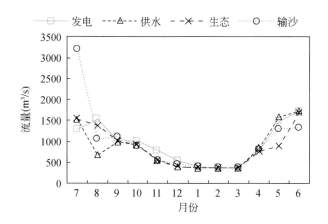

图 8-13　水沙电生态单目标优化下平水年兰州断面流量过程

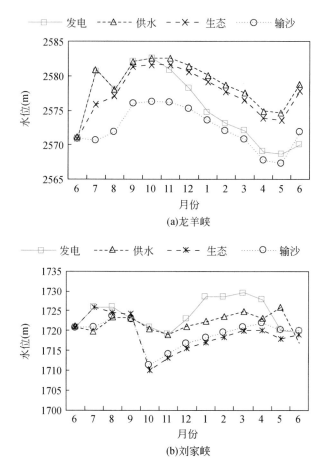

(a)龙羊峡

(b)刘家峡

图 8-14　水沙电生态单目标优化下平水年龙羊峡、刘家峡两水库水位变化过程

期水位过程变化趋势基本一致，呈现先增后减的变化趋势；供水、输沙两个目标下的刘家峡水库汛期水位过程变化趋势基本一致，呈现先减后增的变化趋势，但水位变幅都较小，彼此形成弱竞争关系。10月，发电、供水两个目标下的刘家峡水库汛期水位过程相近，生态、输沙两个目标下的刘家峡水库汛期水位过程相近，均呈现下降趋势，但生态、输沙两个目标下的水位变幅较大，水位降至1710m，发电、供水两个目标下的水位变幅较小，水位降至1720m。

汛期水沙电生态关系：鉴于过大的调水调沙控制流量对上游梯级水库群的平水年汛期蓄水能力影响较大，7月在保障防洪安全的前提下，上游梯级水库群可遵循宁蒙河段调水调沙的控制流量范围选择最小的调沙控制流量，并缩短调沙持续时间，以减小平水年汛期输沙与其他目标的竞争关系；8～10月发电、生态两个目标下的流量过程相近，与供水目标下的流量过程相差不大，因此，8～10月上游梯级水库群按照发电、生态两个目标下的流量过程进行下泄能够实现各目标的统一。

（2）凌汛期：11月至次年3月

平水年水沙电生态4个单目标优化下，兰州断面流量过程的变化趋势表现出了高度的一致性，这主要是受凌汛期防凌安全流量限制的影响，各目标下的流量过程均严格遵循防凌流量过程，使得该时期的供水、发电目标受到影响。

凌汛期水沙电生态4个单目标优化下，龙羊峡水库凌汛期水位均呈下降趋势，供水、生态、输沙3个目标下的变化过程较一致，凌汛期水位整体下降5m，发电目标下的水位下降幅度进一步增大，整体下降了10m，说明不同的流量目标下凌汛期龙羊峡水库的下泄流量过程有所差异。4个单目标优化下，刘家峡水库凌汛期水位变化过程总体呈现上升趋势，主要是由于其出库流量严格受到防凌安全流量限制，出库流量较小；其中发电目标下的水位增幅最大，凌汛期水位增幅11m，而供水、生态、输沙目标下的水位增幅较小，仅为6～7m，说明这3个目标未能充分利用防凌库容。

凌汛期水沙电生态关系：刘家峡水库严格按照防凌安全流量下泄，水沙电生态4个单目标优化下兰州断面流量过程高度耦合；在满足防凌安全的前提下，充分利用刘家峡的防凌库容，尽量提高龙羊峡水库的下泄流量，增加梯级水库群发电效益；凌汛期末刘家峡水库在保障宁蒙河段防凌流量平稳过渡的前提下尽量抬高水位，为随后的供水期存蓄水量。

（3）供水期：4～6月

平水年水沙电生态4个单目标优化下，兰州断面流量过程呈现不同幅度的增加，其中发电目标的流量过程增幅最大，由795m³/s逐步增加至1739m³/s；其次是供水目标，由839m³/s增加至1723m³/s；生态目标下4～5月按照适宜生态流量下泄，流量过程保持平稳，6月为了高流量脉冲需求而加大流量，达到1676m³/s；输沙目标下除7月调水调沙外，其余月份尽可能满足生态流量需求，但未考虑高流量脉冲，因此6月的兰州断面流量较其他目标减小。

平水年水沙电生态 4 个单目标优化下，龙羊峡水库水位变化过程表现出较为一致的变化规律，4 个单目标优化下的龙羊峡水位均呈现出先平缓下降后显著上升的趋势，水位过程的总体趋势是增加的，发电目标下的龙羊峡水位增幅较小，水位增加了 2m，其余目标下的龙羊峡水位增幅为 4m，发挥了龙羊峡水库的蓄丰作用，为补充枯水年流量提供了有利条件；供水期 4 个单目标优化下，刘家峡水库水位变化过程整体呈现出不一致的规律，发电、生态、输沙目标下的刘家峡水库水位呈现先下降后上升趋势，其中 4 月发电目标下的刘家峡水库水位降幅明显，降低了 8m，生态、输沙目标下的刘家峡水库水位下降了 1～2m，3 个目标下的 5～6 月水库水位变化过程基本保持一致，尤其是发电和生态过程，实现了完全统一；供水期要求尽量满足下游流量需求，实现供水效益最大化，供水目标下的刘家峡水库水位总体呈现下降趋势，降幅为 6m。

供水期水沙电生态关系：平水年供水期应先尽量满足生态、供水需求，弱化发电效益，龙羊峡水库应减少发电流量，在保证基本需求的前提下尽可能提高水库蓄水量；刘家峡水库供水期以满足下游兰州断面综合流量需求为主，单目标优化中 5～6 月兰州断面流量均高于高流量脉冲所需要的脉冲流量（900m³/s），因此尽可能按照供水目标优化结果进行下泄就可实现生态与供水的协调统一。

4. 平水年黄河下游

(1) 汛期：7～10 月

由图 8-15 可知，平水年汛期黄河下游水沙电生态 4 个单目标优化下，花园口断面流量过程变化趋势并不一致。汛期输沙目标下的流量过程变幅最为剧烈，8 月输沙目标要求前半月小浪底水库调沙流量达到 3500m³/s，后半月小浪底水库出库流量为 767m³/s；9～10 月输沙目标下的流量变化过程与生态、发电目标相差不大，平均流量为 788m³/s。汛期供水目标下的流量变化过程表现为先增加后减小的特点；生态目标下的流量过程整体呈现下降趋势；发电目标下的流量过程基本呈现平稳变化，平均流量为 805m³/s，且 9～10 月与生态目标实现高度的协调统一。

由图 8-16 可知，水沙电生态 4 个单目标优化下，小浪底水库汛期水位过程存在较大的差异性，其中生态、发电目标下的小浪底水库水位变化过程整体表现为波动上升趋势，发电目标下的水位变幅较大，水位增幅为 15m，生态目标下的水位增幅为 9m，发挥了汛期小浪底水库的蓄水能力。为满足 8 月的调水调沙要求，7 月输沙目标下的小浪底水库水位蓄至高水位；8 月小浪底水库受调沙流量的影响，利用自身库容补充调沙流量，水位又降至死水位 230m；9～10 月汛期水位的上涨能力较其他目标明显减弱，增幅仅为 6m，体现出输沙目标与其余 3 个目标在水资源利用中的竞争关系。供水目标下的小浪底水库水位

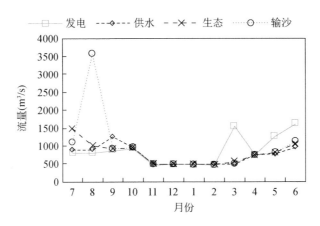

图 8-15　水沙电生态单目标优化下平水年花园口断面流量过程

变化过程表现为先增加后减小的特点，8 月水库供水目标下的蓄水要求与输沙目标下的补水要求形成了强烈的竞争关系。

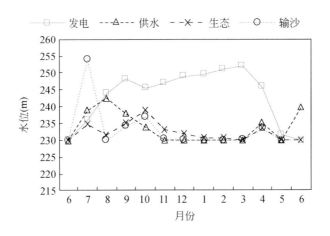

图 8-16　水沙电生态单目标优化下平水年小浪底水库水位变化过程

　　汛期水沙电生态关系：7 月生态目标下的流量最大，其次为输沙目标，但 7 月无高流量脉冲需求，只需保证生态基流过程，因此可按照输沙流量过程进行下泄；过大的调沙水量对小浪底水库平水年汛期的蓄水能力有很大影响，8 月在保障防洪安全的前提下，小浪底水库可适度缩短调沙时长，以降低平水年黄河下游汛期输沙与其他目标的竞争关系；9 月生态、发电、输沙 3 个目标下的流量保持一致，而供水目标下的花园口断面流量较高，且远高于下游的供水需求；10 月 4 个目标下的流量高度统一，故 9~10 月小浪底水库按照生态、发电目标下的流量过程进行下泄即可实现多目标的统一。

（2）枯水期：11 月至次年 3 月

　　平水年水沙电生态 4 个单目标优化下，花园口断面流量过程整体呈现上升趋势，而整个枯水期供水、输沙和生态目标的流量变化过程表现出了高度的一致性。11 月至次年 2 月发电目标下的流量变化过程也与其余 3 个目标高度一致，但 3 月发电目标下的流量显著增加。平水年枯水期主要受生态流量过程的约束，各目标流量要求必须满足生态基流。

供水、输沙、生态 3 个单目标优化下，小浪底水库枯水期水位基本呈平稳变化，供水、输沙两个目标下的水库水位变化过程基本一致，生态目标下的水库水位在 11 ~ 12 月略高于供水、输沙两个目标下的水库水位，水位变幅最大为 3m；在枯水期后两个月 3 个目标下的水库水位基本维持在死水位，说明为满足下游流量需求，小浪底水库利用自身的兴利库容补偿供水及生态流量。发电目标下，小浪底水库枯水期水位呈上升趋势，水位增幅为 5m，为随后的供水期存蓄水量，与其他 3 个目标形成明显的竞争关系。

非汛期水沙电生态关系：枯水期小浪底水库应先尽量满足生态流量过程的要求；在满足生态、供水目标的前提下，弱化后期的发电效益，3 月尽量蓄水，为后续供水期的综合流量储备水量。

（3）供水期：4 ~ 6 月

平水年供水、输沙、生态 3 个目标下，花园口断面流量过程无较大差异，均呈逐月增大规律，这 3 个目标的流量平均由 812m³/s 增加至 1197m³/s；发电目标下，花园口断面流量过程呈显著增加趋势，且流量远高于其余 3 个目标下的流量，供水期由 814m³/s 逐步增加至 1697m³/s；生态目标下，在 4 ~ 5 月按照适宜生态流量下泄，流量过程保持平稳，6 月为了满足高流量脉冲需求而加大流量，达到 1290m³/s。

平水年输沙、生态两个目标下的小浪底水库供水期水位变化过程表现为完全的协调统一，均呈现下降趋势，6 月为满足生态流量脉冲需求，生态目标下的小浪底水位下降至死水位（230m）运行；发电目标下的小浪底水库供水期水位降幅最大，4 ~ 5 月水库水位显著下降，降幅为 15m，说明该时期小浪底水库产生了较大的发电效益，5 ~ 6 月水库水位变化过程与生态、输沙目标相接近；供水目标下的小浪底水库供水期水位先下降后提高，4 月供水、生态、输沙 3 个目标下的水库水位过程基本一致。

供水期水沙电生态关系：平水年供水期生态、供水、输沙 3 个目标下的小浪底水库流量过程高度一致，在保证生态、供水流量需求的前提下，小浪底应尽可能加大发电流量，提升 4 个目标的综合效益。

5. 枯水年黄河上游

枯水年不考虑黄河输沙需求，仅对供水、发电和生态 3 个目标进行优化调度。

（1）汛期：7 ~ 10 月

由图 8-17 可知，枯水年汛期黄河上游供水、发电和生态 3 个目标优化下，兰州断面在发电、生态两个目标下的流量过程变化规律一致，但与供水目标下的流量过程存在明显差异。汛期发电、生态两个目标下的流量过程均表现出先增加后减小再增大的规律，汛末10月发电目标下的流量高于生态目标。汛期各月供水目标下的流量均小于发电、生态两个目标，且呈现先减小后增大的变化规律，在8月流量达到最小值。

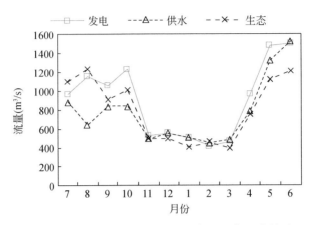

图 8-17　水电生态单目标优化下枯水年兰州断面流量过程

由图 8-18 可知，供水、发电、生态 3 个目标优化下的龙羊峡水库汛期水位过程均呈现上升趋势，并且 3 个目标的蓄水过程协调统一，均由起调水位蓄至高水位，发挥了龙羊峡水库汛期蓄水作用。供水、发电、生态 3 个目标优化下的刘家峡水库汛期水位过程存在差异，7～9 月刘家峡水库在各个目标下的水位变化过程相差不大，均由起调水位波动上升至 1724m；汛期发电目标下的刘家峡水库水位变幅最大，为了实现自身发电利益的最大化，在 10 月水库加大发电引用流量，使汛末水位下拉至较低水位运行，与其他两个目标下的蓄水规律不一致，体现了发电目标在汛期与供水、生态目标的竞争关系。

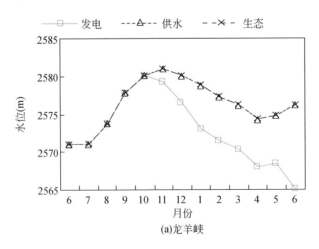

(a) 龙羊峡

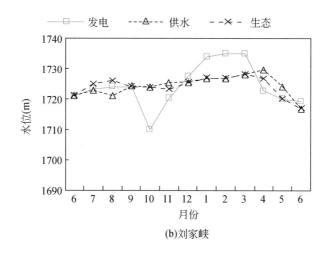

图 8-18 水电生态单目标优化下枯水年龙羊峡、刘家峡两水库水位变化过程

汛期水电生态关系：7~9 月发电、生态目标下的流量较一致，且远远高于供水目标下的流量，因此 7~9 月上游梯级水库群尽可能按照发电、生态目标下的流量过程进行下泄能够实现多目标的统一；在枯水年刘家峡水库 10 月预腾防凌库容时除了考虑自身在非汛期水位是否能回升至较高水位外，还需要考虑由此造成的龙羊峡水库非汛期下泄流量过大、水位下拉过低的问题，如果遭遇连续枯水年，龙羊峡水库的保障流量作用将大幅降低。为了提高枯水年上游梯级水库群的综合流量保障能力，10 月刘家峡水库不宜预腾过多防凌库容。

（2）凌汛期：11 月至次年 3 月

枯水年供水、发电和生态 3 个目标下，兰州断面流量过程表现出了高度的一致性，这主要是受凌汛期防凌安全流量限制的影响，各目标下的流量过程均严格遵循防凌流量过程，使得该时期的供水、发电目标受到影响。

供水、发电、生态 3 个目标优化下，龙羊峡水库凌汛期水位均逐步下降，其中供水、生态两个目标的变化过程一致，且降幅较小，凌汛期水位整体下降 5m；而发电目标下的水位下降幅度增大，凌汛期水位整体下降 9m。发电目标下的凌汛期龙羊峡水库水位较低与其他两个目标相矛盾，不利于预留足够水量应对随后供水期的综合流量。发电目标下的刘家峡水库凌汛期水位上升幅度明显高于生态、供水两个目标，供水、生态目标下的水位表现为缓慢上升，增幅仅为 4m，而发电目标下的凌汛期水位增加 25m。

凌汛期水沙电生态关系：凌汛期刘家峡水库严格按照防凌安全流量下泄，供水、发电和生态 3 个目标下的兰州断面流量过程高度一致；为提高龙羊峡水库这一多年调节水库应对枯水年和连续枯水年的供水保障能力，凌汛期龙羊峡水库不宜追求更大的发电利益，而应在满足生态基流的前提下尽量蓄水，为后续的综合流量存蓄水量；凌汛期末刘家峡水库在保障宁蒙河段防凌流量平稳过渡的前提下尽量抬高水位,为随后的供水期存蓄水量。

(3) 供水期:4~6月

枯水年供水、发电和生态3个目标下的兰州断面流量过程均呈现逐月增大的趋势,且4~5月发电目标下的流量均大于供水、生态目标,6月发电目标与供水目标下的流量相近,均约为1500m³/s;生态目标下的流量增幅小于其他两目标,6月为了满足高流量脉冲需求而加大流量,增至1200m³/s。

枯水年发电目标与供水、生态两个目标优化下,供水期龙羊峡水库水位呈现相反的变化规律,供水、生态两个目标下的水位上升,而发电目标下的水位下降。供水、生态两个目标下的水位与发电目标下的水位差距继凌汛期后持续加大,在4月末水位差值达到了6m,5月各目标水位均有小幅抬升,6月供水、生态两个目标下的水位持续提高,而发电目标下为追求更大发电利益使得水位骤减至2565m,与其他两个目标下的蓄水规律相矛盾,形成竞争关系。在3个目标优化下,供水期刘家峡水库水位变化过程呈下降趋势,生态、供水两个目标下的供水期水位降幅较一致,约10m;发电目标下的水位降幅约4m。

供水期水电生态关系:枯水年供水期应尽量满足生态、供水的要求,并弱化发电效益,龙羊峡水库不可一味地加大发电流量;枯水年兰州断面需水应予以打折,刘家峡水库供水期以满足下游兰州断面综合流量需求为主,此时生态需求保障生态基流的同时应减小高流量脉冲所需流量,缩短高流量脉冲持续时间。

6. 枯水年黄河下游

枯水年不考虑黄河输沙需求,仅对供水、发电和生态3个目标进行优化调度。

(1) 汛期:7~10月

由图8-19可知,枯水年汛期黄河下游供水、发电和生态3个目标下,花园口断面流量过程表现出各自不同的变化特点。发电目标下的汛期流量过程为先小幅度减小,后大幅度增加;而供水目标下则相反,7~9月流量稳步增加,10月流量大幅度减小,明显小于其余两个目标下的10月流量;汛期发电、生态两个目标下的流量虽然都呈现出先减后增的变化过程,但在流量和转变时机上存在差异,7~9月生态目标下的流量高于发电目标,而在8月和汛末10月,两个目标下的流量相近;生态目标下的流量过程表现为先减小后增大再减小的特点,8月和10月生态目标下的流量与发电目标一致,9月的流量与供水目标一致。

由图8-20可知,供水、生态两个目标优化下的小浪底水库汛期水位过程整体呈现上升趋势,由汛初的起调水位(死水位)蓄至汛末的240m,水位抬升了10m。其中,生态目标下的水位上涨幅度均高于供水目标,且9月水位达到最高,10月水库水位有所下降。发电目标下的小浪底水库水位过程变幅剧烈,7~9月水库均蓄水,水位涨至9月的250m,

而后为了实现自身发电利益的最大化，10 月小浪底水库加大发电引用流量，使汛末水位下拉至死水位，发电目标下的汛期水库总体无蓄水，与其他两个目标下汛期的蓄水规律相矛盾。

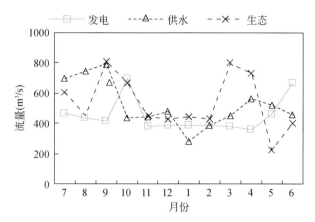

图 8-19 水电生态单目标优化下枯水年花园口断面流量过程

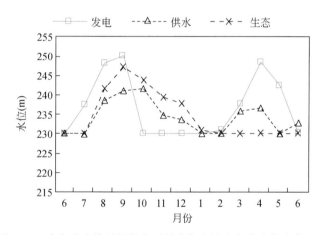

图 8-20 水电生态单目标优化下枯水年小浪底水库水位变化过程

汛期水电生态目标关系：汛期在满足生态基流的前提下，尽可能确保供水不被破坏；10 月小浪底水库为了追寻更大发电利益而加大下泄流量，减小了汛末小浪底水库的蓄水量，与其他目标汛末蓄水高水位运行的规律相矛盾。因此不能一味地追求发电量利益，可以适当减小发电效益，使水库汛末蓄水，实现供水、输沙、发电 3 个目标的利益平衡。

（2）枯水期：11 月至次年 3 月

在花园口断面，11 月至次年 2 月生态目标与发电目标下的流量过程均保持平稳，生态目标下的流量平均较发电目标高约 $50 m^3/s$；3 月生态目标下的流量为 $800 m^3/s$，远高于供水需求及生态基流需求。11 ~ 12 月供水目标下的流量小幅度增加，12 月至次年 1 月流量大幅度减小，随后 2 ~ 3 月流量逐步恢复至与 11 月流量相当的水平。

供水、发电和生态 3 个目标优化下的小浪底水库枯水期水位均呈下降趋势，且变化过程各不相同。发电目标下，水库水位在汛期已降至死水位，而枯水期来水少，导致小浪底水库"来多少放多少"，一直到 1 月末均保持死水位运行。之后水位出现上升趋势，表明小浪底水库开始蓄水，直至枯水期末水库水位提高了近 8m。供水目标下，枯水期水库水位呈现先减后增的变化过程，由于枯水期来水少，而水库一直处于向下游供水的状态，水位很快在 1 月降至死水位运行，2 月水库开始蓄水，枯水期末水库水位提高了 6m。生态目标下，供水期水库水位一直下降，直至降至死水位。

枯水期水电生态关系：枯水期小浪底大多数月份可按照生态目标优化下的流量过程进行下泄，但 12 月除保障生态流量外还应尽可能提高供水流量；3 月生态目标优化下的流量为 800m³/s，远高于该月的供水需求及生态基流需求，考虑后续供水期流量需求，3 月小浪底水库可在此基础上减小下泄流量，适度蓄水。

（3）供水期：4~6 月

枯水年供水、发电和生态 3 个目标下的花园口断面流量过程差异较大。生态目标下的流量过程表现为先减后增，变幅较大。发电目标下的流量变化过程接近于线性增长，6 月流量较 4 月增大 300m³/s。供水目标下的流量变化过程表现为平缓地下降，6 月流量较 4 月减少 100m³/s，流量变幅小于其他两个目标。

枯水年供水、发电和生态 3 个目标优化下的小浪底水库水位变化过程差异较大。生态目标下，上一阶段水库水位已降至死水位，而枯水期来水少，导致小浪底水库"来多少放多少"，一直保持在死水位运行。发电目标下，为了提高发电量增加发电效益，该时期水库加大下泄流量，水位持续下降，并在 6 月末降至死水位。供水目标下，水位呈现先降低后提升的变化过程，水库水位 5 月底至死水位后，6 月水位有微小上升，抬升了近 3m，与其他两个目标下供水期末降至死水位的运行方式不一致。

供水期水电生态关系：供水期小浪底水库应按照"以水定电"的方式运行，在尽量满足供水需求、提高供水保证率的基础上，当水库富有余力时，在 6 月可适度塑造短历时的高流量脉冲。

8.2.3 多目标调度的影响因子分析方法

梯级水库群联合调度，影响调度目标效果的影响因素很多，根据水库水量平衡原理可知其影响因素主要包括时段初水位 $X_1(i)$、时段入库水量 $X_2(i)$ 和时段内出库水量 $X_3(i)$，i 表示水库序号，$i=1,\cdots,N$。此外黄河梯级水沙电生态多目标联合调度，根据调度经验，流量持续时间 $Y_1(i)$、脉冲次数 $Y_2(i)$、区间用水量 $Y_3(i)$ 等跟调度目标紧密相关的各因素对调度效果也存在着一定影响。

为了从诸多因子中筛选出对多维协同调度目标影响显著的因子，得到相关性较好的关系，采用逐步回归分析法。

（1）基本思路

影响多维协同调度目标的因子不止一个，希望能从这些影响因子中挑选一批与多维协同调度目标关系比较好的因子，建立"最优"的回归方程进行预测。所谓"最优"的回归方程，主要是指在回归方程中包含所有对多维协同调度目标影响显著的因子，而不包含影响不显著的因子的回归方程。逐步回归分析正是根据这种原则提出来的一种回归分析方法。它的主要思路是在考虑的全部因子中按其对方差的贡献大小，由大到小地逐个引入回归方程，而那些对预报对象作用不显著的因子可能始终不被引入回归方程。另外，已被引入回归方程的因子在引入新因子后也可能会失去显著性，因此需要从回归方程中剔除出去。引入一个因子或从回归方程中剔除一个因子都成为逐步回归的一步，每一步都要进行给定信度的显著性检验（F 检验），以保证在引入新因子前回归方程中只含有对预报对象影响显著的因子，而不显著的因子已被剔除。

逐步回归分析的实施过程是每一步都要对已引入回归方程的因子计算偏回归平方和（即方差贡献），然后选一个偏回归平方和最小的因子，在预先给定的 α 水平下进行显著性检验，如果显著则该因子不必从回归方程中剔除，这时更不需要剔除方程中的其他若干因子。相反，如果不显著则该因子要被剔除，然后按偏回归平方和由小到大地依次对方程中其他因子进行 F 检验，最终将影响不显著的因子全部剔除，保留的都是显著的。接着再对未引入回归方程中的因子分别计算其偏回归平方和，并选其中偏回归平方和最大的一个因子，同样在给定的 α 水平下进行显著性检验，如果显著则将该因子引入回归方程，这一过程一直继续下去，直至在回归方程中的因子都不能剔除而又无新因子可以引入时为止，这时逐步回归分析过程结束。

（2）回归模型

设有 m 个因子（自变量）x_1，x_2，$\cdots$，x_m，和 1 个预报对象（因变量）y，有 n 组观测数据的系数矩阵和相关系数增广矩阵分别为

$$\boldsymbol{X} = \begin{bmatrix} x_{11} & x_{12} & \cdots & x_{1m} \\ x_{21} & x_{22} & \cdots & x_{2m} \\ \vdots & \vdots & \ddots & \vdots \\ x_{n1} & x_{n2} & \cdots & x_{nm} \end{bmatrix} \tag{8-2}$$

$$\boldsymbol{R} = \begin{bmatrix} r_{11} & r_{12} & \cdots & r_{1m} & r_{1y} \\ r_{21} & r_{22} & \cdots & r_{2m} & r_{2y} \\ \vdots & \vdots & \ddots & \vdots & \vdots \\ r_{n1} & r_{n2} & \cdots & r_{nm} & r_{ny} \\ r_{y1} & r_{y2} & \cdots & r_{ym} & r_{yy} \end{bmatrix} \tag{8-3}$$

$$r_{ij} = \frac{\sum_{k=1}^{n} (x_{ik} - \bar{x}_i)(x_{jk} - \bar{x}_j)}{\sqrt{\sum_{k=1}^{n} (x_{ik} - \bar{x}_i)^2} \sqrt{\sum_{k=1}^{n} (x_{jk} - \bar{x}_j)^2}} = \frac{l_{ij}}{\sqrt{l_{ii}} \sqrt{l_{jj}}} \qquad (8\text{-}4)$$

$$r_{iy} = \frac{\sum_{k=1}^{n} (x_{ik} - \bar{x}_i)(y_k - \bar{y})}{\sqrt{\sum_{k=1}^{n} (x_{ik} - \bar{x}_i)^2} \sqrt{\sum_{k=1}^{m} (y_k - \bar{y})^2}} = \frac{l_{iy}}{\sqrt{l_{ii}} \sqrt{l_{yy}}} \qquad (8\text{-}5)$$

式中，r_{ij} 表示 x_i 与 x_j 之间的相关系数；r_{iy} 和 r_{yi} 表示 x_i 与 y 之间的相关系数；增广矩阵 **R** 对角线上的元素为 1。

偏回归平方和（方差贡献）：

$$V_i = \frac{r_{iy} r_{yi}}{r_{ii}} = r_{iy}^2, \quad i = 1, 2, \cdots, m \qquad (8\text{-}6)$$

引入因子时：

$$F_1 = \frac{V_i}{r_{yy} - V_i}(n - k - 1) \qquad (8\text{-}7)$$

剔除因子时：

$$F_2 = \frac{V_i}{r_{ii}}(n - k - 1) \qquad (8\text{-}8)$$

式中，k 为引入因子的次序。

逐步回归的步骤如下：

1）计算所有因子的偏回归平方和 V，选择其中最大的 V_{max} 计算相应的 F_1；

2）若 $F_1 > F_\alpha (1, n-k-1)$（$\alpha$ 为显著性水平），则引入该因子，否则结束逐步回归运算；

3）计算剩余因子的 V，选 V_{max} 计算 F_1；

4）若 $F_1 > F_\alpha (1, n-k-1)$（$\alpha$ 为显著性水平），则引入该因子，并进行下一步，否则结束运算；

5）对已引入的因子计算 V，选择其中的最小的 V_{min}，计算相应的 F_2；

6）若 $F_2 > F_\alpha (1, n-k-1)$，则保留全部已引入的因子，否则剔除该因子，重新开始步骤 5），直到 $F_1 > F_\alpha (1, n-k-1)$；

7）返回步骤 3）并循环执行，直至无因子可引入。

8.2.4 不同调度期的关键影响因子分析

结合黄河流域实际情况，将年内划分为 7～10 月（汛期），11 月至次年 3 月（凌汛期)、4~6 月（供水期），根据前述分析的不同时期所存在的蓄泄关系及规律，基于优化模型得到的长系列调度结果，初步拟定影响不同时期调度效果的可能因子，并通过逐步回归方法分析各因子数据，选择置信水平对各个因子进行检验。按照因子方差贡献的大小，得到年内不同调度期多目标影响调度效果的关键影响因子。

（1）汛期：7~10 月

汛期上游梯级水库群供水、生态目标下的流量过程一致，且与发电目标下的流量过程相差不大，因此上游梯级水库群按照供水、生态目标下的流量过程进行下泄，并适当增大发电泄流。而下游水库在保障防洪安全及满足下游生态、供水需求的基础上，以调水调沙为主。

鉴于此，初步分析影响汛期梯级水库调度群效果的可能因子有龙羊峡水库水位 X_1、刘家峡水库水位 X_2、小浪底水库水位 X_3，龙羊峡水库入库流量 X_4、刘家峡水库入库流量 X_5、小浪底水库入库流量 X_6，龙羊峡水库出库流量 X_7、刘家峡水库出库流量 X_8、小浪底水库出库流量 X_9，上游水库群梯级保证出力 Y_1，小浪底水库入库含沙量 Y_2，小浪底出库大流量历时 Y_3，兰州至河口镇区间用水量 Y_4、河口镇断面生态需水量 Y_5，龙羊峡水库年末消落水位 Y_6 等。

基于优化模型得到的调度结果，通过逐步回归方法分析各因子数据，选择置信水平 $\alpha = 0.025$ 对各个因子进行 F 检验。按照因子方差贡献的大小，得到汛期影响调度效果的关键影响因子依次为龙羊峡水库水位 X_1、小浪底水库水位 X_3，龙羊峡水库入库流量 X_4，龙羊峡水库出库流量 X_7，小浪底水库出库流量 X_9，小浪底水库入库含沙量 Y_2，小浪底出库大流量历时 Y_3。

（2）凌汛期：11 月至次年 3 月

凌汛期上游刘家峡水库严格按照防凌安全流量下泄，下游小浪底水库在满足生态、供水目标的前提下，弱化后期的发电效益，3 月尽量蓄水，为后续供水期的综合用水储备水量。

鉴于此，初步分析影响凌汛期梯级水库群调度效果的可能因子有龙羊峡水库水位 X_1、刘家峡水库水位 X_2、小浪底水库水位 X_3，龙羊峡水库入库流量 X_4、刘家峡水库入库流量 X_5、小浪底水库入库流量 X_6，龙羊峡水库出库流量 X_7、刘家峡水库出库流量 X_8、小浪底水库出库流量 X_9，上游水库群梯级保证出力 Y_1，小浪底水库入库含沙量 Y_2，小浪底出库大流量历时 Y_3，兰州至河口镇区间用水量 Y_4、河口镇断面生态需水量 Y_5，龙羊峡水库年末消落水位 Y_6 等。

基于优化模型得到的调度结果，通过逐步回归方法分析各因子数据，选择置信水平 $\alpha = 0.025$ 对各个因子进行 F 检验。按照因子方差贡献的大小，得到凌汛期影响调度效果的关键影响因子依次为龙羊峡水库水位 X_1、小浪底水库水位 X_3，刘家峡水库出库流量 X_8，小浪底水库出库流量 X_9。

（3）供水期：11 月至次年 3 月

供水期上游梯级水库群先尽量满足生态、供水需求，弱化发电效益，龙羊峡水库应减少发电用水，在保证基本需求的前提下尽可能地提高水库的蓄水量；下游小浪底水库生态、供水、输沙 3 个目标下的流量过程高度一致，在保证生态、供水用水需求的前提下，小浪底水库应尽可能加大发电流量，提升 4 个目标的综合效益。

鉴于此，初步分析影响供水期梯级水库群调度效果的可能因子有龙羊峡水库水位 X_1、刘家峡水库水位 X_2、小浪底水库水位 X_3、龙羊峡水库入库流量 X_4、刘家峡水库入库流量 X_5、小浪底水库入库流量 X_6、龙羊峡水库出库流量 X_7、刘家峡水库出库流量 X_8、小浪底水库出库流量 X_9，上游水库群梯级保证出力 Y_1，小浪底水库入库含沙量 Y_2，小浪底出库大流量历时 Y_3、兰州至河口镇区间用水量 Y_4、河口镇断面生态需水量 Y_5，龙羊峡水库年末消落水位 Y_6，小浪底水库以下区间用水量 Y_7 等。

基于优化模型得到的调度结果，通过逐步回归方法分析各因子数据，选择置信水平 $\alpha = 0.025$ 对各个因子进行 F 检验。按照因子方差贡献的大小，得到供水期影响调度效果的关键影响因子依次为龙羊峡水库水位 X_1、小浪底水库水位 X_3，龙羊峡水库出库流量 X_7、刘家峡水库出库流量 X_8、小浪底水库出库流量 X_9，兰州至河口镇区间用水量 Y_4、河口镇断面生态需水量 Y_5，小浪底水库以下区间用水量 Y_7。

8.3　基于数据挖掘的调度规则研究

本节基于前述黄河梯级水库群水沙电生态多维协同调度仿真模型的优化调度结果，采用数据挖掘中的 Apriori（先验）算法从中提取水库调度规则，并根据相应保证率选择设计代表年绘制水库调度图，对比调度图、调度规则与优化调度的结果，验证 Apriori 算法在提取调度规则的适用性及所提取调度规则的合理性。所提取的各单库强关联调度规则作为梯级联合调度策略的补充。

8.3.1　数据挖掘

数据挖掘作为当前研究的新方向，能够从数据库里提取出暗含的、存在潜在价值的规律。目前，数据挖掘技术已经十分成熟，越来越多地被应用于提取水库调度规则中。常用的提取调度规则所使用的数据挖掘方法主要有决策树、支持向量机、BP（back propagation，反向传播）神经网络等算法，其结果也被证明优于调度函数、调度图等传统算法得出的调度结果。而目前这些算法或多或少均有自身的局限性。决策树最早引入到水库调度中，其计算复杂度不高，输出结果易于理解，但会产生过度匹配问题，导致算法低效；BP 神经网络学习速度慢且容易陷入局部最优，拟合精度较差；支持向量机以及径向基解决了传统 BP 算法的固有问题，但对于大规模训练样本难以实施，解决多分类问题存在困难。关联规则是数据挖掘中最重要的研究分支，目的是在一个数据集中找出各项之间的关联关系，Apriori 是一种最有影响的挖掘关联规则的算法，相比于以上算法，它能够通过减少候选集的数量来获得良好的性能，在众多频繁项集中找到关联规则，使计算过程得到简化，易于实现。

8.3.2 Apriori 算法

水库调度规则是一种关联规则。本书采用 Apriori 算法进行关联规则的挖掘，关联规则可以比较好地找到样本中属于不同属性的数据间的关系，挖掘出隐含的调度规则。主要依据数据集中最大的频繁项集，进而通过设置最小置信度阈值生成强关联规则。

关联规则中的两个参数分别为支持度和置信度。支持度指规则 I、$Z \rightarrow N$ 出现的概率，置信度指 I、Z 出现则 N 发生的概率，表明该关联规则的激活强度；最小支持度以阈值为基础来衡量支持度，表示该规则在统计意义上的最低重要性；最小置信度以阈值为基础来衡量置信度，表示关联规则的最低可靠度，若一个规则能够同时满足最小支持度阈值和最小置信度阈值，则称作强规则。采用 Apriori 算法提取关联规则主要通过两个过程实现。

1）找出所有的频繁项集（支持度不能小于设置的最小支持度阈值），主要有两个步骤：①连接步，为了产生频繁 K 项集集合 L_k，预先生成一个潜在频繁 K 项集的集合 C_k；②剪枝步，由 Apriori 的性质可知，频繁项集 K 项集的任何子集都是频繁项集，由连接生成的集合 C_k 需要进行验证，去除不满足支持度的非频繁 K 项集。

2）由频繁项集产生强关联规则：若剩余规则达到预定的最小置信度阈值，则为强关联规则；否则剔除。

其主要步骤如图 8-21 所示。

8.3.3 Apriori 算法提取调度规则

1. 布尔型数据分类及转换

由于 Apriori 算法主要针对布尔型数据提取规则，首先按照表 8-2 将优化调度结果进行分类，转化为布尔型数据。

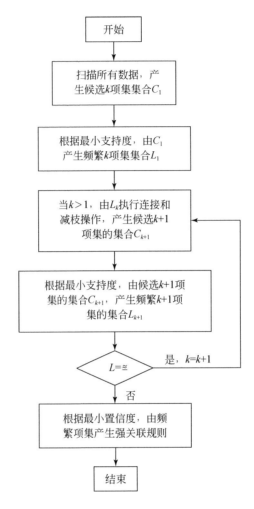

图 8-21　Apriori 算法流程

表 8-2　样本分类

类别	分类标准	分类结果
入库径流频率	>75%	1
	50%~75%	2
	25%~50%	3
	<25%	4
水库水位	低水位	1
	中水位	2
	高水位	3

续表

类别	分类标准	分类结果
发电	0.8 倍降低出力	1
	保证出力	2
	1.2 倍加大出力	3
	1.5 倍加大出力	4
输沙	不要求泄流	1
	泄放 2500 ~ 3000m³/s	2
	泄放 3000 ~ 4000m³/s	3
供水	0.8 倍供水	1
	正常供水	2

2. 黄河流域水库调度规则

根据 20 年长系列优化调度结果,将前 15 年水库区间入流及优化调度结果组合成规则提取样本,后 5 年数据作为规则检验样本。将调度时期划分为 7 ~ 10 月、11 月至次年 3 月和 4 ~ 6 月,采用 Apriori 算法提取各水库的调度规则,其中,最小支持度设为 10%,最小置信度设为 50%。供水设置为枯水年按 80% 满足,其余年份均能够满足。各水库结果分别见表 8-3 ~ 表 8-6。

表 8-3　龙羊峡水库调度规则

时期	调度规则					支持度	置信度
	入库径流频率	水库水位	供水	输沙	发电		
11 月至次年 3 月	1	3	2	1	1	0.4	0.938
	1	2	2	1	1	0.373	1.000
	2	2	2	1	1	0.128	1.000
	2	3	2	1	1	0.128	1.000
	1	3	2	1	2	0.127	1.000
	3	3	2	1	2	0.113	1.000
4 ~ 6 月	4	2	2	1	3	0.165	1.000
	4	3	2	1	4	0.165	1.000
	4	2	2	1	2	0.143	1.000
	2	2	2	1	3	0.143	0.667
	4	2	2	1	4	0.143	0.667
	3	2	2	1	3	0.13	0.667
	3	3	2	1	4	0.109	0.625

续表

时期	调度规则					支持度	置信度
	入库径流频率	水库水位	供水	输沙	发电		
7~10月	4	2	2	1	2	0.245	0.600
	3	2	2	1	1	0.197	0.857
	4	3	2	1	2	0.197	0.600
	3	3	2	1	3	0.165	1.000
	4	3	2	1	4	0.165	0.800
	4	1	2	1	1	0.148	1.000
	4	2	2	1	3	0.132	1.000
	4	3	2	1	3	0.132	0.667
	2	2	2	1	1	0.116	1.000

表 8-4　刘家峡水库调度规则

时期	调度规则					支持度	置信度
	入库径流频率	水库水位	供水	输沙	发电		
11月至次年3月	1	2	2	1	1	0.364	1.000
	1	3	2	1	1	0.273	0.875
	1	2	2	1	2	0.191	0.636
	2	3	2	1	1	0.178	0.857
	1	1	1	1	2	0.165	1.000
	2	2	2	1	2	0.152	1.000
4~6月	4	2	2	1	3	0.234	0.783
	4	2	2	1	2	0.213	1.000
	2	3	2	1	3	0.185	0.800
	4	3	2	2	3	0.185	0.571
	2	2	2	1	4	0.164	0.600
	4	2	2	1	4	0.143	1.000
	1	3	2	1	2	0.121	1.000
	1	2	2	1	3	0.121	1.000
	3	2	2	1	4	0.121	1.000
7~10月	3	2	2	1	2	0.246	0.875
	3	2	2	1	4	0.225	0.857
	4	2	2	1	4	0.185	0.625
	4	3	2	3	4	0.185	0.833

续表

时期	调度规则					支持度	置信度
	入库径流频率	水库水位	供水	输沙	发电		
7~10 月	4	2	2	2	2	0.142	0.667
	1	2	2	1	2	0.121	1.000
	2	2	2	1	3	0.121	1.000
	3	2	2	1	3	0.121	1.000
	4	2	2	2	3	0.121	1.000

表 8-5 万家寨水库调度规则

时期	调度规则					支持度	置信度
	入库径流频率	水库水位	供水	输沙	发电		
11 月至次年 3 月	3	2	2	1	3	0.239	1.000
	1	2	2	1	3	0.227	0.769
	1	3	2	1	1	0.189	0.778
	1	1	1	1	1	0.176	1.000
	2	3	2	1	1	0.151	0.667
	1	2	2	1	2	0.125	1.000
	2	2	2	1	2	0.125	1.000
	3	1	1	1	3	0.125	1.000
	4	3	2	1	3	0.113	1.000
4~6 月	3	3	2	1	1	0.245	0.923
	3	1	1	1	3	0.184	1.000
	2	1	1	1	3	0.182	0.800
	2	3	2	1	1	0.161	1.000
	3	2	2	1	3	0.161	1.000
	4	2	2	1	3	0.161	1.000
	4	3	2	1	3	0.141	1.000
	4	1	1	1	3	0.122	1.000
7~10 月	4	1	1	1	3	0.297	0.864
	3	3	2	1	1	0.178	1.000
	2	1	1	1	3	0.178	1.000
	2	2	2	1	1	0.178	0.833
	4	2	2	1	3	0.178	1.000
	3	1	1	1	3	0.163	0.667

续表

时期	调度规则					支持度	置信度
	入库径流频率	水库水位	供水	输沙	发电		
7~10月	4	1	1	1	2	0.147	1.000
	3	2	2	1	2	0.131	0.667
	2	2	2	1	2	0.116	1.000

表 8-6　小浪底水库调度规则

时期	调度规则					支持度	置信度
	入库径流频率	水库水位	供水	输沙	发电		
11月至次年3月	2	1	1	1	4	0.506	1.000
	3	1	1	1	4	0.38	1.000
	2	2	2	1	2	0.253	0.667
	1	1	1	1	3	0.239	1.000
	2	1	2	1	3	0.189	0.917
	1	1	1	1	2	0.189	1.000
	3	1	2	1	2	0.189	0.875
	3	1	2	1	3	0.189	1.000
	1	1	1	1	4	0.127	1.000
	3	2	2	1	2	0.127	1.000
4~6月	3	1	2	1	4	0.286	1.000
	4	1	2	1	4	0.224	1.000
	2	1	2	1	4	0.816	0.571
	4	2	2	2	4	0.816	1.000
	1	1	1	1	3	0.612	1.000
	1	1	1	1	1	0.408	1.000
	2	1	2	1	2	0.408	1.000
	3	2	2	2	4	0.408	1.000
	1	1	1	1	2	0.12	1.000
	1	1	1	1	4	0.12	1.000
7~10月	4	1	2	2	4	0.406	1.000
	3	1	2	2	4	0.266	0.944
	2	1	2	1	2	0.178	1.000
	1	1	1	1	3	0.147	1.000
	2	1	2	1	3	0.147	1.000
	2	1	2	1	4	0.147	1.000
	4	2	2	2	4	0.131	1.000
	3	1	2	2	2	0.116	1.000

以龙羊峡水库为例说明调度规则的含义及使用，在 11 月至次年 3 月，规则（1，2，2，1，1）表示在这一段时间内，当入库径流频率 > 75%（偏枯）、水库水位为中水位（2550 ~ 2570m）时，水库正常供水、不下泄输沙流量、按照 0.8 倍降低出力。这条规则的支持度为 0.373，置信度为 1.000，均大于预先设定的最小支持度和最小置信度，表明该规则为强关联规则。

同一限制条件在不同时期可能表现为不同的出力形式，如当入库径流频率为"3"、水库水位为"3"、发电在 11 月至次年 3 月表现为保证出力，而在 7 ~ 10 月表现为 1.2 倍加大出力，这是因为上游 11 月至次年 3 月为凌汛期，刘家峡水库出库严格受防凌流量限制，此时龙羊峡水库也降低下泄流量，确保流域防凌安全。

在使用调度规则进行调度时，当同一时期限制条件一致，而决策表现不同时，如在 11 月至次年 3 月同时出现规则（1，3，1，1，2）和（1，3，2，1，2），此时首先根据支持度优先选择出现频率大的规则；若支持度相同，则根据置信度的大小选择；若支持度和置信度均一致，则进行试算，根据供水的满足程度选择相应规则。

3. 多年调节水库泄流规模响应曲面

龙羊峡水库、刘家峡水库和小浪底水库作为黄河流域具有较大调节性能的水库，布尔型数据分层应较其他水库更加细致，以体现精细化调度的要求。根据得到的调度规则结果，通过数据插补，建立年内不同调度期下，泄水流量与蓄水量、入库流量三者之间的关系，构建水库泄流规模响应曲面。根据不同条件，可由水库泄流规模响应曲面快速准确地确定水库当前时段适宜的泄流规模，如图 8-22 所示。

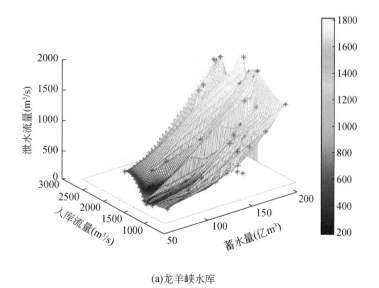

(a)龙羊峡水库

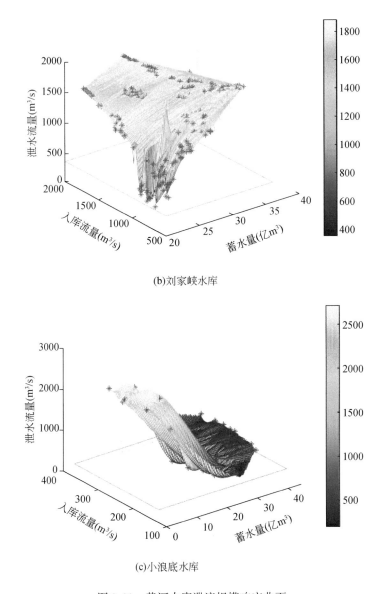

(b)刘家峡水库

(c)小浪底水库

图 8-22　黄河水库泄流规模响应曲面

8.3.4　提取联合调度图

从优化调度结果中根据目标保证率提取各水库的调度图，结果如图 8-23 ~ 图 8-26 所示。各水位控制调度线的确定过程如下。

（1）发电调度线

根据水库优化调度的长系列结果，从中选取满足发电保证率为 90% 的代表年，将对应

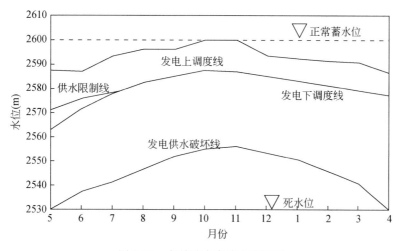

图 8-23　龙羊峡水库综合调度图

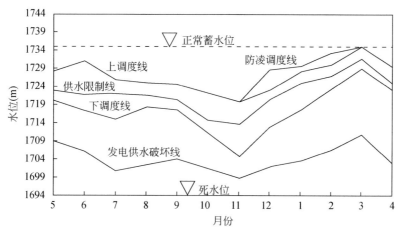

图 8-24　刘家峡水库综合调度图

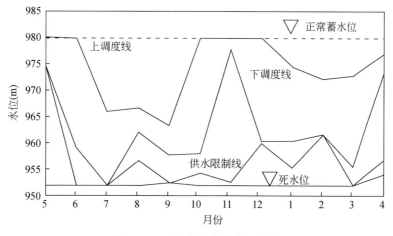

图 8-25　万家寨水库综合调度图

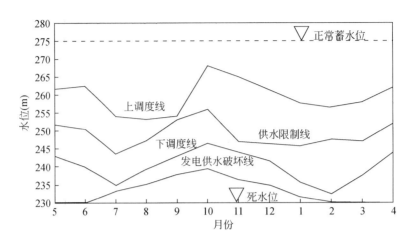

图 8-26　小浪底水库综合调度图

的水位作为设计代表年的调度指示线，取上包线绘制得上基本调度线（防破坏线），取下包线绘制得下基本调度线（限制出力线），并适当修正。

（2）供水调度线

根据水库优化调度的长系列结果，从中选取满足综合供水保证率 75% 的设计代表年，其水位作为调度指示线，由于综合供水满足需求即可，直接取下包线。

（3）防凌调度线

由于防凌调度的复杂性，本章主要根据刘家峡水库的流量蓄泄情况，在长系列调度结果中选择枯水段的下包线作为凌汛期（11 月至次年 3 月）的水位控制线，再通过若干枯水年逆时序调节计算进行修正、完善，得到刘家峡水库防凌调度线。

在调度图的绘制中，各电站的发电保证率为 90%，该保证率对应下的发电设计代表水文年是通过优化过程中调度期各年枯水期平均出力排序选取的；供水保证率为 75%，是根据来水量排频选取的。由于选取标准不同，在调度图中可能出现顺序不一致或发电下调度线与供水调度线交叉的情况。

8.3.5　调度规则有效性检验

将 2005 年 7 月~2010 年 6 月入库径流分别输入本书建立的黄河梯级水库群水沙电生态多维协同仿真模型、水库调度规则和调度图中进行模拟调度，各水库的运行过程分别如图 8-27~图 8-30 所示，并统计发电和供水效益，结果见表 8-7，三种方法在图中和表中分别简称为优化调度、Apriori 和调度图。

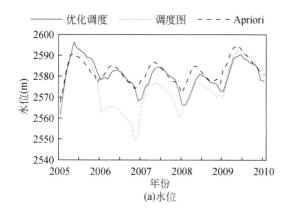
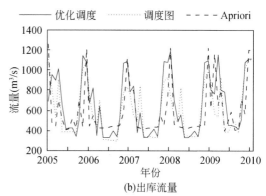

图 8-27　龙羊峡水库运行过程

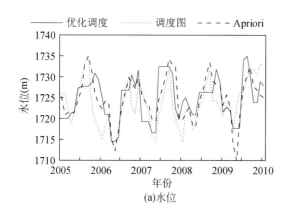
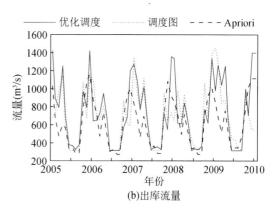

图 8-28　刘家峡水库运行过程

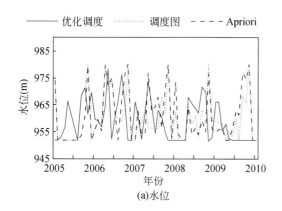
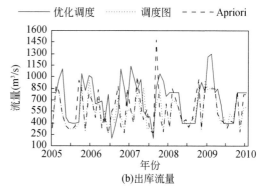

图 8-29　万家寨水库运行过程

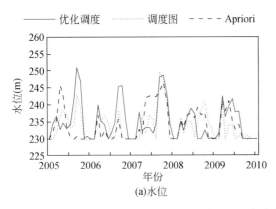
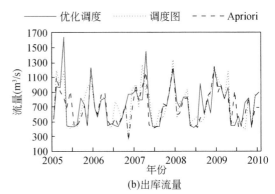

图 8-30 小浪底水库运行过程

表 8-7 结果对比表

水库	调度规则	发电量（亿 kW·h）					多年平均发电量（亿 kW·h）	多年平均冲刷量（亿 t）	多年平均径流量（亿 m³）
		2006 年	2007 年	2008 年	2009 年	2010 年			
龙羊峡	优化调度	59.8	53.43	54.68	54.05	61.02	56.60	—	—
	Apriori	58.33	47.94	49.79	52.52	62.22	54.16	—	—
	调度图	57.96	44.27	49.41	49.89	57.26	51.76	—	—
刘家峡	优化调度	55.17	51.22	51.94	51.82	56.47	53.32	2.62	234.86
	Apriori	53.82	47.42	52.84	48.21	56.21	50.57	2.11	229.96
	调度图	49.84	41.64	50.07	49.79	54.08	49.08	1.82	218.33
万家寨	优化调度	29.13	27.99	28.93	24.22	26.67	27.39	—	—
	Apriori	22.24	24.1	25.24	23.58	24.45	23.92	—	—
	调度图	22.29	22.2	22.88	22.4	24.12	22.78	—	—
小浪底	优化调度	52.37	43.79	56.56	49.15	47.64	49.90	3.85	229.28
	Apriori	51.1	41.07	55.6	48.18	48.41	48.87	3.52	228.09
	调度图	50.44	43.06	51.87	49.1	45.16	47.93	3.14	220.17

由表 8-7 可知，在采用黄河梯级水库群水沙电生态多维协同调度仿真模型、水库调度规则和调度图三种方法下，龙羊峡水库的多年平均发电量分别为 56.60 亿 kW·h、54.16 亿 kW·h、51.76 亿 kW·h，刘家峡水库的多年平均发电量分别为 53.32 亿 kW·h、50.57 亿 kW·h、49.08 亿 kW·h，上游兰州断面多年平均径流量分别为 234.86 亿 m³、229.96 亿 m³、218.33 亿 m³；万家寨水库的多年平均发电量分别为 27.39 亿 kW·h、23.92 亿 kW·h、22.78 亿 kW·h，小浪底水库的多年平均发电量分别为 49.90 亿 kW·h、48.87 亿 kW·h、47.93 亿 kW·h，下游花园口断面多年平均径流量分别为 229.28 亿 m³、228.09 亿 m³、220.17 亿 m³。

综上所述，采用水库调度规则比调度图能更好地指导水库运行，且在 2006～2010 年中，2006 年和 2010 年为来水频率 10% 的特丰水年，其结果更接近优化调度的结果，Apriori 算法在来水较丰的年份发电结果更好。说明 Apriori 算法可以用来提取水库调度规则，指导水库运行。

8.4　基于集对分析的优化调度规律研究

8.4.1　集对分析理论

对不确定性系统中的两个有关联的集合构造集对，对集对的某特性进行同一性、差异性、对立性分析，建立集对的同、异、反联系度的分析方法称为集对分析（set pair analysis，SPA），它是由赵克勤先生在 20 世纪 80 年代首次提出的。SPA 通过联系度表达式展示关系的整体与局部结构，可表达随机性、灰色性、模糊性等多种不确定性。

集对分析理论的基础是集对，集对是指具有一定联系的两个集合所组成的一个对子。设集合 X、Y 组成一个集对 H，记作 $H=(X, Y)$。集对分析的基本思路是：通过分析集对 H 的同一性、差异性和对立性，建立集对 H 在研究问题背景下的联系度表达式，从而刻画事物之间的确定性与不确定性。设集合 X、Y 各有 n 项表征其特性，描述 $H=(X, Y)$ 间关系的联系度定义为

$$\mu_{X\sim Y} = \frac{S}{n} + \frac{F}{n}I + \frac{P}{n}J \qquad (8-9)$$

式中，S 为同一性的个数；F 为差异性个数；P 为对立性个数；$S+F+P=n$；I 为差异度系数，$I\in[-1, 1]$，当 $I=-1$ 或 1 时表示 b 是确定性的，而随着 I 接近 0，b 的不确定性随之增强；J 为对立系数，$J=-1$；$\mu_{X\sim Y}$ 称为集对 $H=(X, Y)$ 的联系度。记 $a=S/n$，$b=F/n$，$c=P/n$，联系度 $\mu_{X\sim Y}$ 可表示为

$$\mu_{X\sim Y} = a + bI + cJ \qquad (8-10)$$

式中，a、b 和 c 是联系度分量，分别为同一度、差异度和对立度，均非负，且 $a+b+c=1$。式（8-9）、式（8-10）所示的联系度表达式称为同异反联系度或三元联系数。在一些实际问题中，仅对研究对象所处的状态空间进行"以一分为三"的划分显得过于粗糙，不能明确描述问题。因此，根据具体问题可以对联系度的基本表达式进行不同层次的扩展，在同一层次上展开形成一种多元联系数。

受众多因素的影响，梯级水库群系统极其复杂，具有很大的不确定性，表现出随机性、模糊性、灰色性、未确知性、分形、混沌等特性。SPA 基于对立统一观点和事物普遍联系的观点，对不确定性系统的两个有关联的集合构建集对，为描述梯级水库群系统研究对象间的关系提供了一种新途径。

8.4.2 基于集对分析的单水库调度图优化确定方法

由于社会经济发展的需要，许多水库的运用正从单一目标供水为主向包括生活、工业、农业甚至生态环境的多目标供水转变，且各供水目标的优先级和保证率都不同。本书以负责生活、工业和农业供水的单一水库为例，根据供水目标优先级和保证率的高低，制定单一水库供水调度图和供水决策。如图 8-31 所示，水库供水调度图由各用水户的限制供水线构成，3 根限制供水线将水库的兴利库容划分为 4 个调度区。在水库运行过程中，根据当前水库蓄水状态所处的调度区，按表 8-8 给出的供水决策进行供水。供水调度图对 3 种用水户的供水决策包括 4 类，随着水库蓄水量的减小依次对农业、工业和生活需水进行限制供水。

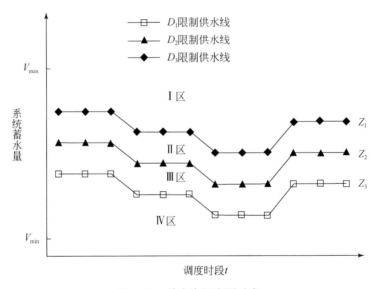

图 8-31 单水库调度图示意

表 8-8 单一水库调度图供水决策

调度区	供水决策类别（ξ）	供水决策分量		
		农业需水（D_1）	工业需水（D_2）	生活需水（D_3）
I 区	1	D_1	D_2	D_3
II 区	2	$\alpha_1 \times D_1$	D_2	D_3
III 区	3	$\alpha_1 \times D_1$	$\alpha_2 \times D_2$	D_3
IV 区	4	$\alpha_1 \times D_1$	$\alpha_2 \times D_2$	$\alpha_3 \times D_3$
限制供水系数		α_1	α_2	α_3

动态规划方法按照调度时段将水库的整个调度期划分为若干阶段，再将每个阶段离散为若干状态，通过有效比选得到水库最优供水过程和相应供水决策。根据动态规划方法确定的每个时段水库供水量按照缺水量大小和供水优先级亦可划分为如表 8-8 所示的 4 种供水决策，只是缺水量并未按照限制供水系数确定。式（8-11）表示根据动态规划方法确定的水库供水决策 θ 的判定方法：

$$\begin{cases} 若\ Q_S=0,\ \theta=1 \\ 若\ 0<Q_S\leqslant(1-\alpha_1)\cdot D_1,\ \theta=2 \\ 若\ (1-\alpha_1)\cdot D_1<Q_S\leqslant[(1-\alpha_1)\cdot D_1+(1-\alpha_2)\cdot D_2],\ \theta=3 \\ 若\ [(1-\alpha_1)\cdot D_1+(1-\alpha_2)\cdot D_2]<Q_S\leqslant[(1-\alpha_1)\cdot D_1+(1-\alpha_2)\cdot D_2+(1-\alpha_3)\cdot D_3],\ \theta=4 \end{cases}$$

$$(8-11)$$

式中，Q_S 表示时段缺水量；θ 表示供水决策类别；D_1、D_2、D_3 分别表示农业、工业、生活需水；α_1、α_2、α_3 分别表示农业、工业、生活限制供水系数。

根据动态规划确定的水库某一蓄水状态具备两种属性，即采用动态规划方法确定的供水决策 θ 和根据调度图确定的供水决策 ξ，它们构成一组集对 $H=(\xi,\theta)$。如图 8-32 所示，采用不同符号表示的供水决策代表了对应于动态规划的供水决策，即 θ，该决策对应的水库蓄水量在调度图中的位置又与供水决策 ξ 对应。同一蓄水状态在两种方法下的供水决策可能并不一致。由于采用动态规划方法确定供水决策 θ 是相对最优的，因此水库同一蓄水状态下的供水决策 ξ 与 θ 越接近，调度图也就越接近最优。

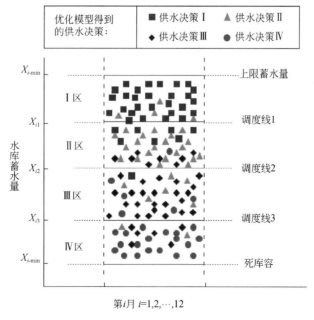

图 8-32　小浪底水库运行过程

采用集对分析方法确定水库调度图，不需要根据拟定的调度图模拟长系列的水库运行过程。当水库的来水、用水过程确定时，供水决策 ξ 主要取决于每根调度线的具体位置。通过调整调度线位置，使供水决策 ξ 与供水决策 θ 间的联系数 $\mu_{\theta \sim \xi}$ 最大，可以得到最优供水调度图。本书采用"紧凑梯形式"的函数公式确定联系数 $\mu_{\theta \sim \xi}$：

$$\mu_{\theta_1 \sim \xi} = \begin{cases} 1, X_{i-\max} \geqslant x > X_{i1} \\ 1 - \dfrac{2(x - X_{i1})}{X_{i2} - X_{i1}}, X_{i1} \geqslant x > X_{i2} \\ -1, X_{i2} \geqslant x \end{cases} \tag{8-12}$$

$$\mu_{\theta_2 \sim \xi} = \begin{cases} 1 - \dfrac{2(x - X_{i1})}{X_{i-\max} - X_{i1}}, X_{i-\max} \geqslant x > X_{i1} \\ 1, X_{i1} \geqslant x > X_{i2} \\ 1 - \dfrac{2(X_{i2} - x)}{X_{i2} - X_{i3}}, X_{i2} \geqslant x > X_{i3} \\ -1, X_{i3} \geqslant x \end{cases} \tag{8-13}$$

$$\mu_{\theta_3 \sim \xi} = \begin{cases} -1, X_{i-\max} \geqslant x > X_{i1} \\ 1 - \dfrac{2(x - X_{i2})}{X_{i1} - X_{i2}}, X_{i1} \geqslant x > X_{i2} \\ 1, X_{i2} \geqslant x > X_{i3} \\ 1 - \dfrac{2(X_{i3} - x)}{X_{i3} - X_{i-\min}}, X_{i3} \geqslant x > X_{i-\min} \end{cases} \tag{8-14}$$

$$\mu_{\theta_4 \sim \xi} = \begin{cases} -1, x > X_{i2} \\ 1 - \dfrac{2(x - X_{i3})}{X_{i2} - X_{i3}}, X_{i2} \geqslant x > X_{i3} \\ 1, X_{i3} \geqslant x > X_{i-\min} \end{cases} \tag{8-15}$$

式中，$\mu_{\theta_1 \sim \xi}$、$\mu_{\theta_2 \sim \xi}$、$\mu_{\theta_3 \sim \xi}$、$\mu_{\theta_4 \sim \xi}$ 表示采用动态规划方法确定的第 I、第 II、第 III、第 IV 种供水决策 θ 与水库同一蓄水状态下根据调度图确定的供水决策 ξ 间的联系数；x 表示水库蓄水量；$X_{i-\max}$ 与 $X_{i-\min}$ 表示水库死库容与水库上限蓄水量；X_{i1}、X_{i2}、X_{i3} 表示农业、工业、生活限制供水线位置，是需要优化的变量；i 表示一年中的第 i 个调度时段。那么，确定水库调度图第 i 个调度时段基本调度线位置的集对分析模型可表示为

$$\max(\omega) = \max\left(\frac{1}{m}\sum_{k=1}^{4}\sum_{j=1}^{n_k}\mu_{\theta_k\sim\xi}^{j}\right)$$

$$\text{s. t.} \quad X_{i-\max} \geqslant X_{i1} \geqslant X_{i2} \geqslant X_{i3} \geqslant X_{i-\min} \qquad (8\text{-}16)$$

$$m = \sum_{k=1}^{4} n_k$$

式中，ω 表示所有联系数的平均值；k 表示供水决策 θ 的类别；n_k 表示在调度序列中每年第 i 个时段的供水决策 θ 中属于第 k 种决策的水库蓄水状态数目；m 表示水库调度序列年数；θ_k 表示根据动态规划确定的供水决策 θ 中的第 k 种决策；$\mu_{\theta k\sim\xi}^{j}$ 表示 θ_k 内第 j 蓄水状态对应两种供水决策的联系数。

8.4.3　水库群调度规则的集对分析

水库群联合调度指在制定水库调度决策时，不仅考虑任务水库自身来水、蓄水状态等，同时参考系统内其他水库状态，从系统整体的角度，确定各水库的供水决策。针对双库联合调度问题，本节提出三维坐标系下分别考虑系统内各水库蓄水量以确定各水库供水决策的二维水库调度图。二维水库调度图分别以双库系统内每个实体水库的蓄水量作为一条坐标轴，它们与时间轴正交构成二维水库调度图的三维参照系。一维水库调度图中与某项供水任务对应的供水调度线在三维参照系中则表示成与相应坐标参考面相垂直的调度平面。二维水库调度图各调度平面相互交错，将由两库库容围成的三维空间划分成若干立体网格。每个网格空间与两库不同的蓄水状态组合相对应，表示在该蓄水状态下库群对共同供水任务的相应供水规则。

为了清楚说明不同蓄水状态下二维水库调度图表示的具体供水规则，特将二维水库调度图在某一调度时段垂直于时间轴的剖面投影至表示水库蓄水量的两坐标轴所确定的坐标平面上。联合调度下各水库的供水决策由基于各水库蓄水量的两个供水决策分量确定。参照水库蓄水状态，根据供水决策大小可将供水决策分层。联合调度下各水库的供水决策由两库的蓄水状态分量组合。

本节采用均值标准差法确定各水库蓄水的分类标准，分成小、中、大三类，单库泄流决策则分成 9 个子区，每个子区分别对应着一定供水决策。结合多目标调度实际，各水区供水决策可有重合，如供水、生态、发电、输沙泄流区。本节此次将供水决策根据流量大小分为 4 个层次（如 Ⅰ 区、Ⅱ 区、Ⅲ 区、Ⅳ 区），将根据优化模型得到的供水决策划分为这 4 个层次，分布到二维水库调度图空间上。那么，根据优化模型确定的某水库在某一组合蓄水状态（双库蓄水状态）则具备两种属性，即对应于优化模型的供水决策 B_j（$S_{1,j}$，$S_{2,j}$）和对应于供水调度图的供水决策 B_x（$S_{1,x}$，$S_{2,x}$），它们构成一组集对 H（B_x，B_j）。

双库调度集对分析的示意如图 8-33 所示，同一蓄水状态在两种方法下的供水决策可能并不一致，根据联合调度图确定的某水库同一蓄水组合状态下的供水决策 B_j 与 B_x 越接近，调度图也就越接近最优。因此双库优化调度的集对分析采用二维水库调度图的形式，决策变量为双库蓄水状态的调度线位置，同样采用"紧凑梯形式"的函数公式确定联系度，并构建前述的集对分析模型。

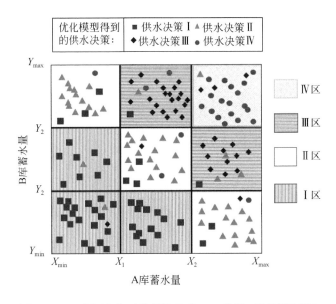

图 8-33　双库调度集对分析的示意（A 库第 i 月的调度图）

8.4.4　黄河梯级库群优化调度的集对分析

黄河干流建成有龙羊峡、刘家峡、万家寨、三门峡和小浪底 5 座骨干水库工程，其中万家寨水库、三门峡水库有效调节库容小，年内按照设计的运用方式，蓄泄平衡，在梯级优化调度中其影响有限，分析上下游梯级的优化调度规律时暂不考虑，有调节性能的主要为龙羊峡、小浪底、刘家峡 3 座水库。

龙羊峡水库有效调节库容为 180 亿 m³（多年调节水库），小浪底水库有效调节库容为 50 亿 m³（不完全年调节水库），刘家峡水库有效调节库容为 20 亿 m³（季调节水库）。而刘家峡水库所在河段在不同调度期控泄十分严格。

1）11 月至次年 3 月凌汛期，根据历年《黄河防凌调度预案》，凌汛期防凌控泄流量十分稳定，年际间波动较小，其中 2020～2021 年的防凌控泄流量见表 8-9，凌汛期刘家峡水库严格按照防凌控泄流量下泄，与梯级其他水库的调度操作及蓄水状态无关。

表 8-9　凌汛期刘家峡水库防凌控泄流量 （单位：m³/s）

旬月	11 月	12 月	1 月	2 月	3 月
上旬	1300	580	550	510	360
中旬	880	580	540	460	500
下旬	580	580	530	380	1000
月均	920	580	540	450	630

资料来源：《2020~2021 年度黄河防凌调度预案》。

2）4~6 月灌溉期，为满足刘家峡水库下游宁蒙河段的灌溉高峰用水，需要刘家峡水库连续 3 个月泄放超过 1000m³/s 的大流量过程，根据历年《黄河可供耗水量分配及非汛期水量调度计划》，4~6 月为满足灌溉用水按需下泄，见表 8-10。

表 8-10　灌溉期刘家峡水库下泄流量 （单位：m³/s）

指标	4 月	5 月	6 月
月均	1350	1345	1500

资料来源：《2018 年 7 月至 2019 年 6 月黄河可供耗水量分配及非汛期水量调度计划》。

3）7~10 月汛期，刘家峡水库按照 1726m 汛限水位控制防洪运用。

鉴于刘家峡水库不同时期下泄需求的刚性约束大，同时库容小，调节能力有限，其在梯级水库联合调度中受黄河梯级及其他水库状态影响小，年内下泄过程较为稳定，如图 8-34 所示。

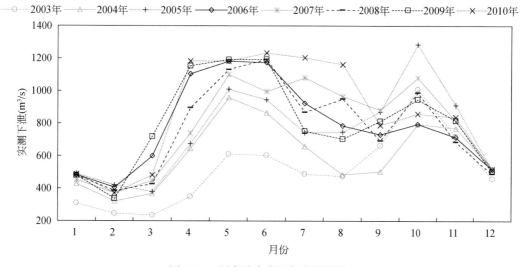

图 8-34　刘家峡水库历年实测下泄

黄河梯级水库群调度的关键在于龙羊峡水库和小浪底水库的水文及库容补偿。下面分 4 个时段 7~9 月（前汛期与主汛期）、10 月（后汛期）、11 月至次年 3 月（凌汛期）、4~

6月（供水期）分别研究。根据优化模型的最优决策，结合水沙电生态目标在不同时期的调度下泄流量范围，分别将龙羊峡水库、小浪底水库的下泄流量分层，各划分为 4 个供水决策区，见表 8-11 和表 8-12，二维水库调度图中则以不同颜色图形表示不同供水决策区，如图 8-35 所示。

表 8-11　龙羊峡水库供水决策分层

分层		供水决策 I	供水决策 II	供水决策 III	供水决策 IV
特征		供水泄流区	生态发电泄流区	输沙泄流区	下游补水区
流量范围 （m³/s）	前汛期与主汛期（7~9月）	300~600	600~1200	1200~2000	2000~3000
	后汛期（10月）	300~600	600~1200	1200~2000	2000~3000
	凌汛期（11月至次年3月）	300~600	600~1200	1200~2000	2000~3000
	供水期（4~6月）	500~800	800~1200	1200~2000	2000~3000
备注		流域外用水需求	上游梯级发电（4台满发1240m³/s）与生态统一	叠加区间水量下河沿冲沙流量可达3500m³/s	供水发电后预计还可向下游继续补水，多在冲沙期和灌溉期发生

表 8-12　小浪底水库供水决策分层

分层		供水决策 I	供水决策 II	供水决策 III	供水决策 IV
特征		供水泄流区	生态泄流区	发电泄流区	输沙泄流区
流量范围 （m³/s）	前汛期与主汛期（7~9月）	300~800	800~1200	1200~1800	3000~4000
	后汛期（10月）	300~800	800~1200	1200~1800	3000~4000
	凌汛期（11月至次年3月）	300~800	800~1200	1200~1800	3000~4000
	供水期（4~6月）	1000~1500	1500~1800	1500~1800	3000~4000
备注		流域外用水需求	下游利津断面高流量脉冲	6台机组，单台额定600m³/s	大流量冲沙

8.4.5　求解方法

复合形混合进化（shuffled complex evolution method developed at the University of Arizona，SCE-UA）算法是结合单纯形法、随机搜索、生物竞争进化以及混合分区等方法的优点提出的能解决非线性约束最优化问题的全局优化算法。它已在水文模型参数优选中得到了广泛应用，目前也开始用于解决水库优化调度问题。SCE-UA 算法的基本思

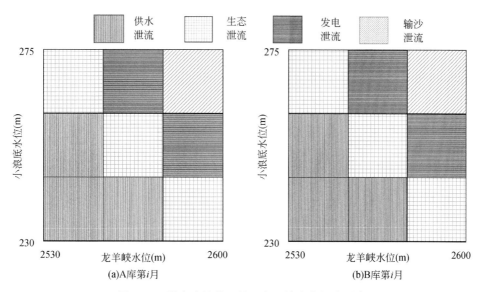

图 8-35 供水决策分区的双库二维水库调度示意

路是将基于混合分区思想与竞争的复合型进化算法（competive complex evelution algorithm，CCE）相结合，具体流程如图 8-36 所示。

8.4.6 优化调度规律研究

结合黄河流域实际情况，将年内划分为 7~9 月（前汛期与主汛期）、10 月（后汛期）、11 月至次年 3 月（凌汛期）、4~6 月（供水期），根据集对分析方法优化求解得到龙羊峡水库、小浪底水库二维水库调度图，针对不同时期分析总结双库优化调度运行的一般性规律。

1. 前汛期与主汛期

1）小浪底水库（图 8-37、图 8-38）：前汛期与主汛期小浪底水库在满足生态、供水、发电需求基础上，除枯水年外着力输沙运用。根据调度图，明确"一高一低"（"一高"是指利用龙羊峡水库多年调节库容尽量抬高水位，拦蓄洪水；"一低"是指提前降低小浪底水库水位腾库迎洪，预泄输沙）的高效输沙调度思路，即上游龙羊峡蓄水 2570m 以上，小浪底降低库水位至 238m 以下输沙泄流，可为异重流输沙创造有利条件，取得高效的输沙减淤效果。

2）龙羊峡水库（图 8-39、图 8-40）：前汛期与主汛期黄河上游发电、生态目标用水过程相一致，且远高于供水泄流，龙羊峡水库以不产生弃水为原则发电运用，并相机在宁蒙河段冲沙。龙羊峡水库 2570m 以上相机对下游进行补水，印证了"一高一低"输沙运用原则。

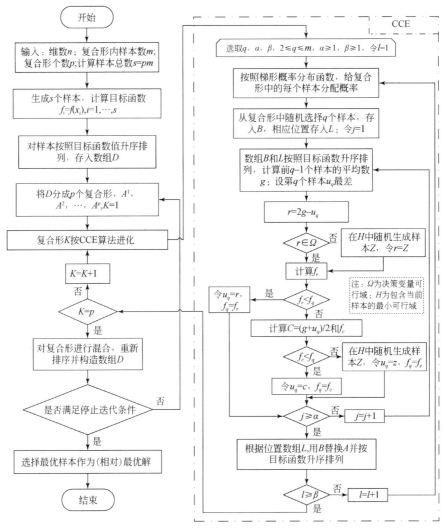

图 8-36　SCE-UA 算法优化流程

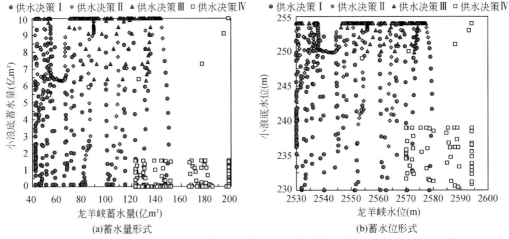

图 8-37　优化模型结果下小浪底供水决策的集对序列散点分布（前汛期与主汛期）

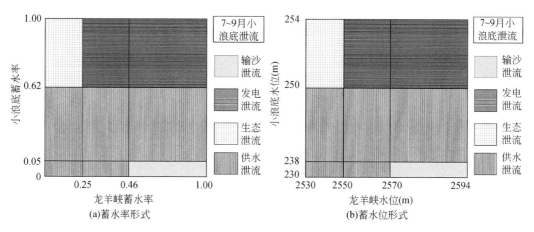

图 8-38　集对分析得到的小浪底供水决策二维水库调度图（前汛期与主汛期）

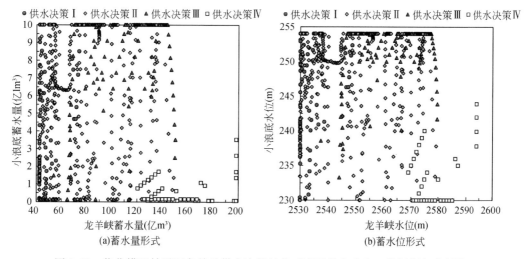

图 8-39　优化模型结果下龙羊峡供水决策的集对序列散点分布（前汛期与主汛期）

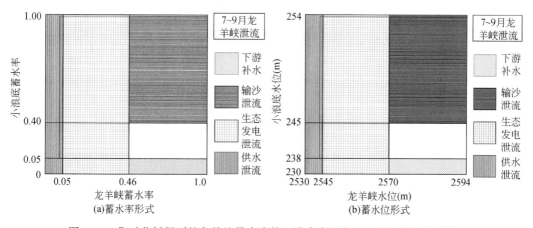

图 8-40　集对分析得到的龙羊峡供水决策二维水库调度图（前汛期与主汛期）

2. 后汛期

1）小浪底水库（图 8-41、图 8-42）：后汛期小浪底水库高水位运行，供水、生态目标的用水流量较为接近，优先保障后，当月以发电运用为主。

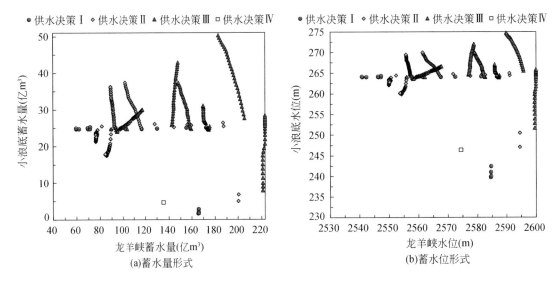

图 8-41　优化模型结果下小浪底供水决策的集对序列散点分布（后汛期）

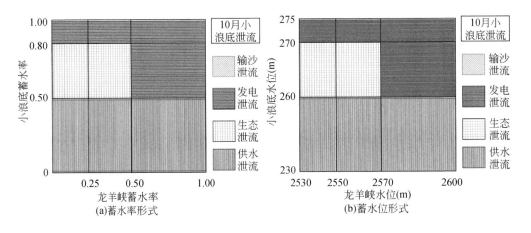

图 8-42　集对分析得到的小浪底供水决策二维水库调度图（后汛期）

2）龙羊峡水库（图 8-43、图 8-44）：后汛期龙羊峡水库高水位运行，黄河上游发电与生态目标的用水过程相近，且大于供水过程，上游龙羊峡水库按照不产生弃水的原则以提高梯级水库群发电量为主，各目标较为统一。

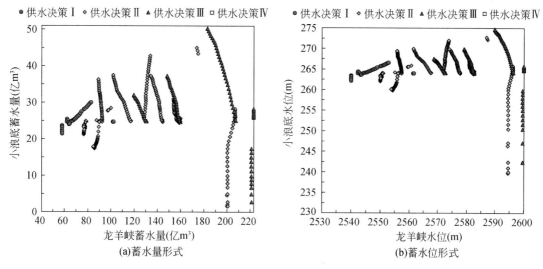

图 8-43　优化模型结果下龙羊峡供水决策的集对序列散点分布（后汛期）

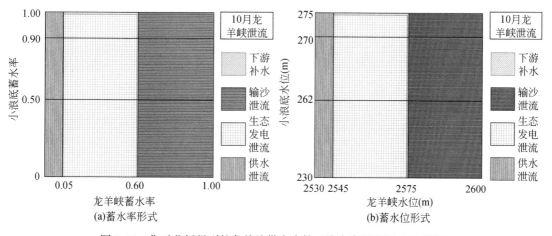

图 8-44　集对分析得到的龙羊峡供水决策二维水库调度图（后汛期）

3. 凌汛期

1）小浪底水库（图 8-45、图 8-46）：凌汛期小浪底水库按年度确定的下游河段封河流量控制指标平稳下泄，并考虑以保障下游供水需求及生态基流为主要任务，弱化发电效益，以水定电。当小浪底水库水位高于 270m 时，可适当加强生态流量供水。3 月小浪底水库仅泄放生态基流，存蓄水量，为后续供水期的综合用水储备水量。

2）龙羊峡水库（图 8-47、图 8-48）：凌汛期刘家峡水库严格按照防凌安全流量下泄，龙羊峡水库充分利用刘家峡水库的防凌库容，以增加梯级水库群发电效益为目标，在安全范围内，尽量提高龙羊峡水库的下泄流量。

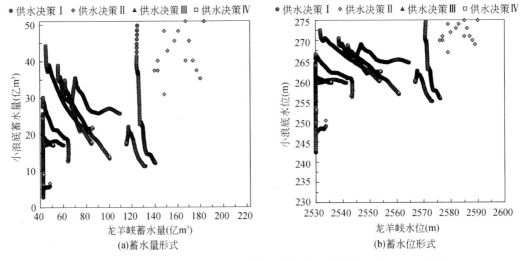

图8-45　优化模型结果下小浪底供水决策的集对序列散点分布（凌汛期）

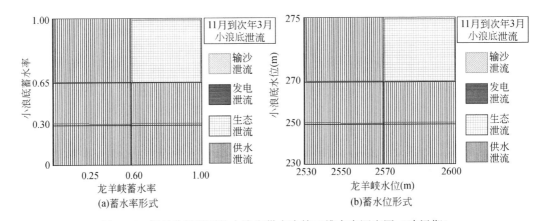

图8-46　集对分析得到的小浪底供水决策二维水库调度图（凌汛期）

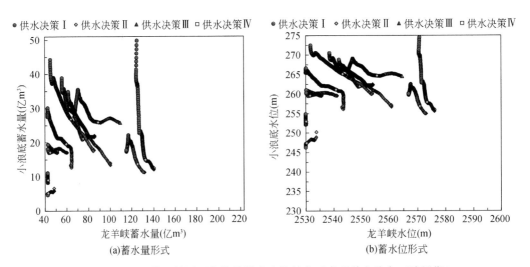

图8-47　优化模型结果下龙羊峡供水决策的集对序列散点分布（凌汛期）

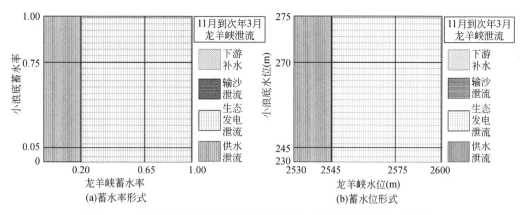

图 8-48 集对分析得到的龙羊峡供水决策二维水库调度图（凌汛期）

4. 供水期

1）小浪底水库（图 8-49、图 8-50）：在保证供水、生态目标用水需求下，小浪底水库尽可能加大发电用水，并在 6 月底相机开展调水调沙。

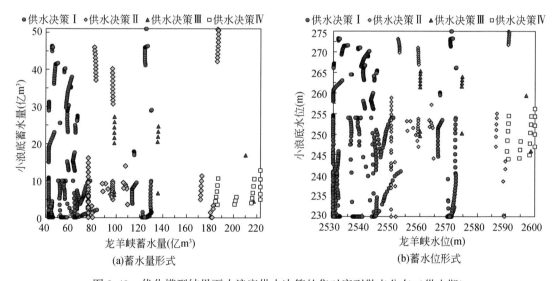

图 8-49 优化模型结果下小浪底供水决策的集对序列散点分布（供水期）

2）龙羊峡水库（图 8-51、图 8-52）：供水期龙羊峡水库先尽量满足供水、生态需求，龙羊峡水库应减少发电、输沙用水等，在保证基本需求的前提下提高水库的蓄水量。

5. 规律汇总

（1）小浪底水库优化调度规律

前汛期与主汛期：小浪底水库以输沙运用为主，体现"一高一低"的调度规律，即上

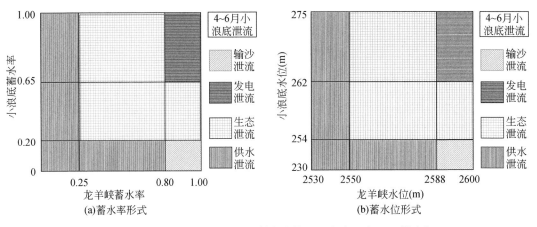

图 8-50　集对分析得到的小浪底供水决策二维水库调度图（供水期）

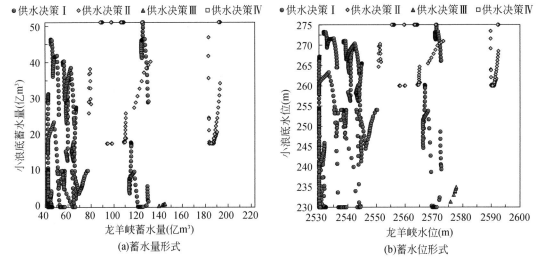

图 8-51　优化模型结果下龙羊峡供水决策的集对序列散点分布（供水期）

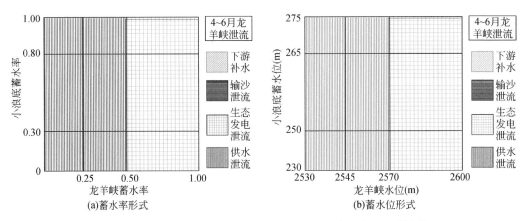

图 8-52　集对分析得到的龙羊峡供水决策二维水库调度图（供水期）

游龙羊峡水库蓄水 2570m 以上，小浪底水库降低库水位至 238m 以下进行高效输沙。

后汛期：小浪底水库高水位运行，供水、生态目标的用水流量较小，以发电运用为主。

凌汛期：小浪底水库按封河流量控制指标平稳下泄，以水定电，凌汛期末仅泄放生态基流，存蓄水量，为后续供水期的综合用水储备水量。

供水期：在保证供水、生态目标后，小浪底水库尽可能加大发电流量，并在 6 月底腾库迎洪输沙。

（2）龙羊峡水库优化调度规律

前汛期与主汛期：龙羊峡水库以不产生弃水为原则发电运用；水位在 2570m 以上时，相机在宁蒙河段冲沙并向下游补水。

后汛期：龙羊峡水库高水位运行，以提高发电效益为主。

凌汛期：刘家峡水库严格按照防凌安全流量下泄，龙羊峡水库利用刘家峡水库的防凌库容，以增加发电效益为目标，在安全范围内，提高下泄流量。

供水期：龙羊峡水库先尽量满足生态和供水需求，弱化发电效益，以水定电，在保证基本需求前提下存蓄水量。

8.5 本章小结

本章以黄河梯级水库群水沙电生态多维协同调度仿真模型推荐方案的长系列优化调度结果为依据，首先分析影响不同调度目标的关键因子，其次采用数据挖掘的 Apriori 算法提取梯级水库群联合调度的强关联规则并进行有效性检验，最后基于集对分析方法研究总结梯级库群的优化调度规律。

1）通过设立函数关系拟合分析了不同典型年多目标关系间的阈值特性，进一步分析了各优化单目标上下游水库的蓄泄响应关系，对比分析了不同典型年黄河上下游供水、输沙、发电、生态 4 个用水目标各自最优的运行过程，揭示了多目标之间在不同来水年份不同时期所存在的蓄泄规律，并利用逐步回归分析方法率定出不同时期多目标调度的关键影响因子。

2）基于优化调度结果，采用数据挖掘中的 Apriori 算法从中提取梯级各单库调度规则，并将提取出的调度规则应用于 2006～2010 年系列中进行验证，其各水库多年平均发电结果均优于调度图结果，证明算法的可操作性和规则的适用性。

3）根据优化调度结果，采用集对分析方法，将龙羊峡水库和小浪底水库的最优供水决策分层并构建二维水库调度图，通过联系度最大的目标函数求解，分别得到优化的龙羊峡水库和小浪底水库的二维水库调度图，总结得到年内不同调度时期龙羊峡水库和小浪底水库联合优化调度的一般性规律。

第9章 黄河梯级水库群多维协同调度平台研发与应用

9.1 研 发 思 路

以需求为牵引，以应用为导向，以水沙电生态一体化协同调度为目标及研发理念，遵循"平台稳定性，技术先进性，系统完整性，结构开发性，网络适应性"的研发思想，在设计和研发中坚持"平台架构开放化、业务服务人性化、应用开发平台化、数据接口通用化、管理工具实用化"的研发原则，系统体系结构遵循数据层、服务层和应用层三层体系架构，综合运用机器学习、云计算、大数据等先进的技术手段，使系统在建设的过程中既能统一部署，又能分阶段实施，保证系统建设的系统性和可执行性。

9.2 平台总体框架

9.2.1 平台架构

平台设计研发遵循数据、服务、应用相分离的原则，按照数据层、服务层、应用层三层架构进行设计（图9-1）。

数据层包括流域工程数据库、流域水文数据库、系统方案数据库、流域空间数据库及流域专业模型数据库，所有数据库在水利部黄河水利委员会已有数据资源的基础上进行统一扩展、存储和管理。

服务层是黄河梯级水库群多维协同调度平台的中间层，是系统运行的支撑部分和公共计算部分。为系统提供数字模型服务、数据访问与交换服务、三维服务等。通过调用数据层的模型边界条件、参数、GIS数据，服务层为应用层提供数据服务、模型计算以及GIS场景的应用支撑服务。

应用层对方案管理、基础信息管理、模型管理和结果管理等方面工作进行研发，为调度应用提供系统支撑。通过整合各类信息资源，集成黄河水库群供水、输沙、发电、生态

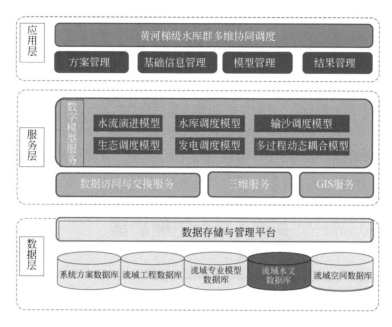

图 9-1 平台架构

保护等水量调度相关业务系统成果，利用服务层提供的模型及空间分析等技术，建设黄河梯级水库群多维协同调度平台。

9.2.2 核心技术

平台设计研发采用 SOA 的设计思想和微服务的部署架构，开发上采用多语言混合编程的方式，系统部署采用浏览器/服务器（browser/server，B/S）架构，GIS 平台采用 ArcGIS，多维协同调度平台前端开发采用 Vue、后端开发采用 Java，调度仿真模型采用 Visual Basic . NET 进行开发。

（1）SOA

SOA 是一种粗粒度、松散耦合服务架构，服务之间通过简单、精确定义接口进行通信，不涉及底层编程接口和通信模型。它将应用程序的不同功能单元通过服务之间定义良好的接口和契约联系起来。可以使构件在各种系统中的服务以一种统一和通用的方式进行交互。它可以根据需求通过网络对松散耦合的粗粒度应用组件进行分布式部署、组合和使用。

（2）GIS

GIS 结合了地理学与地图学以及遥感和计算机科学，是用于输入、存储、查询、分析和显示地理数据的计算机系统。从功能上讲，GIS 具有空间数据的获取、存储、显示、编辑、处理、分析、输出和应用等功能；从系统学的角度，GIS 具有一定结构和功能，是一个完整的系统。简而言之，GIS 是一个基于数据库管理系统的管理空间对象的信息系统，以地理数据为操作对象的空间分析功能是 GIS 与其他信息系统的根本区别。

（3）基于构件的开发模型

基于构件的开发模型利用模块化方法将整个系统模块化，并在一定构件模型的支持下复用构件库中的一个或多个软件构件，通过组合手段高效率、高质量地构造应用软件系统的过程。基于构件的开发模型融合了螺旋模型的许多特征，本质上是演化型的，开发过程是迭代的。

9.3 平台主要功能

黄河梯级水库群多维协同调度平台主要功能包括数据管理、模型管理、方案管理、模型计算流程控制、GIS 综合显示分析及模型开发调试子系统等。

9.3.1 数据管理

数据管理模块的主要功能是实现对平台数据库中所存储的节点关系、断面数据、水库数据、河段数据、需水数据及模型控制参数等进行查询、编辑等管理操作，界面如图9-2所示。

图 9-2 数据管理界面

9.3.2　模型管理

模型管理模块实现对黄河梯级水库群多维协同调度平台涉及的供水、输沙、发电、生态多专业模型及协同调度仿真模型进行统一管理，模块提供模型更新及属性浏览等功能，可在线更新调整优化后的模型文件，同时对模型版本、说明、输入接口说明、输出接口说明等内容进行查询，界面如图9-3所示。

图9-3　模型管理界面

9.3.3　方案管理

方案管理模块提供了对黄河梯级水库群多维协同调度各类数学模型计算方案的统一管理功能，具体包括方案列表显示、方案查询、新建方案、删除方案、打开方案、方案属性查询、方案比选等功能，界面如图9-4所示。

方案管理模块还提供对模型计算结果的显示分析功能（图9-5），包括结果查询、统计报表、数据图表及动态分析4类表现方式。

9.3.4　模型计算流程控制

模型计算流程控制是黄河梯级水库群多维协同调度平台的核心功能，主要负责实现以

图 9-4　方案管理界面

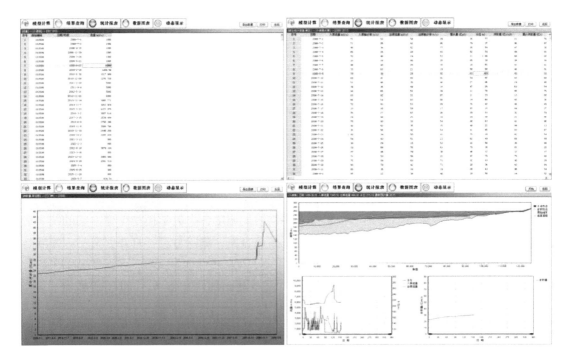

图 9-5　模型计算结果显示分析界面

节点驱动模型总体计算流程，水沙电生态多维协同计算的实现，模型计算顺序的管理、模型计算的前处理与后处理、模型接口数据的传递与保存、模型计算中间成果的输出调试、年月日多尺度嵌套计算流程控制、模型计算进度控制、模型计算暂停与终止等功能，界面如图9-6所示。

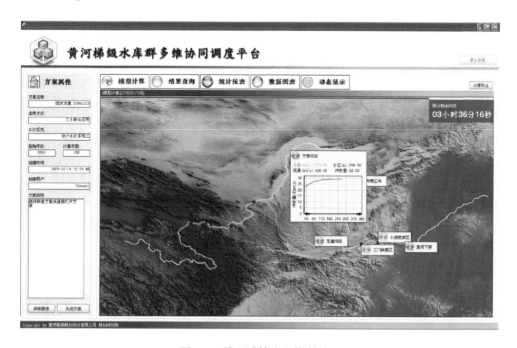

图 9-6　模型计算流程控制界面

模型计算流程控制模块是平台的一个创新，通过与 GIS 综合显示分析模块相结合，用户可以直接在模型计算过程中，通过空间地理位置操作，直接查看模型计算过程中所得到的各类重要阶段结果，更加高效地控制和管理模型计算的整个流程。同时，模块还提供当前模型计算状态、模型计算进度和模型计算剩余时间的动态显示。

9.3.5　GIS 综合显示分析

黄河梯级水库群多维协同调度平台的研发充分利用 GIS 技术，将黄河流域的河道、水库等基本地理要素以专题数字地图的形式进行管理，并建立模型计算方案与这些地理要素之间的关系，使用户可以清晰地看到方案内所有河道、水库的空间位置关系，同时可以直观地通过 GIS 图层操作，对河道、水库所对应数学模型进行参数设置、数据查询等操作。

GIS 综合显示分析模块为黄河梯级水库群多维协同调度平台的其他功能模块提供了一个统一的展示平台，通过与模型计算流程控制模块相结合，突破了以往只能在方案整体计算完成后才能对输出结果进行查询的单一交互方式，实现了在方案计算的各个阶段均可以通过 GIS 图形交互界面对模型计算中间结果进行实时查询、分析等功能，极大地提高了系统的实用性。

9.3.6　模型开发调试子系统

黄河梯级水库群多维协同调度平台的研发工作涉及专业众多、规模庞大，除平台本身较为复杂的设计研发工作之外，还牵涉大量数学模型的研发、改进和测试工作。黄河梯级水库群多维协同调度平台的研发工作需要数学模型作为基础，而数学模型的研发特别是调试工作也需要系统的支撑才能完成，两者相互制约，极易影响平台整体的研发进度。

为了加快数学模型的研发进度，同时更好地满足所有数学模型在统一的标准规范下完成研发工作，设计开发了模型开发调试子系统（图 9-7），为数学模型提供一个与黄河梯级水库群多维协同调度平台相同的模型运行环境，使数学模型可以不受平台的研发进度制约，在脱离黄河梯级水库群多维协同调度平台的情况下完成模型本身的研发和调试工作。

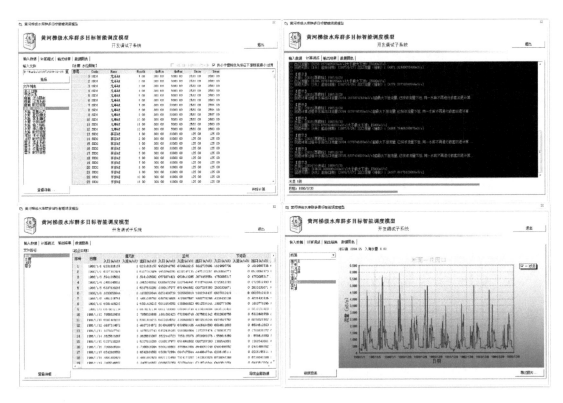

图 9-7　模型开发调试子系统界面

模型开发调试子系统为数学模型提供了与黄河梯级水库群多维协同调度平台完全相同的数据接口与运行环境，同时还提供了更为细化的功能操作，包括模型计算参数设置、模型特征参数设置、模型初始化、模型计算、模型计算结果上传等功能，极大地简化了数学模型的调试工作并提高了研发效率。

9.4　本章小结

本章采用 SOA 和动态知识构建设计方法，通过对多源异构数据融合、同化及识别技术的研究，开发了包含空间信息、监测信息、统计分析、数值模拟等多源数据接口，构建了集数据、知识、模型统一融合的资源管理体系，研发了具备开放架构、动态模拟、智能决策的新一代智能化黄河梯级水库群多维协同调度平台。

第10章 黄河水沙电生态多维协同调度示范

依托水利部黄河水利委员会水资源管理与调度局建成黄河梯级水库群水沙电生态协同调度应用示范基地，利用建立的黄河梯级水库群水沙电生态多维协同调度平台，结合 2019 ~ 2020 年（水文年，2019 年 7 月 ~ 2020 年 6 月）不同时段的水雨情、泥沙情势等，开展黄河径流预报–需水预测–生态调度–排沙调度–水量调度，并为黄河水量调度与管理提供重要技术支撑。

10.1 示范基地建设

依托水利部黄河水利委员会水资源管理与调度局建成黄河梯级水库群水沙电生态协同调度应用示范基地（图 10-1）。结合重大国家战略，开展水量调度方案编制业务化应用和示范，直接服务于流域机构和沿黄省（自治区）水资源配置与调度业务工作，支撑黄河流域生态保护和高质量发展顶层设计、政策制订以及水资源管理。

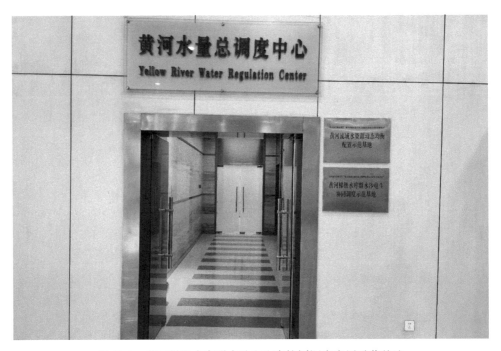

图 10-1 黄河梯级水库群水沙电生态协同调度应用示范基地

10.2 径流及旱情预报

10.2.1 径流预报模型

（1）非汛期径流总量预报模型

非汛期径流总量预报指的是 11 月至次年 6 月径流总量预报。通过分析，黄河唐乃亥断面非汛期径流量主要受前期径流和 4～6 月降水量影响，特别是 11 月至次年 3 月径流总量与前期径流有很好的相关关系，因此预报因子选用 10 月下旬径流量和 4～6 月降水量，建立非汛期径流总量预报模型：

$$y = 18.27 + 0.032x_1 + 0.753x_2 - 0.070x_3 + 0.226x_4 \qquad (10\text{-}1)$$

式中，x_1 为 10 月平均流量，m^3/s；x_2、x_3、x_4 分别为 4 月、5 月、6 月区间平均降水量，mm；y 为 11 月至次年 6 月径流总量，亿 m^3。

（2）非汛期月径流预报模型

由于在 11 月至次年 3 月本月径流均与上月径流有显著相关，在建立非汛期月径流总量模型时，可以利用退水规律和前一月流量作为预报因子建立相关模型，计算 11 月至次年 3 月河道流量。4～6 月流量开始受降水影响，与上月径流相关不再显著，利用降水预报和前月流量作为预报因子建立 4～6 月径流预报模型：

$$q = a + a_1q_1 + a_2q_2 + a_3q_3 \qquad (10\text{-}2)$$

式中，q 为本月平均流量，m/s；q_1 为前月平均流量，m^3/s；q_2、q_3 分别为前月降水量和本月降水量，mm。非汛期 4～6 月降水量一般参考国家气候中心长期降水预测结果。

（3）汛期径流预报模型

流域汛期径流变化受降水影响强烈，受技术条件限制，流域降水主要受大气环流等因子影响，因此，从前期环流因子中挑选预报因子，可以建立唐乃亥以上来水区间汛期径流总量预估方案。

汛期来水总量主要受汛期降水量影响，而汛期降水量则与大气海洋等物理因子关系密切。因此，根据中国气象局提供的 74 项环流指数，采用相关普查、物理意义分析等方法，遴选预报意义显著的环流因子作为径流预估的预报因子，利用多元回归方法建立唐乃亥以上来水区间汛期径流总量预报。表 10-1 为入选的前期环流因子与汛期径流总量相关系数矩阵。可以看出，在唐乃亥以上流域，与汛期来水相关性较好的环流指数包括前一年 7 月东太平洋副高北界（175W-115W）-39 号指数、前一年 11 月东亚槽位置（CW）-65 号指

数、2 月太平洋副高脊线（110E-115W）-33 号指数、6 月北非副高脊线（20W-60E）-24
号指数。

表 10-1　入选的前期环流因子与汛期径流总量相关系数矩阵

	因子序列 1	因子序列 2	因子序列 3	因子序列 4	径流序列 5
列 1	1				
列 2	0.0090	1			
列 3	0.2808	−0.1361	1		
列 4	0.1580	0.0445	0.2585	1	
列 5	−0.3133	0.3449	−0.3065	−0.3531	1

注：因子序列 1 表示前一年 7 月东太平洋副高北界（175W-115W）-39 号指数；因子序列 2 表示前一年 11 月东亚槽位置（CW）-65 号指数；因子序列 3 表示 2 月太平洋副高脊线（110E-115W）-33 号指数；因子序列 4 表示 6 月北非副高脊线（20W-60E）-24 号指数；径流序列 5 表示唐乃亥以上来水区间汛期径流总量。

采用多元回归方法建立唐乃亥以上来水区间汛期径流总量预估模型：

$$z = -1.529f_1 + 2.6906f_2 - 2.4426f_3 - 7.7296f_4 + 1.083 \tag{10-3}$$

式中，f_1 是前一年 7 月东太平洋副高北界（175W-115W）-39 号指数；f_2 是前一年 11 月东亚槽位置（CW）-65 号指数；f_3 是 2 月太平洋副高脊线（110E-115W）-33 号指数；f_4 是 6 月北非副高脊线（20W-60E）-24 号指数；z 是汛期径流总量，亿 m³。

10.2.2　径流预报成果

通过花园口断面 2006～2016 年实测径流月过程数据对模型进行校验，本书构建的模型其模拟效果表现较好，验证期 Nash（纳什）效率系数为 0.86，相关系数在 0.9 以上，均方根误差在 3% 以内（图 10-2）。

通过模型预测 2019 年 11 月～2020 年 6 月花园口断面月径流过程，结果表明模拟径流量和实测径流量相对误差均在 5% 以内，预报效果非常好，具体如图 10-3 所示。

10.2.3　流域旱情预测

根据黄河流域降水、蒸发以及土壤墒情预报，对 2019～2020 年旱情进行定性预报，分析年度农业需水量，作为调度的基础。分析方法：以降水与蒸发数据为基础，采用 SPDI-JDI（standardized Palmer drought index-joint deficit index，标准化帕尔默–联合水分亏缺指数）评估黄河流域干旱情况（表 10-2）（王煜等，2019）；再根据黄河流域 SPDI-JDI 与农业需水量的拟合关系方程，计算农业年需水量；参照相似年份农业需水过程确定年内

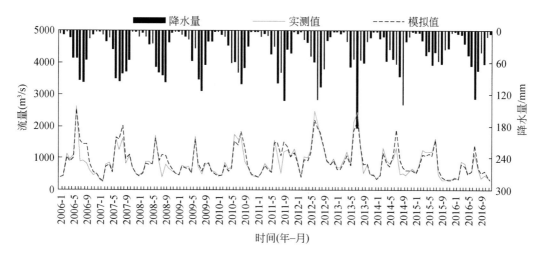

图 10-2　花园口断面 2006~2016 年月径流过程校验结果

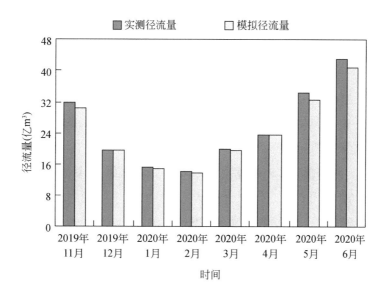

图 10-3　2019~2020 年月径流过程实测值和模拟值

农业需水过程。预报结果显示，2019~2020 年黄河流域降水量 494.1mm，较多年平均偏丰 9.3%，流域全年无旱，农业灌溉需水量较多年平均偏少 4.2%。

表 10-2　2019~2020 年黄河流域旱情预测评估结果

时间	降水量/mm	蒸发量/mm	降水量/蒸发量	SPDI-JDI	干旱情况
2019~2020 年	494.1	579.2	0.853	3.03	无旱

资料来源：王煜等，2019。

10.3 黄河下游生态调度示范

深入开展 2019～2020 年黄河下游生态调度。精细调度小浪底水库，塑造维持下游河道生态廊道功能的流量过程，修复黄河下游代表物种栖息地和洄游通道等水生生态系统生态功能；同时，为河口湿地补充淡水资源创造条件，满足河口近海区域淡盐水生境需求，促进黄河下游河道、河口三角洲及附近海域生态系统的自然修复，为河口国家公园生态系统良性发展提供水资源支持。

10.3.1 生态调度期与可调水量

黄河下游是黄河鲤及平原性过河口鱼类的重要栖息地和洄游通道，是黄淮海地区鱼类生物多样性较丰富河段。该河段鱼类产卵繁殖及栖息地保护需水的关键期为 4～6 月。综合考虑下游鱼类及湿地生态习性、生态用水情况、农业农村部关于禁渔期要求及下游春灌用水情况等因素，确定 4～6 月为黄河下游生态调度期。

预估 2020 年 4 月 1 日小浪底水库蓄水量为 70 亿 m^3，比去年同期多 8 亿 m^3。到 7 月 1 日，如果小浪底水库按 235m 控制，蓄水量为 15 亿 m^3。4～6 月小浪底水库可补水 55 亿 m^3。据预测，4～6 月小浪底水库入库水量为 76 亿 m^3，因此，4～6 月小浪底水库可下泄水量 131 亿 m^3，折合日均流量 1670m^3/s。

考虑沿岸取水、河道损失等，通过模型计算，4～6 月花园口断面下泄水量为 131 亿 m^3，折合平均流量为 1670m^3/s；高村断面下泄水量为 110 亿 m^3，折合平均流量为 1400m^3/s；利津入海水量为 74 亿 m^3，折合平均流量为 940m^3/s，达到《黄河下游生态流量试点工作实施方案》规定的指标要求。

10.3.2 河道内外需水过程

（1）生态需水过程

根据黄河水资源保护科学研究院成果，下游沿河及黄河三角洲湿地和鱼类生态用水需求如下。

4～5 月是黄河下游及三角洲地区植被发芽和鱼类产卵、仔鱼孵化时期，是生态系统敏感期。花园口断面鱼类产卵期敏感期生态流量需求为 15 天左右 300～1000m^3/s 的流量过程，利津断面鱼类产卵期敏感期生态流量需求为 15 天左右 75～1000m^3/s 的流量过程。

4 月，保持下游花园口断面日均流量在 800～1000m^3/s，保持利津断面日均流量在

300～400m³/s，并在期间形成数次脉冲过程，通过适当的流量波动增加过水面积，保证岸滩植被生长需水，培养适宜鱼卵产卵、孵化、育幼的生境。

5月上中旬，根据水温变化，逐渐加大小浪底泄流过程至1200m³/s，并进行±200m³/s的波动形成小脉冲洪水，持续约7天，以促进亲鱼产卵繁殖。之后，稳定控制小浪底水库下泄流量过程，以花园口断面流量为1000m³/s左右控制，日变幅控制在50m³/s以内，保证大河水位相对稳定，持续15～30天，维持水流和水域水草环境，保证鱼卵附着、孵化要求。

6月下旬，加大小浪底水库泄流，在黄河下游塑造2600～4000m³/s的大流量过程，形成相对稳定的河流主槽和嫩滩断面，维持一定结构和功能的生态廊道，为黄河三角洲湿地自流补充淡水，为下游及河口鱼类创造适宜的栖息生境。

（2）下游春灌用水情况

由于近年来下游引黄灌区面积没有发生显著变化，根据历史用水过程预测下游春灌需水过程，2018～2019年河南、山东两省分旬实测引水过程如图10-4所示。根据小麦生长规律和周期，4月上中旬为黄河下游冬小麦拔节灌溉用水高峰期，引水流量维持在700m³/s左右，一般4月中旬后期开始逐渐减小，到5月引水流量不足500m³/s，6月逐渐增加。

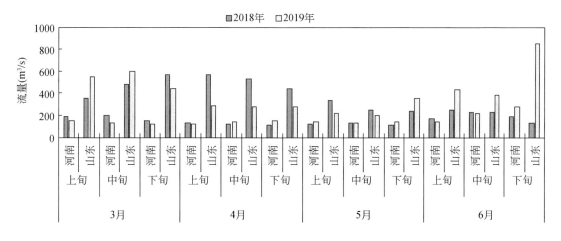

图 10-4 河南、山东 2018～2019 年 3～6 月分旬引水统计

10.3.3 生态调度指标及过程

根据生态调度期可调水量、生态需水过程及灌溉用水情况，并兼顾小浪底水库发电需求，得到4～6月小浪底水库生态调度方案：4月平均流量按1000m³/s控泄；5月上旬平均流量按1200m³/s控泄；5月中旬至6月21日平均流量按1800m³/s控泄；6月22日和

23 日平均流量分别按 2600m³/s、3500m³/s 控泄。6 月 24～30 日平均流量按 4000m³/s 控
泄。2600～4000m³/s 流量过程维持 9 天。通过模型计算，4～6 月高村断面下泄水量为 110
亿 m³，利津入海水量为 74 亿 m³，如图 10-5 所示。

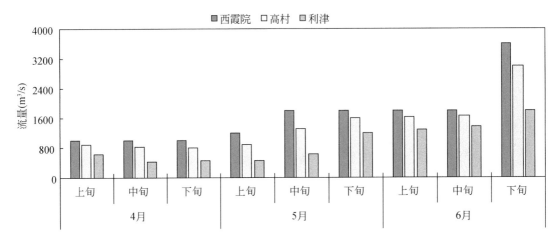

图 10-5 2019～2020 年月径流过程模拟值

水库蓄水及断面流量计算均基于长期径流预报和省（自治区）报送的用水计划建议。
具体调度过程中，需要根据实际水情和用水情况，加强实时调度，保障 7 月 1 日小浪底水
库水位控制在汛限水位 235m。

10.3.4 生态调度执行效果

基于提出的生态调度方案，黄河实施了 2020 年 4～6 月生态调度实践。在生态敏感期
4～6 月，精细调度小浪底水库，强化下游用水管理，保障各断面流量达到预期指标，并
塑造了维持下游生态廊道功能的 2600～4000m³/s 的流量过程。汛期大流量洪水下泄还进
一步打开了黄河下游的生态调度空间，为三角洲和近海地区生态环境带来"输血型"改
善。截至 7 月 17 日，山东黄河三角洲国家自然保护区累积补水 1.15 亿 m³，补水量创历史
新高。湿地面积扩大 7 万多亩，河海交汇线平均向外扩移约 23km，河口地区的地下水位
抬高 1.3m，湿地沟壑水质由劣 V 类变为 IV 类，黄河鲂鱼再次现身黄河口。

10.4 黄河排沙调度示范

以中游水库群水沙调控体系为基础，以水库河道泥沙联合调度和水库泥沙多年调节技
术为支撑，充分利用中游干支流水库群联合调度中下游洪水泥沙，维持下游河道中水河槽

行洪输沙能力，塑造高输沙流量，尽可能实现水库排沙减淤。

10.4.1 高含沙水流调度控制指标

黄河高含沙洪水主要发生在北干流河龙间、泾河上游和北洛河源头地区，形成该类型洪水的暴雨季节性强、强度大、时空分布不均，并具有突发性。高含沙洪水一般发生在 7~8 月，其中以 7 月中旬至 8 月中旬最多，如 1977 年黄河中游发生高含沙洪水，潼关站实测最大含沙量高达 $911 kg/m^3$。

根据 2020 年来水及旱情形势，汛期排沙的目标是在确保滩区安全和后期抗旱用水安全的条件下，尽可能实现水库多排沙和下游河道多输沙；进一步探索以小浪底水库为主的干支流水库群水沙联合调度的运行方式并优化调控指标，不断积累以排沙减淤为核心的调度运用经验。

从小浪底水库不同出库流量级花园口洪峰增值量的模拟计算成果（表 10-3 和图 10-6）可以看出，当小浪底出库流量达到 $2600 m^3/s$ 以上且异重流出库含沙量大于 $50 kg/m^3$ 时，洪水传播至花园口断面时均产生了洪峰增值现象，且出库流量一定的情况下，洪峰增值量随着出库含沙量的增加而增加。因此，为了防止调水调沙期间洪峰增值引起下游河道漫滩，在小浪底水库异重流排沙期间，需要根据花园口断面可能增值量适当压减调控流量指标。

表 10-3 不同计算条件下花园口站洪峰增值模型计算结果

小浪底出库方案		花园口（②）	增值量（②-①）
流量（①）（m^3/s）	含沙量（kg/m^3）	（m^3/s）	（m^3/s）
2600	50	2791	191
	100	2928	328
	150	3029	429
	200	3104	504
	250	3154	554
3000	50	3228	228
	100	3386	386
	150	3504	504
	200	3586	586
	250	3642	642

续表

小浪底出库方案		花园口（②）	增值量（②-①）
流量（①）（m³/s）	含沙量（kg/m³）	（m³/s）	（m³/s）
3500	50	3791	291
	100	3984	484
	150	4126	626
	200	4222	722
	250	4290	790
4000	50	4311	311
	100	4514	514
	150	4671	671
	200	4779	779
	250	4852	852

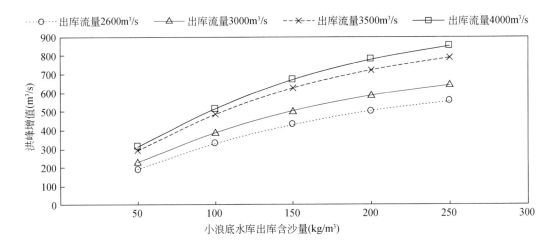

图 10-6　小浪底水库不同流量级出库与花园口洪峰增值关系模拟

10.4.2　水库排沙效果

选择的 2020 年典型洪水发生时间为 8 月 13 日～9 月 7 日。按照设计的水库联合调度方案，采用数学模型对三门峡、小浪底水库排沙情况进行了计算，如图 10-7 所示。2020 年典型洪水期间三门峡水库按敞泄运用，水库呈冲刷状态，排沙比 133%，水库冲刷 0.42 亿 t；小浪底水库排沙比 26%，库区淤积 1.24 亿 t。

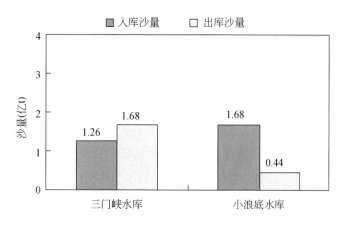

图 10-7　2020 年典型洪水期间三门峡、小浪底水库排沙情况

10.4.3　下游河道冲淤效果

根据选取的典型年洪水过程，经过水库联合调水调沙运用后进入下游河道的水沙情况见表 10-4。

表 10-4　2020 年典型洪水进入下游河道水沙量

水量 （亿 m³）	沙量 （亿 t）	平均流量 （m³/s）	平均含沙 （kg/m³）	日均最大流量 （m³/s）
88.39	0.44	3935	4.91	4000

利用黄河下游一维水动力学泥沙数学模型对两个典型年水库排沙方案下游河道冲淤进行计算。计算初始地形采用 2020 年 4 月实测大断面，下游冲淤计算结果见表 10-5。由表 10-5 可知，2020 年典型洪水黄河下游利津以上河道整体上发生冲刷，冲刷量为 0.643 亿 t。从以上典型洪水过程水库冲淤效果可以看出，按照拟定的排沙方案，可以实现在确保下游防洪安全的前提下，减小下游河道淤积，提高河道输沙效率。

表 10-5　各典型洪水下游河道冲淤量　　　　（单位：亿 t）

花园口以上	花园口至高村	高村至艾山	艾山至利津	利津以上合计
−0.334	−0.196	−0.030	−0.083	−0.643

10.5 黄河水量调度示范

10.5.1 可供耗水量分配计划

根据《黄河可供水量分配方案》以及《黄河流域综合规划（2012—2030年）》，结合2019～2020年黄河可供耗水量，确定各省（自治区）2019年7月～2020年6月黄河可供耗水量分配计划（含生活、生产和生态用水），详见表10-6。

表10-6 2019年7月～2020年6月各省（自治区）黄河可供耗水量分配计划

（单位：亿 m³）

指标	青海	四川	甘肃	宁夏	内蒙古	山西	陕西	河南	山东	河北	合计
分配水量	14.63	0.41	31.54	41.49	60.80	44.72	39.42	57.47	72.63	6.89	370.00

10.5.2 黄河干流水量调度方案

黄河水量调度的原则：按照节水优先、总量控制、丰增枯减的原则分配2019～2020年黄河可供耗水量，优先满足城乡居民生活用水需要，配置各省（自治区）工农业生产用水量时充分考虑现状节水水平；保障黄河防洪、防凌安全，凌汛期龙羊峡、刘家峡、小浪底水库下泄流量按照《2019～2020年度黄河防凌调度预案》执行；2020年6月底，龙羊峡、刘家峡、万家寨、三门峡、小浪底5座水库水位按防洪调度要求控制；加强生态流量管控，明确干流和重要支流主要控制断面生态流量监管指标，保障干流和重要支流基本生态用水；水库泄流按照电调服从水调的原则。

根据水量调度原则，考虑水流传播时间、沿程损失、凌汛期槽蓄水增量及开河释放水量等因素，逐河段进行水量平衡演算，形成2019年11月～2020年6月各河段水量调度计划（汛期实施防洪调度），如图10-8所示。在实际调度过程中，需要根据雨情、水情、凌情和墒情变化，对各月分配水量、水库及断面泄流指标进行实时调整。

10.5.3 水量调度效果

对比计划分配水量和实际调度水量结果（表10-7），水量调度执行效果较好，各省（自治区）水量调度误差基本控制在3%以内。

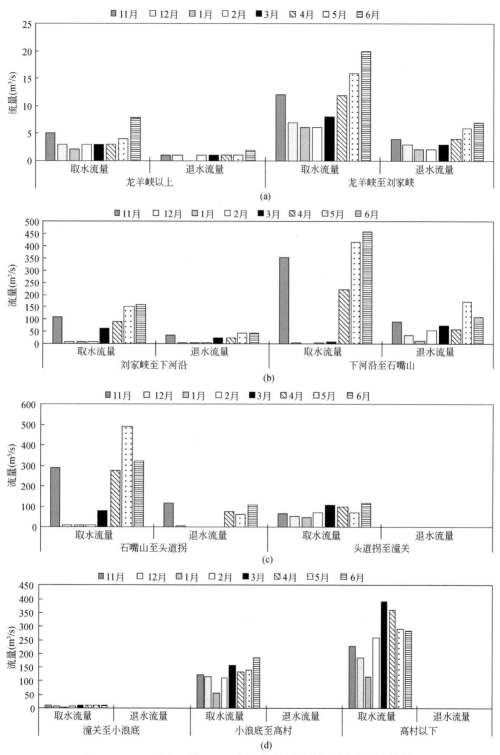

图 10-8 2019 年 11 月～2020 年 6 月黄河干流河段水量调度计划

表 10-7　2019 年 11 月～2020 年 6 月黄河水量调度效果　　（单位：亿 m³）

指标	青海	四川	甘肃	宁夏	内蒙古	山西	陕西	河南	山东	河北	合计
分配水量	14.63	0.41	31.54	41.49	60.8	44.72	39.42	57.47	72.63	6.89	370
实际调度水量	15.07	0.42	32.49	42.73	62.62	46.06	40.60	59.19	74.81	7.10	381.09

10.6　本章小结

通过建立的黄河水沙电生态多维协同调度平台，结合 2019～2020 年不同时段的水雨情、泥沙情势等情况，开展黄河径流预报–需水预测–生态调度–排沙调度–水量调度，调度结果良好，主要结论如下：

1）径流预报模型模拟精准。2019 年 11 月～2020 年 6 月花园口站月径流过程模拟结果表明，每月的模拟径流量与实测径流量相对误差均在 5% 以内，预报效果较好。

2）生态调度效果显著。根据当前水情，考虑后期径流预报确定生态调度方案，从而实施生态调度。在生态敏感期 4～6 月，精细调度小浪底水库，强化下游用水管理，保障各断面流量达到预期指标，塑造维持下游生态廊道功能的大流量过程，并向山东黄河三角洲国家自然保护区累积补水 1.15 亿 m³。

3）排沙调度达到初设效果。以高含沙洪水作为典型调度对象，以小浪底水库为主的干支流水库群水沙联合调度的运行方式并优化调控指标，下游冲淤效果显著。

4）水量调度稳定有序。根据黄河可供耗水量分配计划进行水量调度，考虑水流传播时间、沿程损失、凌汛期槽蓄水增量等因素，逐河段进行水量平衡演算，2019～2020 年各省（自治区）水量调度误差基本控制在 3% 以内，确保了水量调度稳定有序。

第11章 总结与展望

11.1 成果总结

针对复杂梯级水库群水沙电生态协同优化调度的动态、高维非线性问题，本书建立了梯级水库群水沙电生态多维耦合机制、协同控制原理、仿真建模、调度规则和调度平台5项原创性成果，形成了复杂梯级水库群多维协同调度理论技术体系。

1）明晰了水沙电生态对水库调度的过程响应，揭示了多目标间的互馈作用与耦合机制。

量化了供水、输沙、发电、生态等过程对黄河梯级水库群调度的长期响应规律，基于经济学理论和水资源利用特征分析了水资源的排他性和非排他性，定义了用水部门之间的竞争关系和协作关系，建立了协作度指标和竞争度指标量化不同过程间的耦合水平，揭示了梯级水库群调度下河流水沙电生态以水为纽带的互馈作用与耦合机制，分析了黄河流域多过程耦合关系演变轨迹。

2）融合协同学与混沌理论构建了梯级水库群多维协同控制原理，提出了梯级水库群系统优化的方向性引导参数。

基于协同学创建了梯级水库群水沙电生态多维协同控制原理，提出了以水沙电生态多维协同度最大为寻优目标的黄河梯级水库群优化方向；提出了基于满意度合理区间的时段内多目标利益均衡检验方法，检验时段内多目标是否达到利益均衡，并对不在满意度合理区间内的目标进行调控；通过关联维数和 K 熵评价调度系统的混沌程度及复杂程度，引导水库群多目标调度系统向降低混沌特征的方向演进。

3）建立了多时空尺度嵌套和多过程耦合的黄河梯级水库群多维协同调度仿真模型及自适应优化控制求解方法。

以流域供水量、河道输沙量、梯级系统发电量及河流生态水量等综合效益最大化为调控目标，融合流域供用耗排、水库河道泥沙冲淤、电站电力电量、断面水量下泄等过程，建立了具有多时空尺度嵌套和多过程耦合的黄河梯级水库群水沙电生态多维协同调度仿真模型，提出了水库自适应控制运用模式，基于粒子群优化求解算法提出了模型优化求解流程和实现步骤。

4）建立了黄河梯级水库群水沙电生态多维协同调度规则，提出了应对变化环境的黄河梯级水库群多维协同调度的模式。

采用梯级水库群多维协同调度仿真模型，针对黄河来沙量 2 亿 t、3 亿 t、6 亿 t、8 亿 t、10 亿 t 等不同情景，开展了丰、平、枯和连续枯水的多维协同调度，优化提出了适应未来环境变化、供水高效合理、水沙过程协调、水电出力优化、水生态与环境健康的水沙电生态多维协同调度方案。采用数据挖掘和集对分析，提出适应环境变化的梯级水库群之间水文补偿、库容补偿方法原则与蓄泄秩序，集成黄河梯级水库群水沙电生态多维协同调度规则，提出应对变化环境的黄河梯级水库群多维协同调度的模式。

5）采用 SOA 和动态知识构建设计方法，研发了黄河梯级水库群水沙电生态多维协同调度平台。

开发了空间信息、站点观测、统计分析、数值模拟等多源数据接口，发展了多源异构数据融合、同化及识别技术；构建了集模型、数据、知识管理统一融合的资源管理系统；采用 SOA 和动态知识构建设计方法，集成了黄河梯级水库群水沙电生态多维协同调度平台。建立的梯级水库群多维协同调度模型平台嵌入黄河水量总调度中心，优化提出的黄河梯级水库群多维协同调度方案在水利部黄河水利委员会水资源管理与调度局、黄河上游水电开发有限责任公司等单位的调度与管理中得到应用，建成了黄河梯级水库群水沙电生态协同调度应用示范基地，支撑了 2019～2020 年黄河水量方案和生态调度方案编制，对于指导江河梯级水库群调度具有广阔的应用前景。

11.2　展　　望

本书在复杂梯级水库群水沙电生态耦合机制与协同控制原理和技术等方面形成一系列成果，在一定程度上推动了水库群多维协同调度水平的提升，但由于变化环境下缺水流域水库群调度的科学问题极为复杂，随着研究的深入、认识的深化，发现对以下几个方面问题仍需持续深入地开展研究。

（1）应对干旱枯水的梯级水库群优化调度理论方法

干旱发生具有随机性，其成灾具有不确定性、传递性、可调控性等特征。干旱应对是长期以来一直备受关注的重大科学问题，水库群协同调度是控制旱灾风险、减少灾害损失的有效途径。当前极端干旱枯水应对的"卡脖子"技术在于干旱发生规律及成灾机制认知不深、水源协同调配不畅，急需揭示流域干旱发生机制、演变规律和成灾机理，突破多水源调控及干旱风险控制的重大技术瓶颈，提高水资源安全保障能力。

（2）梯级水库群的生态累积效应与多目标适应性协同调控

梯级开发对河流水文水力特性、水生生境及水生生物等多要素产生了复杂影响，优化梯级水库群运用方式是减缓生态累积效应的有效途径，当前梯级开发的累积效应研究多以定性描述为主，定量揭示不足、多要素作用机制尚不清晰，统筹梯级开发及运用的多目标、减缓累积效应的适应调控仍有待深化。急需破解梯级开发下河流生态长期演变规律与累积机制的认知瓶颈，突破多目标适应性协同调控方法制约。

（3）缺水流域水土资源多要素协同配置

在梯级水库群调度中，河道外供水任务主要考虑用户需求和水资源约束，没有将水土资源视为一个整体来探讨两者之间的协同配置，导致水土匹配失调，因之而来的生态环境问题和经济社会问题日益突出。需要剖析水土资源格局对生态环境–经济社会复合系统的复杂作用与反馈关系，揭示水土资源多要素相互作用机理，深入研究水土资源协调利用机制，创建缺水流域水土资源均衡优化技术，配对水土资源，支撑流域生态保护和高质量发展。

参 考 文 献

艾学山, 范文涛. 2008. 水库生态调度模型及算法研究. 长江流域资源与环境, 17 (3): 451-455.

安新代, 石春先, 余欣, 等. 2002. 水库调水调沙回顾与展望——兼论小浪底水库运用方式研究. 泥沙研究, (5): 36-42.

白涛, 阚艳彬, 畅建霞, 等. 2016. 水库群水沙调控的单-多目标调度模型及其应用. 水科学进展, 27 (1): 116-127.

畅建霞, 黄强, 王义民, 等. 2004. 黄河流域水库群多目标运行控制协同方法研究. 中国科学 E 辑技术科学, 34 (增刊 I): 175-184.

陈进. 2018. 长江流域水资源调控与水库群调度. 水利学报, 49 (1): 2-8.

陈洋波, 王先甲, 冯尚友. 1998. 考虑发电量与保证出力的水库调度多目标优化方法. 系统工程理论与实践, 18 (4): 95-101.

陈志刚, 程琳, 陈宇顺. 2020. 水库生态调度现状与展望. 人民长江, 51 (1): 94-103, 123.

邓铭江, 黄强, 畅建霞, 等. 2020. 大尺度生态调度研究与实践. 水利学报, 51 (7): 757-773.

董增川, 倪效宽, 陈牧风, 等. 2021. 流域水资源调度多目标时变偏好决策方法及应用. 水科学进展, 32 (3): 376-386.

董哲仁, 孙东亚, 赵进勇. 2007. 水库多目标生态调度. 水利水电技术, 38 (1): 28-32.

杜守建, 李怀恩, 白玉慧, 等. 2006. 多目标调度模型在尼山水库的应用. 水力发电学报, 25 (2): 69-73.

段唯鑫, 郭生练, 王俊. 2016. 长江上游大型水库群对宜昌站水文情势影响分析. 长江流域资源与环境, 25 (1): 120-130.

冯仲恺, 牛文静, 程春田, 等. 2017a. 大规模水电系统优化调度降维方法研究 I: 理论分析. 水利学报, 48 (2): 146-156.

冯仲恺, 牛文静, 程春田, 等. 2017b. 大规模水电系统优化调度降维方法研究 II: 方法实例. 水利学报, 48 (3): 270-278.

高仕春, 滕燕, 陈泽美. 2008. 黄柏河流域水库水电站群多目标短期优化调度. 武汉大学学报 (工学版), 41 (2): 15-18.

郭生练, 陈炯宏, 刘攀, 等. 2010. 水库群联合优化调度研究进展与展望. 水科学进展, 21 (4): 496-503.

郭旭宁, 胡铁松, 曾祥, 等. 2011a. 基于二维调度图的双库联合供水调度规则研究. 华中科技大学学报 (自然科学版), 39 (10): 121-124.

郭旭宁, 胡铁松, 黄兵, 等. 2011b. 基于模拟-优化模式的供水水库群联合调度规则研究. 水利学报, 42 (6): 705-712.

哈燕萍, 白涛, 黄强, 等. 2017. 梯级水库群水沙联合调度的多目标转化研究. 水力发电学报, 36 (7):

23-33.

胡春宏. 2014. 我国泥沙研究进展与发展趋向. 泥沙研究, (6): 1-5.

胡春宏. 2016. 我国多沙河流水库"蓄清排浑"运用方式的发展与实践. 水利学报, 47 (3): 283-291.

胡春宏, 张晓明. 2018. 论黄河水沙变化趋势预测研究的若干问题. 水利学报, 49 (9): 1028-1039.

胡和平, 刘登峰, 田富强, 等. 2008. 基于生态流量过程线的水库生态调度方法研究. 水科学进展, 19 (3): 325-332.

胡铁松, 万永华, 冯尚友. 1995. 水库群优化调度函数的人工神经网络方法研究. 水科学进展, 6 (1): 53-60.

胡铁松, 曾祥, 郭旭宁, 等. 2014. 并联供水水库解析调度规则研究 I: 两阶段模型. 水利学报, 45 (8): 883-891.

黄草, 王忠静, 李书飞, 等. 2014a. 长江上游水库群多目标优化调度模型及应用研究 I: 模型原理及求解. 水利学报, 45 (9): 1009-1018.

黄草, 王忠静, 鲁军, 等. 2014b. 长江上游水库群多目标优化调度模型及应用研究 II: 水库群调度规则及蓄放次序. 水利学报, 45 (10): 1175-1183.

黄锦辉, 王瑞玲, 葛雷, 等. 2016. 黄河干支流重要河段功能性不断流指标研究. 郑州: 黄河水利出版社.

黄强, 解建仓, 宴毅, 等. 1995. 多年调节水库补偿调节联合运行模型及人机对话算法. 应用基础与工程科学学报, (2): 64-69.

蒋晓辉, 何宏谋, 曲少军, 等. 2012. 黄河干流水库对河道生态系统的影响及生态调度. 郑州: 黄河水利出版社.

李承军, 陈毕胜, 张高峰. 2005. 水电站双线性调度规则研究. 水力发电学报, 24 (1): 11-15.

李国英. 2006. 基于水库群联合调度和人工扰动的黄河调水调沙. 水利学报, 37 (12): 1439-1446.

李国英. 2009. 维持黄河健康生命 造福中华民族. 中国水利, (18): 104-106.

李国英, 盛连喜. 2011. 黄河调水调沙的模式及其效果. 中国科学: 技术科学, 41 (6): 826-832.

李敏. 2016. 黄河上中游水土保持减沙效果研究. 中国水土保持, (9): 68-72.

李思忠. 2017. 黄河鱼类志. 青岛: 中国海洋大学出版社.

李晓宇, 刘晓燕, 李焯. 2016. 黄河主要产沙区近年降雨及下垫面变化对入黄沙量的影响. 水利学报, 47 (10): 1253-1259.

李勇, 窦身堂, 谢卫明. 2019. 黄河中游水库群联合调控塑造高效输沙洪水探讨. 人民黄河, 41 (2): 20-23.

廖四辉, 程绪水, 施勇, 等. 2010. 淮河生态用水多层次分析平台与多目标优化调度模型研究. 水力发电学报, 29 (4): 14-19, 27.

刘方. 2013. 水库水沙联合调度优化方法与应用研究. 北京: 华北电力大学博士学位论文.

刘涵, 黄强, 夏忠, 等. 2005. 黄河干流梯级水库补偿效益仿真模型的建立及求解. 水力发电学报, 24 (5): 11-16, 114.

刘忠恒, 许继军. 2012. 长江上游大型水库群联合调度发展策略及管理问题探讨. 水利发展研究, 12 (11): 20-25.

卢有麟. 2012. 流域梯级大规模水电站群多目标优化调度与多属性决策研究. 武汉：华中科技大学博士学位论文.

卢有麟, 周建中, 王浩, 等. 2011. 三峡梯级枢纽多目标生态优化调度模型及其求解方法. 水科学进展, 22（6）：780-788.

吕巍, 王浩, 殷峻暹, 等. 2016. 贵州境内乌江水电梯级开发联合生态调度. 水科学进展, 27（6）：918-927.

马真臻, 王忠静, 郑航, 等. 2012. 基于低风险生态流量的黄河生态用水调度研究. 水力发电学报, 31（5）：63-70.

欧阳硕. 2014. 流域梯级及全流域巨型水库群洪水资源化联合优化调度研究. 武汉：华中科技大学博士学位论文.

彭少明, 王煜, 张永永, 等. 2016. 多年调节水库旱限水位优化控制研究. 水利学报, 47（4）：552-559.

彭少明, 尚文绣, 王煜, 等. 2018. 黄河上游梯级水库运行的生态影响研究. 水利学报, 49（10）：1187-1198.

彭杨, 李义天, 张红武. 2004. 水库水沙联合调度多目标决策模型. 水利学报,（4）：1-7.

覃晖, 周建中, 肖舸, 等. 2010. 梯级水电站多目标发电优化调度. 水科学进展, 21（3）：377-384.

尚文绣. 2018. 基于水文要素的河流健康评价及其生态用水调度研究. 北京：清华大学博士学位论文.

尚文绣, 彭少明, 王煜, 等. 2020a. 缺水流域用水竞争与协作关系——以黄河流域为例. 水科学进展, 31（6）：897-907.

尚文绣, 彭少明, 王煜, 等. 2020b. 面向河流生态完整性的黄河下游生态需水过程研究. 水利学报, 51（3）：367-377.

邵东国, 夏军, 孙志强. 1998. 多目标综合利用水库实时优化调度模型研究. 水电能源科学, 16（4）：7-11.

申冠卿, 张原锋, 张敏. 2019. 黄河下游高效输沙洪水调控指标研究. 人民黄河, 41（9）：50-54.

申建建, 张博, 程春田, 等. 2021. 耦合 KL 理论与调度特征的大规模水电站群优化调度降维方法. 水利学报, 52（2）：169-181.

水利部黄河水利委员会. 2013. 黄河流域综合规划（2012—2030 年）. 郑州：黄河水利出版社.

唐幼林, 曾佑澄. 1991. 模糊带权非线性规划数学模型在多目标综合利用水库规划中的应用. 水电能源科学, 9（1）：43-49.

田雨. 2011. 长江上游复杂水库群联合调度技术研究. 天津：天津大学博士学位论文.

吴保生. 2008. 冲积河流平滩流量的滞后响应模型. 水利学报, 39（6）：680-687.

王本德, 周惠成, 卢迪. 2016. 我国水库（群）调度理论方法研究应用现状与展望. 水利学报, 47（3）：337-345.

王浩, 王旭, 雷晓辉, 等. 2019. 梯级水库群联合调度关键技术发展历程与展望. 水利学报, 50（1）：25-37.

王森. 2014. 梯级水电站群长期优化调度混合智能算法及并行方法研究. 大连：大连理工大学硕士学位论文.

王小林，成金华，尹正杰，等．2010．协同演化免疫算法提取水库调度规则研究．中山大学学报（自然科学版），49（6）：121-125.

王兴菊，赵然杭．2003．水库多目标优化调度理论及其应用研究．水利学报，（3）：104-109.

王旭，郭旭宁，雷晓辉，等．2014．基于可行空间搜索遗传算法的梯级水库群调度规则．南水北调与水利科技，12（4）：173-176.

王学斌，畅建霞，孟雪姣，等．2017．基于改进 NSGA-Ⅱ的黄河下游水库多目标调度研究．水利学报，48（2）：135-145，156.

王煜，彭少明，郑小康．2018．黄河流域水量分配方案优化及综合调度的关键科学问题．水科学进展，29（5）：614-624.

王煜，尚文绣，彭少明．2019．基于水库群预报调度的黄河流域干旱应对系统．水科学进展，30（2）：175-185.

王煜，彭少明，尚文绣，等．2021．基于水–沙–生态多因子的黄河流域水资源动态配置机制探讨．水科学进展，32（4）：534-543.

王宗志，王银堂，陈艺伟，等．2012．基于仿真规则与智能优化的水库多目标调控模型及其应用．水利学报，43（5）：564-570，579.

吴恒卿，黄强，徐炜，等．2016．基于聚合模型的水库群引水与供水多目标优化调度．农业工程学报，32（1）：140-146.

吴杰康，祝宇楠，韦善革．2011．采用改进隶属度函数的梯级水电站多目标优化调度模型．电网技术，35（2）：48-52.

夏军，彭少明，王超，等．2014．气候变化对黄河水资源的影响及其适应性管理．人民黄河，36（10）：1-4.

徐斌，钟平安，陈宇婷，等．2017．金沙江下游梯级与三峡–葛洲坝多目标联合调度研究．中国科学（技术科学），47（8）：823-831.

徐刚，昝雄风．2016．拉洛水利枢纽联合优化调度模型研究．水力发电，42（2）：90-93.

许继军，陈进，尹正杰，等．2011．长江流域梯级水库群联合调度关键问题研究．长江科学院院报，28（12）：48-52.

许伟．2015．龙羊峡、刘家峡河段梯级水库联合运用相关问题研究．北京：清华大学硕士学位论文．

许银山，梅亚东，钟壬琳，等．2011．大规模混联水库群调度规则研究．水力发电学报，30（2）：20-25.

杨光，郭生练，刘攀，等．2016．PA-DDS 算法在水库多目标优化调度中的应用．水利学报，47（6）：789-797.

杨侃，陈雷．1998．梯级水电站群调度多目标网络分析模型．水利水电科技进展，18（3）：35-38.

于洋，韩宇，李栋楠，等．2017．澜沧江–湄公河流域跨境水量–水能–生态互馈关系模拟．水利学报，48（6）：720-729.

曾祥，胡铁松，郭旭宁，等．2014．并联供水水库解析调度规则研究Ⅱ：多阶段模型与应用．水利学报，45（9）：1120-1126.

张红武，李振山，安催花，等．2016．黄河下游河道与滩区治理研究的趋势与进展．人民黄河，38（12）：

1-10，23.

张金良，练继建，张远生，等．2020．黄河水沙关系协调度与骨干水库的调节作用．水利学报，51（8）：897-905.

张金良，罗秋实，陈翠霞，等．2021．黄河中下游水库群–河道水沙联合动态调控．水科学进展，32（5）：649-658.

张睿，张利升，王学敏，等．2016．金沙江下游梯级水库群多目标兴利调度模型及应用．四川大学学报（工程科学版），48（4）：32-37.

张飒，班璇，黄强，等．2016．基于变化范围法的汉江中游水文情势变化规律分析．水力发电学报，35（7）：34-43.

张勇传，刘鑫卿，王麦力，等．1988．水库群优化调度函数．水电能源科学，6（1）：69-79.

周建中，李英海，肖舸，等．2010．基于混合粒子群算法的梯级水电站多目标优化调度．水利学报，41（10）：1212-1219.

周新春，许银山，冯宝飞．2017．长江上游干流梯级水库群防洪库容互用性初探．水科学进展，28（3）：421-428.

左吉昌，李承军，樊荣．2007．水库优化调度函数的 SVM 方法研究．人民长江，38（1）：8-9，104.

Ahmad A，El-Shafie A，Razali S F M，et al．2014．Reservoir optimization in water resources：a review．Water Resources Management，28（11）：3391-3405.

Ahmadianfar I，Adib A，Taghian M．2017．Optimization of multi-reservoir operation with a new hedging rule application of fuzzy set theory and NSGA-II．Applied Water Science，7：3075-3086.

Akbari M，Afshar A，Mousavi S J．2011．Stochastic multiobjective reservoir operation under imprecise objectives：multicriteria decision-making approach．Journal of Hydroinformatics，13（1）：110-120.

Azizipour M，Ghalenoei V，Afshar M H，et al．2016．Optimal operation of hydropower reservoir systems using weed optimization algorithm．Water Resource Management，30（11）：3995-4009.

Bai T，Chang J，Chang F，et al．2015．Synergistic gains from the multi-objective optimal operation of cascade reservoirs in the Upper Yellow River basin．Journal of Hydrology，523：758-767.

Baltar A M，Fontane D G．2008．Use of multiobjective particle swarm optimization in water resources management．Journal of water resources planning and management，134（3）：257-265.

Chang F，Lai J，Kao L．2003．Optimization of operation rule curves and flushing schedule in a reservoir．Hydrological Processes，17（8）：1623-1640.

Hueftle S J，Stevens L E．2001．Experimental flood effects on the limnology of Lake Powell reservoir，southwestern USA．Ecological Applications，11（3）：644-656.

Jia J．2016．A technical review of hydro-project development in China．Engineering，2：302-312.

Kumar D N，Reddy M J．2006．Ant colony optimization for multi-purpose reservoir operation．Water Resources Management，20（6）：879-898.

Labadie J W．2004．Optimal operation of multireservoir systems：state-of-the-art Review．Journal of Water Resources Planning and Management，130（2）：93-111.

Mehta R, Jain S K. 2009. Optimal operation of a multi-purpose reservoir using neuro-fuzzy technique. Water Resources Management, 23 (3): 509-529.

Meng X, Chang J, Wang X, et al. 2019. Multi-objective hydropower station operation using an improved cuckoo search algorithm. Energy, 168 (1): 425-439.

Petts G E. 1980. Long-term consequences of upstream impounds. Environmental Conservation, 7 (4): 325-332.

Poff N L, Schmidt J C. 2016. How dams can go with the flow. Science, 353 (6304): 1099-1100.

Qiu H, Chen L, Zhou J, et al. 2021. Risk analysis of water supply-hydropower generation-environment nexus in the cascade reservoir operation. Journal of Cleaner Production, 283: 124239.

Reddy M J, Kumar D N. 2006. Optimal reservoir operation using multi-objective evolutionary algorithm. Water Resources Management, 20 (6): 861-878.

Reddy M J, Nagesh Kumar D. 2007. Multi-objective particle swarm optimization for generating optimal trade-offs in reservoir operation. Hydrological Processes, 21 (21): 2897-2909.

Richter B D, Baumgartner J V, Powell J, et al. 1996. A method for assessing hydrologic alteration within ecosystems. Conservation Biology, 10 (4): 1163-1174.

Richter B D, Baumgartner J V, Braun D P, et al. 1998. A spatial assessment of hydrologic alteration within a river network. Regulated Rivers: Research and Management, 14 (4): 329-340.

Shang W, Yan D, Peng S. 2021. Environmental flow assessment in the Lower Yellow River using habitat simulation and hydrological reference system. ICESEC 2021. 267: 01022.

Shiau J, Wu F. 2006. Compromise programming for determing instream flow under multiobjective water allocation criteria. Journal of the American Water Resources Association, 42 (5): 1179-1191.

Shiau J, Wu F. 2007. Pareto-optimal solutions for environmental flow schemes incorporating the intra-annual and interannual variability of the natural flow regime. Water Resources Research, 43: W06433.

Solander K C, Reager J T, Thomas B F, et al. 2016. Simulating human water regulation: the development of an optimal complexity, climate-adaptive reservoir management model for an LSM. Journal of Hydrometeorology, 17 (3): 725-744.

Xu B, Zhong P, Stanko Z, et al. 2015. A multiobjective short-term optimal operation model for a cascade system of reservoirs considering the impact on long-term energy production. Water Resources Research, 51 (5): 3353-3369.

Zhou Y, Guo S, Xu C, et al. 2015. Deriving joint optimal refill rules for cascade reservoirs with multi-objective evaluation. Journal of Hydrology, 524: 166-181.